James McElvenny

Entstehung und Entwicklung der modernen Linguistik

James McElvenny

Entstehung und Entwicklung der modernen Linguistik

Von den Anfängen bis zum Zweiten Weltkrieg

DE GRUYTER

ISBN 978-3-11-161835-7
e-ISBN (PDF) 978-3-11-161854-8
e-ISBN (EPUB) 978-3-11-161847-0

Library of Congress Control Number: 2025931055

Bibliografische Information der Deutschen Nationalbibliothek
Die Deutsche Nationalbibliothek verzeichnet diese Publikation in der Deutschen Nationalbibliografie; detaillierte bibliografische Daten sind im Internet über http://dnb.dnb.de abrufbar.

Einbandabbildung: Veronaa / iStock / Getty Images Plus
Druck und Bindung: CPI books GmbH, Leck

www.degruyter.com
Fragen zur allgemeinen Produktsicherheit:
productsafety@degruyterbrill.com

MIX
Papier | Fördert gute Waldnutzung
FSC® C083411

Für M.P.

Inhalt

Vorwort

Diesem Buch liegt eine Übersetzung des 2024 bei Edinburgh University Press erschienenen Werks *A History of Modern Linguistics* zugrunde. Der englische Text wurde zunächst von Erwin Fink ins Deutsche übertragen; anschließend wurde die deutsche Übersetzung von mir überarbeitet, um sie an die Bedürfnisse der deutschsprachigen Leserschaft anzupassen. Vor allem wurden die Hinweise auf weiterführende Literatur mit zahlreichen Quellen in deutscher Sprache ergänzt.

Für ihre sprachliche und inhaltliche Korrektur möchte ich mich bei Clemens Knobloch, Martin Konvička und Marius Albers bedanken. Die Arbeit an diesem Buch wurde vom SFB „Medien der Kooperation“ an der Universität Siegen unterstützt, der durch die Deutsche Forschungsgemeinschaft (DFG) gefördert wird (Projektnummer 262513311 – SFB 1187).

An dieser Stelle möchte ich nur noch eine kurze Anmerkung zum Gendern in diesem Buch beifügen: Wenn die Rede von der Gegenwart ist, wird gegendert; wenn es aber um die fast ausschliesslich männlichen Mitglieder der akademischen Zunft in der Vergangenheit geht, wird überwiegend das generische Maskulinum verwendet.

Hamburg, Januar 2025

https://doi.org/10.1515/9783111618548-204

1 Einleitung

Auf den folgenden Seiten wird eine kurze Geschichte der bedeutendsten Strömungen in der sprachwissenschaftlichen Theorie von den Anfängen des modernen Faches um die Wende vom 18. zum 19. Jahrhundert bis Ende des Zweiten Weltkriegs präsentiert. Der Schwerpunkt hierbei liegt auf der akademischen Linguistik, der Ansatz ist weitgehend soziologisch: Es gilt zu untersuchen, wie Wissenschaftlerinnen und Wissenschaftler – die in ihrem spezifischen sozialen, kulturellen und politischen Kontext arbeiteten – zu ihren Ideen und Methoden gelangten. Im Fokus der Darstellung stehen die Debatten, Kontroversen und ungelösten Probleme, welche die Perspektiven der Linguistik als Disziplin geprägt haben.

Der Rahmen dieses Buches ist daher viel enger gefasst als der so mancher klassischer Geschichtswerke zur Linguistik, wie etwa Hans Arens' (1969 [1955]) *Sprachwissenschaft. Der Gang ihrer Entwicklung von der Antike bis zur Gegenwart*, oder in englischer Sprache R. H. Robins' (1997 [1967]) *A Short History of Linguistics* und Vivien Laws (2003) *The History of Linguistics in Europe*. In diesen Werken wird unter Linguistik jede systematische Betrachtung oder technische Behandlung von Sprache verstanden, und die Anfänge des Gebiets werden bis zu den Ursprüngen der westlichen Zivilisation im antiken Griechenland zurückdatiert. Arens, Robins und Law beginnen ihre Geschichte mit verschiedenen Äußerungen griechischer Philosophen und der ersten Grammatiker zum Thema Sprache und verfolgen dann die Weitergabe von Ideen und Methoden durch die römische Antike, das Mittelalter und die Renaissance hindurch bis in unsere heutige Zeit.

Dabei findet sich eine unbestreitbare Kontinuität in Denken und Praxis zwischen den antiken Philosophen, die in ihren Akademien räsonierten, und uns selbst in unserem eigenen akademischen Umfeld heute, und dieser Panorama-Perspektive, die sich bemüht, die gesamte Geschichte auf einmal in den Blick zu nehmen, ist großer Wert beizumessen. Alle, die sich für die Geschichte der Sprachwissenschaft interessieren, sollten sich dieses Zusammenhangs in der *longue durée* bewusst sein. Gleichzeitig besteht jedoch die Gefahr von Missverständnissen und Fehldarstellungen, wenn man versucht, solch vielfältiges und sogar divergierendes Material unter unserem modernen Linguistikbegriff zu subsumieren. Zweifellos haben unsere Vorfahren über Sprache und Sprachen gesprochen, und zweifellos haben ihre Ideen und Verfahren zu unserem Denken und unseren Methoden beigetragen, doch haben sie wirklich Linguistik betrieben?

Heute bezieht sich der Begriff ‚Linguistik' oder ‚Sprachwissenschaft' (in diesem Buch werden die beiden Begriffe synonym verwendet) auf eine bestimmte akademische Disziplin. Natürlich gibt es selbst unter den heutigen Linguistinnen und Linguisten eine Vielzahl von Ansichten über das Wesen von Sprache und die Art

https://doi.org/10.1515/9783111618548-001

und Weise, wie man an ihre Erforschung herangeht. Es findet sich auch eine Fülle von Spezialisierungen, die sich auf sehr unterschiedliche Aspekte von Sprache konzentrieren. Was diese disparaten Forschungsansätze vereint, ist nicht so sehr ein einzelnes Bündel von Ideen oder Methoden, sondern vielmehr ein soziologischer Kontext. Was die Linguistinnen und Linguisten verbindet, ist das institutionalisierte Fach, in dem sie sozialisiert sind und das sie fortführen und in neue Richtungen weiterentwickeln wollen. Dies ist die grundlegende Prämisse, die den Ansatz dieses Buches bestimmt.

1.1 Was ist moderne Linguistik?

Erstmalig etablierte sich die moderne Linguistik in Deutschland im frühen 19. Jahrhundert an den neuen Forschungsuniversitäten, die zu jener Zeit entstanden (vgl. Turner 2014: Kap. 5; Morpurgo Davies 1998: Kap. 1). War Hauptzweck der Universitäten traditionell die Pflege und Vermittlung eines jahrhundertealten gelehrten Kanons, sollte die Forschungsuniversität ganz neuartige Untersuchungen unterstützen, die zu neuen Erkenntnissen und Einsichten führen (siehe Rüegg 2004). Derartige Grundsätze wurden zum ersten Mal ausdrücklich im Leitbild der 1809 gegründeten Universität zu Berlin formuliert, wo von den Professoren erwartet wurde, dass sie in ihren jeweiligen Fachgebieten originäre Forschung betrieben und ihre Studenten in die Forschungsmentalität einführten. Die Forschungsuniversität war eine deutsche Erfindung, doch ab der Jahrhundertmitte fand das deutsche Modell Nachahmung in Frankreich, den Vereinigten Staaten und anderen Ländern der Welt.

Unsere Geschichte beginnt mit der Entstehung des modernen Fachgebiets Linguistik im 19. Jahrhundert durch eben diese Gegebenheiten der Institutionalisierung. Damit ergibt sich der unmittelbare historische Kontext der Sprachwissenschaft, wie wir sie heute kennen – und er bietet uns auch ein Geflecht direkter persönlicher Verbindungen, die sich nachzeichnen lassen. Das Narrativ, das es zu entwerfen gilt, wird einer kollektiven Biografie des Faches und seiner prägenden Persönlichkeiten ähneln, vielleicht auch einer Art Familiengeschichte. In der deutschen Tradition – die, wie wir gesehen haben, den Ausgangspunkt für diese Geschichte markiert – wird die Beziehung zwischen Lehrenden und Studierenden, zumindest auf Ebene der konventionellen Metapher, als so familiär angesehen, dass es üblich ist, den akademischen Betreuer als ‚Doktorvater' zu bezeichnen. Im 20. Jahrhundert, mit der schrittweisen Öffnung der Universitäten für eine breitere Klientel als nur die Söhne wohlhabender Familien, kam auch der Begriff ‚Doktormutter' in Gebrauch.

Freilich beginnt unsere Geschichte nicht mit einem ‚Adam-und-Eva'-Ursprungsmythos der Linguistik. Die ersten Sprachwissenschaftler haben sich aus vorangegangenen Lebensformen des Gelehrten entwickelt; was vor der Institutionalisierung des Faches kam, ist daher an vielen Punkten für die vorliegende Darstellung relevant, entsprechend wird darauf Bezug genommen. In ähnlicher Weise wird kein Versuch unternommen, eine absolute Grenze um die Linguistik als Fachgebiet zu ziehen und sie von ihrem Umfeld zu isolieren. Die Linguistik als Fach dient lediglich als Schwerpunkt dieses Buches, als der Punkt, an dem sein Hauptgewicht liegt, der aber viele andere Ideen, Ereignisse, Methoden und Figuren in seine Umlaufbahn einbezieht.

Die Darstellung in diesem Band endet kurz nach dem Zweiten Weltkrieg, einem Ereignis, das eine deutliche Zäsur im akademischen und intellektuellen Leben in Deutschland, Europa und der ganzen Welt markiert. Der Zweite Weltkrieg wurde bekanntlich durch die Aggression NS-Deutschlands und seiner faschistischen Verbündeten gegen die Nachbarländer ausgelöst. Bereits vor dem Krieg herrschte in den Ländern, in denen faschistische Diktaturen in unterschiedlichen Ausprägungen an die Macht gekommen waren, ein Klima der Intoleranz und Verfolgung. Diese politische Gemengelage und die beispiellosen Zerstörungen, die der Krieg mit sich brachte, trieben die besten europäischen Gelehrten ins Exil, meist in die Vereinigten Staaten. Die Abwanderung von Talenten aus dem Kontinent und die politische, wirtschaftliche und militärische Vorherrschaft der Vereinigten Staaten nach dem Krieg verlagerten das Zentrum der akademischen Welt nach Amerika. Vor dem Krieg blickten die Amerikaner in der Regel nach Europa als Quelle wissenschaftlicher Innovation; nach dem Krieg kehrten sich die Perspektiven um. Dies gilt insbesondere für die Linguistik: Obwohl Sprachwissenschaft nach dem Zweiten Weltkrieg weiterhin an europäischen Universitäten praktiziert wurde – und auch heute noch praktiziert wird –, orientierte sich das Fach zunehmend an amerikanischen Modellen.

Auch wenn die Zeit vom Beginn des 19. Jahrhunderts bis zum Ende des Zweiten Weltkriegs wie eine eher kurze und eng umrissene Episode im großen Schema der Menschheitsgeschichte anmute, ist sie für die Linguistik so umfangreich, dass man selektiv vorgehen muss, um die ganze Geschichte auf den etwas über 200 Seiten dieses Buches unterzubringen. Diese Darstellung soll vor allem kurz und leicht verdaulich sein – ohne jedoch zu stark zu vereinfachen. Das Ziel ist es, ein kohärentes Narrativ zu präsentieren mit einem Erzählbogen, der den vorherrschenden theoretischen Ansätzen der jeweiligen Epoche folgt, den Werken, die den Ton für das Feld vorgaben. In jedem Kapitel werden die Theorien und Methoden der führenden Wissenschaftler der Linguistik und ihrer Anhänger untersucht und die von ihnen angeregten Entwicklungen sowie die von ihnen ausgelösten Reaktionen beleuchtet. Andererseits bleibt es aber auch zahlreichen im behandelten Zeitraum tätigen

Gelehrten und Schulen der Linguistik die zweifelhafte Ehre verwehrt, auf diesen Seiten aufzutreten.

1.2 Zur Lektüre dieses Buches

Es gibt nicht den einzig richtigen Weg, dieses Buch zu lesen. Jede Leserin, jeder Leser sollte die Freiheit haben, einen eigenen Weg durch den Text zu finden, sei es, Seite für Seite vorzugehen, wahllos von Absatz zu Absatz zu springen oder einen Mittelweg irgendwo zwischen diesen beiden Polen einzuschlagen. Jedes der folgenden Kapitel erzählt mehr oder weniger eine in sich abgeschlossene Episode und ist durchzogen von Querverweisen, welche die verschiedenen Handlungsstränge miteinander verbinden, sowohl vorwärts als auch rückwärts. Die Kapitel können daher wie ein „Wähle Dein eigenes Abenteuer" behandelt und nicht sequentiell gelesen werden, obwohl diejenigen, die eine chronologische Darstellung suchen, ja vielleicht die fortlaufende Lektüre vorziehen.

Um den Einstieg in das wissenschaftliche Geflecht der in diesem Buch behandelten Themen zu erleichtern, schließt jedes Kapitel mit Empfehlungen für weiterführende Lektüre sowie mit Anmerkungen, die zur Orientierung in der Fachliteratur dienen. Die meisten der im Text zitierten und am Ende jedes Kapitels empfohlenen Quellen sollten in Universitätsbibliotheken und großen öffentlichen Büchereien verfügbar sein, oft auch in digitalen Ausgaben. Für viele ältere Werke, die nicht mehr urheberrechtlich geschützt sind, lassen sich in der Regel gemeinfreie digitale Versionen online finden. Eine empfehlenswerte Ressource in dieser Hinsicht ist das gemeinnützige Internet Archive (https://archive.org/) oder auch das durchaus gewinnorientierte, aber dennoch frei zugängliche Google Books (https://books.google.com/).

Bei der Auswahl der zu zitierenden Versionen von Primärquellen versucht dieses Buch, einen Mittelweg zwischen Maßgeblichkeitsprinzip und Zugänglichkeit zu finden: Einige Quellen werden aus der ersten veröffentlichten Version zitiert, andere aus Sammelbänden oder späteren kritischen Ausgaben. Englisch- und französischsprachige Primärquellen werden aus den Ausgaben in der Originalsprache zitiert, aber direkte Zitate sind immer in deutscher Übersetzung wiedergegeben. Die Übersetzungen ins Deutsche sind überwiegend meine eigenen bzw. die des Übersetzers dieses Buches, auch wenn sie sich generell auf bereits veröffentlichte Übersetzungen stützen, sofern diese verfügbar sind. In solchen Fällen wird auch ein Verweis auf die veröffentlichte Übersetzung angegeben. Querverweise innerhalb des Literaturverzeichnisses verknüpfen die verschiedenen Ausgaben der zitierten Texte, auch die Übersetzungen und Originale.

1.3 Weiterführende Literatur

An Sekundärmaterial, das die Geschichte der Linguistik behandelt, herrscht kein Mangel. Wie bereits zu Beginn dieses Kapitels erwähnt, sind die Klassiker unter den einbändigen Überblickswerken zur westlichen Sprachforschung Hans Arens' (1969 [1955]) *Sprachwissenschaft. Der Gang ihrer Entwicklung von der Antike bis zur Gegenwart*, und in englischer Sprache R. H. Robins' (1997 [1967]) *A Short History of Linguistics* (eine deutsche Übersetzung der ersten Auflage ist auch erhältlich: Robins 1973) und Vivien Laws (2003) *The History of Linguistics in Europe*, wobei der Schwerpunkt des Letzteren auf der Vormoderne liegt. In deutscher Sprache bieten Brigitte Bartschats (1996) *Methoden der Sprachwissenschaft* und Gerhard Helbigs (1989 [1970]) *Geschichte der neueren Sprachwissenschaft* einen guten Überblick über die moderne Epoche der Linguistik.

Lia Formigaris (2004 [2001]) *A History of Language Philosophies*, ursprünglich in italienischer Sprache veröffentlicht, bietet einen hervorragenden Überblick über die Wechselwirkung zwischen Sprachforschung und Sprachphilosophie im Zeitrahmen von der Antike bis zur Gegenwart. John Goldsmiths und Bernard Laks' (2019) *Battle in the Mind Fields* bietet einen umfassenden Überblick über die Entstehung moderner sprachwissenschaftlicher Ideen inmitten von Entwicklungen in Philosophie, Psychologie und verwandten Fachgebiete. Ein bündiges *Who's who* des sprachwissenschaftlichen Denkens mit Hinweisen auf weiterführende Literatur ist Margaret Thomas' (2011) *Fifty Key Thinkers on Language and Linguistics.*

Zu den besten Quellen für sehr detailreiche Darstellungen bestimmter Epochen und individueller Ansätze in der Sprachwissenschaft gehören die zweibändige *Historiography of Linguistics*, herausgegeben von Thomas A. Sebeok (1975); die Monografienreihe *History of Linguistics*, herausgegeben von Giulio Lepschy (1994–1998), deren Bände ursprünglich auf Italienisch erschienen; die dreisprachige (Englisch, Französisch und Deutsch) Enzyklopädie *Geschichte der Sprachwissenschaften* in drei Bänden, herausgegeben von Auroux, Koerner, Niederehe und Versteegh (2000–2006); und in deutscher Sprache die siebenbändige *Geschichte der Sprachtheorie*, herausgegeben von Peter Schmitter (1987–2007).

In jüngster Zeit besteht großes Interesse an der historischen Entwicklung der Geisteswissenschaften, wobei die Sprachwissenschaft einen herausragenden Platz einnimmt. James Turners (2014) *Philology* ist eine meisterhafte Untersuchung zur Entstehung mehrerer moderner geisteswissenschaftlicher Disziplinen, einschließlich der Linguistik, aus der anfänglichen philologischen Forschung, mit Schwerpunkt auf Europa im 19. Jahrhundert. Rens Bods (2013 [2010]) *A New History of the Humanities*, ursprünglich auf Niederländisch erschienen, bietet einen umfassenden Überblick über die Geisteswissenschaften in allen Teilen der Welt.

2 Historisch-vergleichende Sprachwissenschaft

Die erste Art der Linguistik, die als akademisches Fach institutionalisiert wurde – mit Professoren, Lehrbüchern, Seminaren und Studenten – war die historisch-vergleichende Sprachwissenschaft. Dabei handelt es sich um den Zweig der Linguistik, der feststellte, dass Sprachen in einem genealogischen Sinne miteinander verwandt seien; dass beispielsweise Französisch, Italienisch, Spanisch und viele andere Sprachen Geschwister seien, die von dem gemeinsamen Vorfahren Latein abstammten. Solche engen Verwandtschaftsbeziehungen sind ziemlich offensichtlich und werden seit langem anerkannt, doch die große Einsicht, die die historisch-vergleichende Sprachwissenschaft ermöglichte, bestand in der Erkenntnis viel weiter entfernter Beziehungen dieser Art. Insbesondere die Ähnlichkeiten zwischen den klassischen Sprachen des Ostens – wie Sanskrit und Persisch – und den antiken Sprachen des Westens – wie Latein und Altgriechisch – veranlassten europäische Gelehrte, sich eine große Sprachfamilie vorzustellen, die Ost und West vereint, und deren Stammbaum zu skizzieren.

Im Englischen, Französischen und in vielen anderen Sprachen ist diese Sprachfamilie unter dem Namen ‚Indoeuropäisch' (*Indo-European*, *indo-européen*, usw.) bekannt, im Deutschen dagegen wird sie traditionell die ‚indogermanische' Sprachfamilie genannt (obwohl heutzutage im Deutschen auch ‚indoeuropäisch' ziemlich verbreitet ist). Die beiden Begriffe sind aber gleichbedeutend. Die Geschichte dieser terminologischen Spaltung ist verworren und mit dem deutschen Nationalismus, der vor allem in den Abschnitten 2.4 und 4.2 thematisiert wird, untrennbar verbunden (zu dieser Geschichte siehe Koerner 1989 [1981]). Im Folgenden wird überwiegend der Begriff ‚Indogermanisch' verwendent, da das dem deutschen Sprachgebrauch in der untersuchten Epoche entspricht.

Nahezu seit Beginn der Institutionalisierung der Linguistik als Fach ist ihr eine Standardgeschichte zu eigen. In dieser Standardgeschichte wird der genealogische Ansatz allgemein als die erste wirklich ‚wissenschaftliche' Untersuchung von Sprache angesehen. Zu den frühesten Verfechtern einer derartigen These gehört der deutsche Gelehrte Theodor Benfey (1809–1899). In seiner 1869 erschienenen *Geschichte der Sprachwissenschaft und orientalischen Philologie in Deutschland* beschrieb er die neuen Impulse in der Sprachwissenschaft in der ersten Hälfte des 19. Jahrhunderts und führte aus:

> Und dennoch war die Wendung, welche nun eintrat, eine so gewaltige, daß von allem, was früher geschehen war, fast kein Stein übrig blieb, daß der ganze Werth der vorhergegangenen Arbeit [...] zu einem rein historischen herabsank, daß die Sprachwissenschaft erst jetzt eine Wissenschaft zu werden begann [...] (Benfey 1869: 332)

https://doi.org/10.1515/9783111618548-002

Wie in den folgenden Kapiteln zu beobachten sein wird, ist eine derartige Inanspruchnahme eines neuen wissenschaftlichen Status, der alle vorangegangene Wissenschaft hinwegfegt, ein wiederkehrendes Motiv in der Geschichte der Linguistik und verwandter Fächer, eine Haltung, die C. F. ‚Carl' und Florence Voegelin (1963) in ihrer Diskussion über die spätere Geschichte der Linguistik in Nordamerika als ‚eclipsing stance' bezeichnet haben, bei der Vorangegangenes überwunden, in den Schatten gestellt wird.

Benfeys Buch ist eines der ersten Werke, das die Geschichte der Linguistik zu kanonisieren beginnt. Zu den ersten Klassikern in diesem Kanon gehören die Schriften des britischen Orientalisten Sir William Jones (1746–1794) und des deutschen Philologen und Philosophen Friedrich von Schlegel (1772–1829). Zusammen gelten ihre Texte als die Initialzündung für die historisch-vergleichende Sprachwissenschaft – dicht gefolgt von den Werken Franz Bopps (1791–1867) und Jacob Grimms (1785–1863), in denen die Methoden des neuen Faches ausgearbeitet wurden. Diesen Säulen der entstehenden Disziplin widmen sich die folgenden Abschnitte.

2.1 Sir William Jones und Sanskrit

Bei der Einführung von Sir William Jones zitiert Benfey eine Passage, die den Status einer rituellen Beschwörung erreicht hat, die zu Beginn jeder Geschichte der modernen Linguistik gesprochen wird. Auch in diesem Buch soll diese Tradition gepflegt und die Passage vollständig wiedergegeben werden. Im Jahr 1786 stellte Jones in Kalkutta folgende Betrachtung an:

> The Sanscrit language, whatever be its antiquity, is of a wonderful structure; more perfect than the Greek, more copious than the Latin, and more exquisitely refined than either, yet bearing to both of them a stronger affinity, both in the roots of verbs and in the forms of grammar, than could possibly have been produced by accident; so strong indeed, that no philologer could examine all three, without believing them to have sprung from some common source which, perhaps, no longer exists: there is a similar reason, though not quite so forcible, for supposing that both the Gothick and the Celtick, though blended with a very different idiom, had the same origin with the Sanscrit; and the old Persian might be added to the same family, if this were the place for discussing any question concerning the antiquities of Persia. (Jones 1807 [1786]: 34–35)

> [Die sanskritische Sprache, wie alt sie auch sein mag, hat eine wunderbare Struktur; sie ist vollkommener als die griechische, reichhaltiger als die lateinische und kultivierter als jede von ihnen, weist aber zu beiden eine stärkere Verwandtschaft auf, sowohl in den Wurzeln der Verben als auch in den Formen der Grammatik, als dass sie durch Zufall entstanden sein

> könnte; ja, so stark ist sie, dass kein Philologe alle drei Sprachen untersuchen könnte, ohne zu glauben, dass sie aus einem gemeinsamen Ursprung hervorgegangen sind, der vielleicht nicht mehr existiert: Es gibt einen ähnlichen Grund, wenn auch nicht ganz so zwingend, für die Annahme, dass sowohl das Gotische als auch das Keltische, wenngleich mit sehr unterschiedlichem Idiom vermischt, denselben Ursprung mit Sanskrit teilen; und das alte Persisch könnte zu derselben Familie hinzugefügt werden, wenn dies der Ort wäre, um Fragen bezüglich der Altertümer Persiens zu erörtern.]

Diese Textstelle – wegen des Vorkommens des im Englischen archaischen Begriffs *philologer* (in der Gegenwartssprache sagt man eher *philologist*) gemeinhin als ‚philologer passage' bezeichnet – kann als Vorwegnahme der Grundprinzipien der späteren historisch-vergleichenden Grammatik gedeutet werden. Jones stellt Ähnlichkeiten in den Verbstämmen und grammatischen Formen der großen klassischen Sprachen – Sanskrit, Griechisch, Latein, Gotisch, Keltisch und Persisch – fest und führt diese Ähnlichkeiten auf eine gemeinsame Abstammung zurück, wobei der gemeinsame Vorfahre über die Zeit hinweg verloren ging.

Die Passage erschien in Jones' dritter als „Anniversary Discourse" (d. h. „Jubiläumsrede") bezeichneter Vorlesung im damaligen Kalkutta vor der Royal Asiatic Society (Jones 1807 [1786]), einem Gelehrtenclub für in Indien stationierte britische Gentlemen. Jones studierte seit langem die ‚orientalischen' Sprachen, und seine Hauptmotivation, nach Indien zu gehen, war die umfassende Aneignung von Sanskrit. In Kalkutta spielte er eine zentrale Rolle in der europäischen Wissenschaft über Indien und den Orient und war maßgeblich an der Gründung der Asiatic Society beteiligt.

Jones ist in vielerlei Hinsicht der archetypische Vertreter des Gelehrten und Kolonialverwalters aus dem 18. Jahrhundert, jene Art von Figur, die Wasser auf die Mühlen des jungen Feldes der Postcolonial Studies sind. Wie Edward Said (2003 [1978]: 77–79) in seinem für die Postcolonial Studies grundlegenden Werk *Orientalism* feststellte, war Jones unbestreitbar ein Mitglied der kolonialen Kaste, die sich das kulturelle Wissen Indiens aneignete und für ein europäisches Publikum neu verpackte. Jones' wissenschaftliche Beschäftigung mit Indien wurde durch die politische und militärische Macht der Britischen Ostindien-Kompanie auf dem Subkontinent ermöglicht. Jones war Richter am britischen Obersten Gerichtshof in Kalkutta, wo er buchstäblich über die bengalischen Untertanen der Handelsgesellschaft zu Gericht saß.

Jones' Bild von der europäischen und indischen Verwandtschaft ist ganz gewiss eine koloniale Projektion. Wie jedoch der Historiker Thomas Trautmann in seinem 1997 erschienenen Buch *Aryans and British India* argumentiert, betonte Jones' Gelehrtengeneration die Gemeinsamkeiten zwischen Ost und West. Zumindest im Bereich der Sanskritstudien war die orientalisierende Wissenschaft, die das aus europäischer Sicht Exotische und Fremde hervorhob und als Rechtfertigung und

Instrument kolonialer Kontrolle nutzte, eine Entwicklung, die sich erst in den nachfolgenden Generationen stärker durchsetzte.

Hier bietet es sich an, einen Moment innezuhalten und zu fragen, warum Jones' bevorzugte Erklärung für die von ihm festgestellten Ähnlichkeiten die gemeinsame Abstammung war. Dieser Erklärungsansatz ist so tief in unsere Vorstellungen von der Geschichte der Sprachen eingedrungen, dass wir ihn vielleicht sogar als selbstverständlich ansehen. Die Antwort lautet, dass der Ausgangspunkt für Jones – und für viele seiner Zeitgenossen – die in der Bibel enthaltene Darstellung der menschlichen Herkunft und Geschichte war. Jones ging von dem aus, was Trautmann (1997: 8–9, 42–52) eine ‚mosaische Ethnologie' nennt. Das heißt, Jones' Bild von Ursprung und Abstammung der Menschheit wurde durch die Darstellung in der Genesis, dem Buch Mose, geprägt. Er nahm die beobachteten Ähnlichkeiten zwischen den Sprachen als Beweis für die Ausbreitung der Nachkommen Noahs über die Welt nach der Sintflut. Gemäß Jones' Ausführungen (1807 [1792]) in einer weiteren seiner „Anniversary Discourses" brachte jeder der drei Söhne Noahs – Sem, Ham und Japhet – unterschiedliche Abstammungslinien hervor, die verschiedene Regionen der Welt bevölkerten. Japhets Nachkommen zogen demnach in den Norden Asiens und Europas und wurden zu den nomadischen Viehzüchtern, die man heute dort antrifft; Sems Leute ließen sich im Nahen Osten nieder; und Hams Kinder setzten sich in Afrika und Indien fest und zogen später weiter nach Griechenland, Italien und Europa.

Plötzlich mutet Jones' Geistesblitz, der eine neue wissenschaftliche Linguistik befeuerte, wie ein mittelalterliches Relikt an. Innerhalb einer Generation nach Jones sollte niemand mehr eine so buchstäbliche Auslegung der biblischen Genealogie übernehmen – auch wenn einige biblische Begrifflichkeiten überdauert haben, so beispielsweise die Bezeichnung für die ‚semitische' Sprachfamilie (zu der Sprachen wie Hebräisch und Arabisch gehören), die aus dem Namen von Noahs Sohn Sem hergeleitet ist. Dennoch färben die Prinzipien, die Jones' Ansatz zugrunde liegen, die historisch-vergleichende Grammatik bis heute. Lingustinnen und Linguisten sprechen noch immer von Sprachfamilien und zeichnen Stammbäume, die das Prinzip der patrilinearen Abstammung konservieren: Jeder Baum verzweigt sich, wenn eine Elternsprache ihre Kindersprachen hervorbringt. Jede andere Art der Sprachverwandtschaft wird in der Regel als Abweichung betrachtet (vgl. McElvenny 2021).

Auch wenn das Stammbaummodell an vielen Stellen in Frage gestellt wurde – wie insbesondere in Abschnitt 7.2. zu sehen sein wird – , ist die Geschichte der historisch-vergleichenden Sprachwissenschaft im 19. Jahrhundert weitgehend eine Geschichte der Ausarbeitung der feineren Details vermeintlicher genealogischer Beziehungen zwischen Sprachen und der Versuche, eine moderne, wissenschaftliche Grundlage für dieses Vorhaben zu finden.

2.2 Friedrich Schlegel und die vergleichende Grammatik

Obwohl das Standardnarrativ der historisch-vergleichenden Sprachwissenschaft mit dem gerne angeführten Zitat eines Briten in Kalkutta beginnt, verlagert sich der Fokus rasch auf das Land, in dem dieses neue Paradigma eine institutionelle Heimat finden sollte: Deutschland. Die Schrift, die Sanskritstudien in Deutschland bekannt machte, ist der Bestseller *Über die Sprache und Weisheit der Indier* von Friedrich Schlegel (1772–1829) aus dem Jahr 1808. Dieses Buch nimmt Jones' Behauptungen als Ausgangspunkt und arbeitet seine These der Verwandschaftsverhältnisse aus.

Bekannt ist Friedrich Schlegel vor allem als einer der Hauptinitiatoren der Romantik, einer kulturellen Bewegung, die als Reaktion auf den kühlen und herablassenden Rationalismus der Aufklärung die Natur, die Gefühle und die individuelle Kreativität betonte. Die Romantik erfasste die künstlerische und intellektuelle Welt Europas um die Wende vom 18. zum 19. Jahrhundert und erlangte in den deutschsprachigen Ländern große Popularität. Schlegels *Über die Sprache und Weisheit der Indier* ist ein Buch, das der romantischen Stimmung entsprang: Es bietet dem europäischen Publikum eine von Mystik durchdrungene Erkundung der altindischen Sprache, Philosophie, Geschichte und Literatur.

Schlegels Buch beginnt mit einer Paraphrase der ‚philologer passage':

> [Das Sanskrit] hat die größte Verwandtschaft mit der römischen und griechischen so wie mit der germanischen und persischen Sprache. Die Aehnlichkeit liegt nicht bloß in einer großen Anzahl von Wurzeln, die sie mit ihnen gemein hat, sondern sie erstreckt sich bis auf die innerste Structur und Grammatik. Die Uebereinstimmung ist also keine zufällige, die sich aus Einmischung erklären liesse; sondern eine wesentliche, die auf gemeinschaftliche Abstammung deutet. (Schlegel 1808: 3).

Die von Schlegel postulierte Verwandtschaft ist jedoch nicht völlig identisch mit derjenigen, die Jones zuvor dargelegt hatte. Schlegel sah Sanskrit als die älteste der von ihm genannten Sprachen an, von der sich die anderen ableiteten, während Jones einen gemeinsamen Vorfahren aller Sprachen annahm, der im Laufe der Zeit verloren ging.

Schlegel stützte sich jedoch bei der Konstruktion seiner genealogischen Beziehungen auf dieselbe Art von linguistischen Beweisen, nämlich auf die tiefgreifenden Ähnlichkeiten der Wörter und grammatischen Formen in den verschiedenen Sprachen. Der erste Teil von Schlegels Buch ist weitgehend der detaillierten Veranschaulichung dieser Ähnlichkeiten gewidmet. Am wichtigsten für den Nachweis dieser Beziehungen sind nach Schlegel die Entsprechungen in der ‚inneren' grammatischen Struktur der Sprachen, die durch die ‚vergleichende Grammatik' zu ermitteln seien. Dazu führt er aus:

> Jener entscheidende Punkt, der hier alles aufhellen wird, ist die innere Structur der Sprachen oder die vergleichende Grammatik, welche uns ganz neue Aufschlüsse über die Genealogie der Sprachen auf ähnliche Weise geben wird, wie die vergleichende Anatomie über die höhere Naturgeschichte Licht verbreitet hat. (Schlegel 1808: 28)

Hier wird deutlich, in welchem Sinne das ‚Vergleichende' in der ‚historisch-vergleichenden Sprachwissenschaft' gemeint ist. Die Analogie bezieht sich auf die vergleichende Anatomie, eine Wissenschaft, die in diesen Jahren große Fortschritte gemacht und hohes Ansehen erlangt hatte. Durch die Arbeiten von Gelehrten wie Johannes Friedrich Blumenbach (1752–1840) in Göttingen und Georges Cuvier (1769–1832) in Paris begann die junge vergleichende Anatomie ein anschauliches Bild der vorzeitlichen Welt zu zeichnen. Ausgehend von Fragmenten fossiler Skelette und deren Ähnlichkeit mit denen lebender Tiere konnten die vergleichenden Anatomen prähistorische Lebewesen rekonstruieren und Hypothesen über ihre Lebensweise und Gewohnheiten aufstellen (siehe Rudwick 2005: Kap. 6 und 7).

Die Inspiration war keine Einbahnstraße, sondern verlief wechselseitig. So wie die Sprachforscher sich die Anatomen zum Vorbild nahmen, schauten die Anatomen auf das Beispiel der Altertumsforscher. Die Altertumsforscher des ausgehenden 18. Jahrhunderts gingen in ihrem Bemühen, die antike Welt zu verstehen und zu rekonstruieren, über ihre traditionellen Quellen in Form von literarischen Dokumenten hinaus und untersuchten archäologische Artefakte: Inschriften, Münzen, Ruinen und die Relikte des Alltagslebens (siehe Turner 2014). Sowohl Blumenbach als auch Cuvier merkten an, dass ihre eigene Arbeit nach denselben Prinzipien wie die der Altertumsforscher darauf abzielte, die Vergangenheit aus Fragmenten zu rekonstruieren.

Die gemeinsame Praxis der Altertumsforscher, vergleichenden Anatomen und Sprachforscher spiegelt eine Philosophie wider, die Geschichte als die Geschichten einzigartiger Individuen – sei es einzelnen Zivilisationen, Lebewesen oder Sprachen – begreift, die unter kontingenten Umständen leben. Die einzige Möglichkeit, diese Individuen zu verstehen, liegt demzufolge darin, die empirischen Zeugnisse zu untersuchen, die sie hinterlassen haben. Dieser Ansatz steht im Gegensatz zu den Bestrebungen der Naturwissenschaften wie Physik oder Chemie, die versuchen, übergreifende Prinzipien zu entdecken, um einzelne beobachtete Phänomene zu erklären. Das philosophische und methodologische Spannungsverhältnis zwischen diesen beiden Ansätzen hat sich auch in der Linguistik vollzogen und taucht in den folgenden Kapiteln immer wieder auf.

An dieser Stelle sei angemerkt, dass empirisch orientierte Anstrengungen zur Freilegung von Sprachursprüngen und -beziehungen bereits vor Jones, Schlegel und ihren Epigonen unternommen wurden. Tatsächlich setzten sich alternative Ansätze zum empirischen Sprachvergleich auch nach Etablierung der akademisch betriebenen historisch-vergleichenden Sprachwissenschaft fort. Ende des

17. Jahrhunderts – 100 Jahre vor Jones und Schlegel – regte sich steigendes Interesse an Sprachphilosophie. Der um sich greifende Empirismus jener Epoche, in der die experimentellen Wissenschaften an Bedeutung gewannen, resultierte in einer zunehmenden Debatte über das Wesen von Sprache, des Mediums, in dem wir unsere Gedanken formulieren und unsere Beobachtungen mitteilen. Welche Bedeutung haben Worte, und kann diese Bedeutung überhaupt zuverlässig sein, bedenkt man die der Sprache innewohnende Subjektivität?

Der englische Philosoph John Locke (1632–1704) vertrat die Auffassung, dass die Bedeutung von Wörtern willkürlich (arbiträr) sei und es daher keine eingebaute Garantie für ihre Zuverlässigkeit gebe (siehe Brandt & Klemme 1996). Der deutsche Philosoph und Universalgelehrte Gottfried Wilhelm Leibniz (1646–1716) entgegnete Locke, dass es im Grunde eine natürliche Verbindung zwischen Wörtern und ihren Bedeutungen gebe, auch wenn diese Verbindung durch die geschichtliche Entwicklung von Sprachen verwischt worden sei (auf diese Positionen wird in Abschnitt 3.2. näher einzugehen sein). Um die ursprünglichen Korrespondenzen zwischen Wörtern und Bedeutungen zu finden, so legte Leibniz nahe, sollten die Etymologien der Wörter untersucht werden. Darüber hinaus würde ein sprachübergreifender Vergleich von Etymologien die „Verwandtschaften und Wanderungen" (Aarsleff 1982: 66) der Völker auf der ganzen Welt in Fällen aufdecken, in denen keine anderen Belege vorlägen (siehe Poser 1996; Aarsleff 1982: Kap. 2–3; Vermeulen 2018).

Obwohl Leibniz einräumte, dass die Etymologie zu seiner Zeit ein weitgehend spekulativer Zeitvertreib sei, hegte er die Hoffnung, dass sie sich eines Tages zu einer exakten Wissenschaft entwickeln würde. Zu diesem Zweck schlug er vor, große Mengen an empirischen Daten aus den Sprachen der Welt zu sammeln. Zu Leibniz' Lebzeiten existierte bereits eine etablierte Tradition, eine Übersetzung des Vaterunsers als Standardprobe für den Vergleich von Sprachen zu verwenden. In seiner Korrespondenz äußerte Leibniz wiederholt die Hoffnung, dass ein solches Projekt in größerem Umfang durchgeführt werden könnte, insbesondere im mehrsprachigen Russischen Reich. In der zweiten Hälfte des 18. Jahrhunderts wurde dieses Vorhaben unter der Schirmherrschaft der russischen Kaiserin Katharina der Großen (1729–1796) teilweise realisiert. Die Kaiserin beauftragte den deutschen Naturforscher und Entdecker Peter Simon Pallas (1741–1811), eine Sammlung vergleichender Wortlisten der Sprachen der Welt, mit Fokus auf die Sprachen des Russischen Reiches, zusammenzustellen (siehe Archaimbault 2010).

Diese Art der Sprachkomparatistik erreichte ihren Höhepunkt in dem von Johann Christoph Adelung (1732–1806) verfassten Werk *Mithridates*, das nach seinem Tod in drei weiteren Bänden von Johann Severin Vater (1771–1826) fortgeführt wurde. Benannt ist die Arbeit nach dem antiken König Mithridates von Kleinasien, der alle 22 in seinem Reich gesprochenen Sprachen beherrscht haben soll.

Der Name Mithridates war bereits als allegorischer Titel eines Buches des Schweizer Universalgelehrten Conrad Gessner (1516–1565) aus dem Jahr 1555 bekannt, das ebenfalls einen Überblick über die Sprachen der Welt zum Ziel hatte.

Die vier Bände von Adelungs und Vaters *Mithridates* enthalten eine umfassende Auswahl der Sprachen der Welt und bieten für jede Sprache eine Übersetzung des Vaterunsers mit interlinearen Glossen, ergänzt durch ethnografische Informationen über die Sprecherinnen und Sprecher sowie bibliografische Hinweise. Der erste Band von *Mithridates* erschien in Adelungs Todesjahr 1806 und der letzte Band 1817, also bereits deutlich in einer Epoche, in der die zeitgleiche Tradition der historisch-vergleichenden Sprachwissenschaft begonnen hatte.

2.3 Franz Bopp und die Ausarbeitung der vergleichenden Grammatik

Obwohl Persönlichkeiten wie Sir William Jones und Friedrich Schlegel auf die Ähnlichkeiten zwischen indischen und europäischen Sprachen hinwiesen und die Richtung vorgaben, welche die Forschung nehmen sollte, oblag die eigentliche Aufgabe, die Formen systematisch und im Detail zu vergleichen, anderen. Dieses mühsame Unterfangen unternahm erstmals der deutsche Gelehrte Franz Bopp (1791–1867). Als Gymnasiast wurde Bopp von der zeitgenössischen Begeisterung für Sanskrit und orientalische Gelehrsamkeit mitgerissen. Insbesondere Schlegels (1808) *Über die Sprache und Weisheit der Indier* weckte sein Interesse. Der Legende nach machte es sich Bopp nach der Lektüre dieses Buches zur Aufgabe, die Beziehungen zwischen den Sprachen des Ostens und des Westens freizulegen.

Bopps Ausbildung in orientalischen Sprachen führte ihn als jungen Mann nach Paris, damals die europäische Hauptstadt der Orientalistik, wo er zeitweise zusammen mit August Wilhelm Schlegel (1767–1845), dem Bruder von Friedrich, Sanskrit lernte. August Wilhelm war der fähigere Sanskritist der beiden Brüder und er wurde mit seiner Berufung an die Universität Bonn im Jahr 1818 der erste Professor in Deutschland, der sich hauptberuflich mit der Indologie beschäftigte. Dieser Kontakt zwischen Bopp und A. W. Schlegel setzte sich während ihrer gesamten Laufbahn fort und entwickelte sich zu einer Rivalität. Bopp wandte sich zunehmend technischen Fragen zu und versuchte, die Gemeinsamkeiten in den grammatischen Formen der Sprachen herauszuarbeiten, ohne Rücksicht darauf, wie die Sprachen tatsächlich verwendet wurden. A. W. Schlegel hingegen hielt stärker an der älteren philologischen Tradition fest, die Grammatik lediglich als Hilfsmittel zum Verständnis und zur Würdigung der in einer Sprache verfassten Literatur betrachtete.

Das Ergebnis von Bopps Aufenthalt in Paris war sein erstes Buch, das 1816 erschienene *Über das Conjugationssystem der Sanskritsprache in Vergleichung mit jenem der griechischen, lateinischen, persischen und germanischen Sprache.* In diesem Buch analysierte und verglich Bopp die Konjugationssysteme der im Titel genannten Sprachen. Das heißt, er untersuchte die Flexionsformen der Verben in diesen Sprachen und nutzte diese, um ihre historischen Beziehungen darzustellen. In den folgenden Jahren setzte Bopp seine Forschungen in London fort, wo er 1820 neben vielen anderen Texten eine überarbeitete englische Fassung des Conjugationssystems unter dem Titel *Analytical Comparison of the Sanskrit, Greek, Latin and Teutonic Languages* (Bopp 1820) veröffentlichte.

Die große Neuerung in Bopps Arbeit bestand darin, die ‚philosophische und historische' Seiten der Sprachwissenschaft zu vereinen; so beschrieb Bopp selbst seinen Beitrag (siehe Lefmann 1891–1897, Bd. 1: Kap. 3). Das ‚historische' Element waren die empirischen Sprachdaten, die viele Gelehrte in dieser Zeit sammelten und aufbereiteten. Im vorherigen Abschnitt wurde nicht nur das Beispiel von Friedrich Schlegel, sondern auch die zeitgleiche Tradition von Adelung und Vater beleuchtet. Die ‚philosophische' Komponente stellte den analytischen Schritt dar. Obwohl viele von Bopps Vorgängern die Zweckmäßigkeit von Analyse betonten, gingen sie in der Praxis nicht viel weiter als bis zu einer eher impressionistischen Diskussion oberflächlicher Ähnlichkeiten. Im Gegensatz dazu sezierte Bopp für jede Sprache die Wörter und berücksichtigte die ‚euphonischen' Formveränderungen. Für Bopp war ‚Euphonie' (d. h. Wohllaut) ein Oberbegriff für alle von ihm beobachteten Lautveränderungen, ein Terminus, den er nicht weiter theoretisierte. Durch sein analytisches Vorgehen gelangte Bopp zu vermeintlichen Grundformen von Wörtern und grammatischen Wendungen, die er dann sprachübergreifend vergleichen konnte.

Bopps Zerlegung von Wörtern folgt der Linie dessen, was oft als ‚rationalistische' Ansätze zur Sprachforschung bezeichnet wird, von denen es zu seiner Zeit mehrere verschiedene Traditionen gab. Eine der bekanntesten, die Bopp während seiner Zeit in Paris kennenlernte, ist die der *grammaire générale* oder ‚allgemeinen Grammatik'. Die Allgemeingrammatiker unterzogen grammatische Formen in einer Reihe von Sprachen – vorwiegend Französisch, Latein, Griechisch und Hebräisch – einer sehr abstrakten Analyse, um die universellen kognitiven Prozesse aufzudecken, die jene Formen angeblich widerspiegelten.

Das Werk, das die Tradition der allgemeinen Grammatik begründete, ist die *Grammaire générale et raisonnée* (Allgemeine und rationale Grammatik) von Antoine Arnauld (1612–1694) und Claude Lancelot (1615–1695) aus dem Jahr 1660, die nach dem Kloster Port-Royal, in dem Arnauld und Lancelot lebten und arbeiteten, auch als ‚Grammatik von Port-Royal' bezeichnet wird (siehe Harris und Taylor 1997 [1989]: Kap. 8). Die Tradition der allgemeinen Grammatik übte bis weit ins

19. Jahrhundert hinein Einfluss aus – sei es, dass sie als Inspirationsquelle diente oder negative Reaktionen auslöste.

Wie die Allgemeingrammatiker vertrat Bopp die Auffassung, dass Verben im Grunde die Struktur logischer Sätze widerspiegeln, auch wenn diese logische Struktur im Laufe des historischen Sprachwandels verwischt worden sein mag. Nach diesem Verständnis muss jedes Verb so analysiert werden, dass es einen Subjektbegriff, ein Attribut, das dem Subjekt zugeordnet ist, und eine Kopula enthält, die Subjekt und Attribut miteinander verbindet. In seinen Analysen der Verbkonjugationen zerlegte Bopp die Verben in die Wurzel, wobei diese dem Begriff entspricht, der dem Subjekt zugeordnet ist, und die Flexionsendungen, die gemäß Bopp letztlich von dem Kopulaverb ‚sein' und Pronomina abgeleitet seien. Diese ursprüngliche Struktur ist seiner Meinung nach im Laufe der Zeit durch Veränderungen, die durch die Wohllautgesetze in jeder Sprache hervorgerufen wurden, verwischt worden. Diese Analyse bildete die Grundlage der ‚Agglutinationstheorie', die es in Abschnitt 4.3. zu erörtern gilt.

Eine weitere mögliche Inspirationsquelle für Bopp war die indische Tradition um den Sankrit-Grammatiker Pāṇini, der wahrscheinlich zwischen dem 6. und 4. Jahrhundert v. Chr. lebte (siehe Thomas 2011: 3–8). Pāṇini wird die Autorenschaft des *Aṣṭādhyāyī* (Acht Kapitel) zugeschrieben, eine Abhandlung, die eine sehr abstrakte Beschreibung der Grammatik und des Lautsystems des Sankrits bietet. Von den Anfängen an diente die *Aṣṭādhyāyī* als Lehrbuch für europäische Sanskritisten, und sie legte die Grundlage für die ersten von Europäern verfassten Sanskritgrammatiken. Bopp stand der indischen Grammatiktradition sehr kritisch gegenüber, wofür er von A. W. Schlegel getadelt wurde (siehe McGetchin 2009: 150–151). Trotzdem ist es sehr wahrscheinlich, dass die in der *Aṣṭādhyāyī* dargelegten abstrakten Formen und Gesetze die Analysen Bopps beeinflussten oder wenigstens bestätigten. Dass die europäische Sprachwissenschaft Pāṇini und der indischen Tradition viel verdankt, wurde auf jeden Fall von späteren Linguisten, zum Beispiel Ferdinand de Saussure (1857–1913; Abschnitt 8.3), John Rupert Firth (1890–1960; Abschnitt 12.1) und Leonard Bloomfield (1887–1949; Abschnitt 16.1), zugestanden.

In Anerkennung seiner bahnbrechenden Forschungen wurde Bopp 1820 die Ehrendoktorwürde der Universität Göttingen verliehen, was ihm die Möglichkeit einer Universitätskarriere eröffnete. Im folgenden Jahr wurde er auf eine außerordentliche Professur für orientalische Literatur und allgemeine Sprachkunde an die junge Universität zu Berlin berufen und innerhalb von fünf Jahren zum ordentlichen Professor befördert, der höchsten und sichersten Anstellung im akademischen Bereich. Bopps Berufung nach Berlin wurde von seinem Bekannten Wilhelm von Humboldt (1767–1835) vorangetrieben, einer Schlüsselfigur bei der Gründung der Berliner Universität und den allgemeinen Bildungsreformen, die damals in

Preußen durchgeführt wurden. Humboldt war selbst ein einflussreicher Sprachwissenschaftler, der im nächsten Kapitel ausführlich vorgestellt wird.

Die institutionelle Verankerung in Berlin ermöglichte es Bopp, eine Gruppe von Studenten auszubilden, die in dem neu entstehenden Feld der historisch-vergleichenden Sprachwissenschaft aktiv sein sollten. Sie gewährte ihm auch die Zeit und die Mittel, um sein vergleichendes Projekt fortzusetzen und dessen Umfang zu erweitern. Der Hauptertrag dieser Bemühungen war seine *Vergleichende Grammatik des Sanskrit, Zend* [d. h. Altpersisch], *Griechischen, Lateinischen, Litauischen, Gotischen und Deutschen*, die von 1833 bis 1852 in sechs stattlichen Bänden erschien und im Laufe der Zeit die meisten der Hauptgruppen indogermanischer Sprachen umfasste.

Die zunehmend technische Ausrichtung – oder vielleicht auch Verengung – des sich um Bopp formierenden Ansatzes kommentierte A. W. Schlegel mit einigem Sarkasmus. Wie zu Beginn dieses Abschnitts erwähnt, vertrat Schlegel einen traditionelleren, philologischen Ansatz, bei dem er sich vor allem für die Literatur interessierte. Für Schlegel war die Grammatik nur ein Mittel, um sich Zugang zu einer Sprache und ihrer Literatur zu verschaffen, nicht aber Selbstzweck. Aus diesem Grund konnte sich Schlegel nicht für die technischen Details der vergleichenden Grammatik von Bopp begeistern, welche die akademische Welt im Sturm eroberte. Im Jahr 1831 witzelte Schlegel über Bopps Arbeit:

> Der Boppart [Boppard] ist ein Ort am Rhein;
> Die Bopp-Art sind Pedanterei'n
> (Schlegel 1831: 321; siehe Lefmann 1891–1897, Bd. 1: 173–174)

2.4 Jacob Grimm und the Lautgesetze

Die vergleichende Methode von Bopp ermöglichte es, die vermeintlichen genealogischen Beziehungen zwischen Sprachen zu ermitteln, doch sagte sie nur wenig darüber aus, wie sich die Sprachen tatsächlich historisch verändert haben. In der Standarderzählung wird einem anderen Wissenschaftler zugeschrieben, dass er das Historische in die historisch-vergleichende Sprachwissenschaft eingebracht hat: Jacob Grimm (1785–1863).

Jacob Grimm und sein Bruder Wilhelm Grimm (1786–1859) leisteten einen grundlegenden Beitrag zum Studium von Recht, Literatur und Sprache in Deutschland. Heute sind die Brüder Grimm vor allem für zwei ihrer gemeinsamen Werke bekannt: die *Kinder- und Hausmärchen* (Grimm und Grimm 1812–1815), ihre Sammlung deutscher Märchen, sowie das *Deutsche Wörterbuch* (Grimm und Grimm

1854–1960), das erste umfassende Wörterbuch der deutschen Sprache, das die historische Entwicklung der einzelnen Wörter mit Textzitaten belegt.

Jacob Grimm ist den Sprachwissenschaftlern vor allem wegen eines Buches in Erinnerung, das er allein geschrieben hat: seine *Deutsche Grammatik* (Grimm 1822–1837 [1819]), eine vergleichende Grammatik der germanischen Sprachen. In diesem Werk, das in seiner letzten Ausgabe vier Bände umfasste, werden mehrere Erkenntnisse über die historische Entwicklung der germanischen Sprachen als Gruppe dargelegt und systematisiert. Aufgrund ihrer Forschungen wurden beide Grimm-Brüder später in das im Aufbau befindliche akademische Pantheon in Berlin aufgenommen: Beide wurden 1841 Mitglieder der Preußischen Akademie der Wissenschaften und lehrten an der Universität zu Berlin.

Aus heutiger Sicht mag die vielseitige Gelehrsamkeit der Gebrüder Grimm anmuten wie Beiträge zu recht disparaten Wissenszweigen, doch muss man bedenken, dass für die Grimms selbst ihre verschiedenen Unternehmungen untrennbar miteinander verwoben waren. Nach ihrem Verständnis waren Recht, Literatur und Sprache allesamt Ausdruck des Volksgeistes. Die umfassendere Bewegung, die in dieser Hinsicht einen Großteil der Ansichten und Methoden der Grimms prägte, ist der Historismus. Diese Bewegung entstand um die Wende vom 18. zum 19. Jahrhundert und ist eng mit der Romantik verbunden, die wir bereits in den vorangegangenen Abschnitten kennengelernt haben. Wie die Romantik war auch der Historismus zu einem großen Teil Reaktion auf die Mission der Aufklärung, die Menschheit und die menschliche Gesellschaft nach Prinzipien der reinen Vernunft neu zu gestalten.

Die Verbindung der Grimms zum Historismus lässt sich vielleicht am besten verstehen, wenn man ihre Beziehung zu Friedrich Carl von Savigny (1779–1861) beleuchtet. Er war einer der führenden Rechtsgelehrten der damaligen Zeit und Dozent für Recht in den ersten Studienjahren der Brüder Grimm an der Universität Marburg (siehe Beiser 2011: Kap. 5). Die Verbindung zwischen den Gebrüdern Grimm und Savigny hielt zeitlebens und führte zu einer intensiven gegenseitigen Beeinflussung. Jacob Grimm widmete Savigny seine *Deutsche Grammatik*.

Die Rolle, die Savigny im so genannten Kodifikationsstreit spielte, der im Gefolge der Napoleonischen Kriege aufflammte, ist ein gutes Beispiel für seinen Historismus. Eine der spektakulärsten Karrieren, die sich in der Französischen Revolution vollzog, war die von Napoleon Bonaparte (1769–1821). Nachdem er in den 1790er Jahren an die Spitze der revolutionären Führung aufgestiegen war – was 1804 in seiner Selbstkrönung zum Kaiser der Franzosen gipfelte –, machte sich Napoleon an die Eroberung weiter Teile Europas. Die meisten von ihm eroberten bzw. mit ihm verbündeten deutschen Länder wurden im Rheinbund organisiert, einem unter der Vorherrschaft Frankreichs stehenden Staatenbündnis, dessen Mitgliedsstaaten viele der von der Französischen Revolution ausgehenden sozialen und rechtlichen Reformen übernahmen.

Die Französische Revolution war von den Idealen der Aufklärung durchdrungen und setzte in vielen Lebensbereichen die von den Aufklärern geforderte durchgreifende Rationalisierung der Welt in die Praxis um. Eine dieser rationalisierenden Maßnahmen war die Einführung eines einzigen, einheitlichen und vor allem ausdrücklich kodifizierten Systems des Zivilrechts, das oft als *Code Napoléon* bezeichnet wird. Der *Code Napoléon* war als letztgültiger Leitfaden für das Recht in Frankreich angelegt, in dem Juristen und Beamte bei jedem Fall das passende Prinzip einfach nachschlagen konnten. Der *Code Napoléon* wurde zur Rechtsgrundlage in vielen anderen europäischen Ländern, auf die das revolutionäre Frankreich Einfluss ausübte, auch in vielen Ländern des Rheinbundes.

Doch Napoleon wurde bald besiegt, und seine konservativen Gegner in ganz Europa versuchten, auf den Trümmern seines Reiches die alte Ordnung wiederherzustellen. Der Rheinbund wurde aufgelöst und die napoleonischen Reformen zum größten Teil zurückgedreht. Obwohl zahlreiche der napoleonischen Reformen eigentlich recht populär waren, wurden sie in vielen Fällen unter dem neuen Regime als unhaltbar angesehen. Aber der *Code Napoléon* hatte die Vorteile eines gemeinsamen kodifizierten Rechtssystems aufgezeigt. Sollten die deutschen Länder ihr eigenes, vom französischen Wesen befreites Gesetzbuch entwickeln? In Preußen war bereits das Allgemeine Landrecht in Kraft, das sogar etwas weiter zurückdatierte als der *Code Napoléon*, und in Österreich gab es schon das Allgemeine Bürgerliche Gesetzbuch. Oder sollten die deutschen Staaten auf das alte System von Gewohnheitsrecht, obskuren Statuten und historischen Präzedenzfällen zurückgreifen, das in vielen dieser Länder vor der französischen Eroberung Gültigkeit hatte?

Savigny trat nachdrücklich für die Wiederherstellung der alten Ordnung ein. Er argumentierte, das Gesetz sei Ausdruck des jeweiligen Volkes, das ihm unterworfen ist, seines Volksgeistes. Nach Savigny kann das Recht nicht abstrakt aus der Vernunft abgeleitet, in einem einzigen Dokument niedergelegt und universell angewandt werden. Die einzig legitime Art, Recht zu praktizieren, bestehe darin, seine Entwicklung im Laufe der Zeit zu erforschen. Dieser äußerst konservative Grundsatz wurde in den Mittelpunkt der preußischen Geisteswelt gerückt, als Wilhelm von Humboldt dafür sorgte, dass Savigny 1810 als erster Professor der Rechtswissenschaften an der neuen Universität zu Berlin antrat.

Der von Savigny manifestierte und propagierte Geist des Historismus erfüllte Jacob und Wilhelm Grimms eigene Gelehrsamkeit mit Leben. Die Idee, dass Recht, Literatur und Sprache eines Volkes Ausdruck seines Volksgeistes sei, motivierte ihre Studien. Beide Brüder verstanden ihr Werk auch ausdrücklich als nationalistisches Projekt, das auf die Stärkung des nationalen Bewusstseins des deutschen Volkes angesichts von Teilung und Fremdbestimmung abzielte, die in der Zeit der napoleonischen Kriege am stärksten zu spüren gewesen waren (vgl. Jendreieck 1975: 22).

Die Beschäftigung der Grimms mit Lexikografie und Grammatik ergab sich aus ihrer Arbeit an deutschen Mythen und Legenden. Der Versuch, die korrekte, ursprüngliche Form von Märchen zu rekonstruieren, führte sie dazu, Wortetymologien zu untersuchen. Ihre ersten etymologischen Bemühungen waren jedoch methodisch unzureichend; sie gaben sich einer Praxis hin, die als ‚wilde Etymologie' bekannt geworden ist, bei der Wörter aus verschiedenen Sprachen und verschiedenen Epochen einfach aneinandergereiht und Hypothesen über die möglichen etymologischen Verbindungen zwischen ihnen aufgestellt wurden. Das Ergebnis war zwangsläufig spekulativ und wissenschaftlich unbefriedigend. Benötigt wurde eine Reihe exakter Grundsätze, um die Etymologien einzugrenzen.

Friedrich Schlegel (1808: 6–7) hatte bereits darauf hingewiesen, dass bei der Erstellung von Etymologien strenge Grundsätze für die Identifizierung der Entsprechung von Lauten in Wörtern über verschiedene Sprachen hinweg erforderlich seien. Sein Bruder August Wilhelm Schlegel – das ironische Gewissen des aufstrebenden Faches – schrieb eine vernichtende Kritik über die frei schweifenden etymologischen Forschungen der Grimms. Er kommentierte: „Man möchte Hrn. J[acob] Gr[imm] einen etymologischen Heraklitus nennen. Dieser Philosoph lehrte, wie bekannt, alle Dinge seien fließend, ohne festen Bestand und in stätiger Verwandlung" (Schlegel 1847 [1815]: 403).

Als Reaktion auf A. W. Schlegels Kritik bemühte sich Jacob Grimm um größere Stringenz in seinen Etymologien. Er achtete zunehmend darauf, wie sich Laute und grammatische Formen im Laufe der Zeit veränderten, ohne diese Veränderungen mit Faktoren zu erklären, die außerhalb der Sprache selbst liegen, wie etwa die Bedeutungen der Wörter oder die Kultur, in die sie eingebettet sind (siehe Ginschel 1989 [1967]: 362). Eines der bekanntesten der vielen formalen Prinzipien, die er für die historische Entwicklung der germanischen Sprachen postulierte, ist dasjenige, das als die ‚germanische' oder die ‚erste Lautverschiebung' bekannt geworden ist. Sie wird auch oft das ‚Grimmsche Gesetz' genannt.

Grimm bemerkte eine Reihe von Lautkorrespondenzen, durch die sich die germanischen Sprachen als Gruppe von allen anderen indogermanischen Sprachen unterschieden. Ganz kurz gesagt – und um eine moderne Terminologie zu verwenden –, wo andere indogermanische Sprachen stimmlose Verschlusslaute haben, weisen die germanischen Sprachen in der Regel Frikative auf. Diese Entsprechung lässt sich zum Beispiel sehen, wenn wir den ersten Laut im französischen Wort *poisson* mit dem englischen *fish* vergleichen; französisch *trois*, englisch *three*; französisch *cœur*, englisch *heart*. Stimmhafte Verschlusslaute in anderen indogermanischen Sprachen sind in den germanischen Sprachen in der Regel stimmlos, z. B. der erste Laut im französischen *dix* im Vergleich zum englischen *ten*. Und die aspirierten stimmhaften Verschlusslaute des Sanskrit sind in den germanischen Sprachen unaspiriert, wie in Sanskrit *bhrātr* im Vergleich zum englischen *brother*. Diese Muster stimmen bei zahlreichen Wörtern in vielen verschiedenen indogermanischen Sprachen überein.

Es scheint, als hätten sich diese konsonantischen Laute in den germanischen Sprachen alle nach einer einheitlichen Regel verschoben. Diese Regel scheint dann in den südlichen Dialekten des Deutschen ein zweites Mal gegriffen zu haben, was die ‚hochdeutsche' oder ‚zweite Lautverschiebung' genannt wird. Grimm behandelte beide Lautverschiebungen als zwei Stufen eines einzigen Prozesses; heutzutage werden sie üblicherweise als zwei verschiedene Vorgänge betrachtet, da sie phonetisch unterschiedlich sind und sich mit einem Abstand von Hunderten von Jahren vollzogen haben. Die zweite Lautverschiebung lässt sich an vielen Wörtern im modernen Hochdeutsch im Vergleich zu ihren englischen Entsprechungen erkennen, da das Lautsystem des modernen Hochdeutsch weitgehend auf südlichen Dialekten beruht, während das Englische historisch gesehen von nördlichen Sprachvarietäten herrührt. Der letzte Laut im deutschen Wort ‚Schiff' ist ein Frikativ, während der Laut in seinem englischen Äquivalent, *ship*, ein Verschlusslaut ist. Die gleiche Entsprechung findet sich bei den mittleren Konsonanten der deutschen Wörter ‚Wasser' und ‚machen' im Vergleich zu den englischen Wörtern *water* und *make*.

Das Grimmsche Gesetz ist ein Beispiel für ein ‚Lautgesetz', eine Beschreibung einer regelmäßigen Lautverschiebung, die in der Geschichte einer Gruppe verwandter Sprachen aufgetreten ist. Die praktische Anwendung von Lautgesetzen, einschließlich des Grimmschen Gesetzes, sollte demnach unsere etymologischen Rekonstruktionen leiten. So können wir nun zum Beispiel mit Sicherheit sagen, dass das französische *poisson* und das englische *fish* auf dasselbe Wort in der Ursprache zurückgehen, weil die Lautgesetze die genauen Schritte aufzeigen, entlang derer sich diese Wörter zu ihren modernen Formen entwickelt haben. Schlagen wir dagegen eine Etymologie vor, die nicht mit den Lautgesetzen in Einklang steht, müssen wir sie als nicht stichhaltig zurückweisen.

Es sei darauf hingewiesen, dass Jacob Grimm nicht der Einzige war, der entlang dieser Richtung dachte. Vor allem der dänische Sprachwissenschaftler Rasmus Rask (1787–1832), mit dem Grimm in Kontakt stand, beobachtete viele der gleichen Lautkorrespondenzen, die dem Grimmschen Gesetz zugrunde lagen. Dänische Linguistinnen und Linguisten begeistern sich seit jeher für Fachgeschichte und haben sich bemüht, das Vermächtnis Rasks zu retten. Insbesondere Otto Jespersen (1860–1943), ein dänischer Linguist, dessen Arbeit sich über das späte 19. und frühe 20. Jahrhundert erstreckte, hob die bahnbrechenden Erkenntnisse von Rask – und seine Priorität – hervor (Jespersen 1922: 36–40). Rask sei in Vergessenheit geraten, so Jespersen, weil er auf Dänisch geschrieben habe, einer Sprache mit begrenzter internationaler Reichweite. Aber selbst wenn man Rask den zeitlichen Vorrang einräumt und behauptet, Grimm und andere hätten sich von seinem Werk inspirieren lassen, so war es doch Grimms Werke, die weithin gelesen wurden und als Hauptbezugspunkt dienten für das neue Bestreben, Lautgesetze zu entdecken.

Durch die Pionierarbeit von Gelehrten wie Franz Bopp und Jacob Grimm in der ersten Hälfte des 19. Jahrhunderts begann sich die historisch-vergleichende Sprachwissenschaft zu einer wissenschaftlichen Disziplin zu entwickeln. Das Feld hatte klare Ziele und Methoden und, was entscheidend war, eine institutionelle Basis. Die historisch-vergleichende Sprachwissenschaft konnte in eine Periode der ‚normalen Wissenschaft' eintreten, um den von Thomas Kuhn in seinem 1962 erschienenen Werk *The Structure of Scientific Revolutions* (*Die Struktur wissenschaftlicher Revolutionen*) eingeführten Begriff zu verwenden. Das heißt, ein wissenschaftliches Paradigma hatte sich verfestigt, in dem strebsame, auf diesem Gebiet ausgebildete Wissenschaftler an definierten Aufgaben arbeiten konnten. Die historisch-vergleichende Grammatik war jedoch nicht der einzige Ansatz, der in der neuen akademischen Linguistik gepflegt wurde: Sie hatte ein Alter Ego im Bemühen um Sprachklassifikation, mit der sie in vielerlei Hinsicht verwoben war. Der Sprachklassifikation wendet sich das folgende Kapitel zu.

2.5 Weiterführende Literatur

Eine ausgezeichnete Sekundärquelle, die viele der in diesem Kapitel erörterten Figuren und Innovationen behandelt, ist Anna Morpurgo Davies' (1998) *History of Linguistics: Nineteenth-Century Linguistics*. Insbesondere die Kapitel 3 und 6 ihres Buches befassen sich mit Sir William Jones, Friedrich Schlegel, Franz Bopp, Jacob Grimm und Rasmus Rask und gehen sehr ausführlich auf die technischen Aspekte ihrer Arbeit ein. Eine Darstellung der vergleichenden Methode, wie sie heute verstanden wird, sowie eine Erklärung des Grimmschen Gesetzes und anderer Lautgesetze mit Beispielen findet sich in Kapitel 7 von Lyle Campbells (2020 [1998]) *Historical Linguistics: An Introduction*.

Zur Biografie der Brüder Grimm siehe Steffen Martus' (2009) *Die Brüder Grimm*. Für eine umfassende Darstellung des Historismus, der ihrer Forschung zugrunde lag, siehe Frederick Beisers (2011) *The German Historicist Tradition*. Zur Geschichte der Fortschritte in der Geologie und Paläontologie im 19. Jahrhundert und ihrer Rolle als Wegbereiter neuer Vergleichs- und Rekonstruktionstechniken siehe Martin Rudwicks (2005) *Bursting the Limits of Time*, insbesondere die Kapitel 6 und 7.

Der beste Ausgangspunkt für das Verständnis der neueren Arbeiten in der postkolonialen Wissenschaft bleibt Edward Saids (2003 [1978]) sehr gut lesbares

Orientalism (deutsche Übersetzung Said 2009 [1978]), das, wie in Abschnitt 2.1. angedeutet, eine wichtige Rolle bei der Entstehung der Bewegung spielte. Thomas Trautmanns (1997) *Aryans and British India* bietet einen hervorragenden Überblick über das Zusammenspiel von Kolonialismus, Rassismus, Ethnologie und Sprachwissenschaft im Zusammenhang mit dem Begriff ‚indogermanisch' bzw. ‚indoeuropäisch'. Douglas McGetchins (2009) *Indology, Indomania and Orientalism: Ancient India's Rebirth in Modern Germany* erläutert die Geschichte der Indologie im Deutschland des 19. Jahrhunderts.

Für eine umfassende Darstellung der Entstehung der historisch-vergleichenden Sprachwissenschaft und Linguistik als Fachgebiet – wie auch anderer moderner Geisteswissenschaften – aus dem breiteren Feld der Philologie im 19. Jahrhundert siehe James Turners (2014) *Philology*. In deutscher Sprache empfiehlt sich der von Werner Bahner und Werner Neumann (1985) herausgegebene Band *Sprachwissenschaftliche Germanistik*.

3 Sprachklassifikation

In der Anfangszeit der historisch-vergleichenden Sprachwissenschaft war die Ansicht weit verbreitet, dass jede Sprachfamilie einen charakteristischen grammatischen Typus aufweise und dass grammatische Typen ein ausreichender Beweis für die Annahme genealogischer Verbindungen zwischen Sprachen seien. Die gängige Meinung in der heutigen Sprachwissenschaft steht in markantem Gegensatz zu dieser Auffassung: Die meisten Linguistinnen und Linguisten unterscheiden heute klar zwischen Genealogie und Typologie. Genealogische Beziehungen würden ausschließlich auf Grundlage spezifischer Ähnlichkeiten in Wörtern und grammatischen Formen postuliert, auf deren Basis die vermeintlichen Formen der Ursprache sich aufdecken oder rekonstruieren lassen, während Ähnlichkeiten in der grammatischen Gesamtorganisation von Sprachen demzufolge keinen direkten Einfluss auf Fragen der gemeinsamen Herkunft hätten.

Doch bis in die erste Hälfte des 19. Jahrhunderts hinein gab es die heutige Trennung von Genealogie und Typologie nicht. Betrachtet man beispielsweise *Mithridates* von Johann Christoph Adelung (1732–1806), eines der wichtigsten sprachvergleichenden Kompendien vor Franz Bopp (siehe Abschnitt 2.1.), so stellt man fest, dass Adelung seine Übersicht über die Sprachen in erster Linie nach geografischen Regionen ordnete, aber immer noch einen wesentlichen Unterschied zwischen ‚einsilbigen' und ‚mehrsilbigen' Sprachen postulierte. Diese Verquickung von Genealogie und Typologie setzte sich bis in die Ära der historisch-vergleichenden Sprachwissenschaft selbst fort: Friedrich Schlegel (1772–1829) ging bei der Einführung seiner ‚vergleichenden Grammatik' davon aus, dass die indogermanischen Sprachen, wie die Familie bald genannt werden sollte, eine einzigartige grammatische Struktur besäßen, die sie von allen anderen Sprachen der Welt unterscheide, eine Idee, die von seinem Bruder August Wilhelm Schlegel (1767–1845) weiterentwickelt und Teil der Grundlagen des historisch-vergleichenden Programms wurde.

Neben dem Glauben an eine Verbindung zwischen Genealogie und Typologie war die Auffassung weit verbreitet, dass zwischen der grammatischen Struktur einer Sprache und den Denk- und Lebensgewohnheiten ihrer Sprecher eine notwendige Beziehung bestünde. Die einflussreichsten Vertreter dieser Position in der Sprachwissenschaft des 19. Jahrhunderts waren Wilhelm von Humboldt (1767–1835) und Heymann Steinthal (1823–1899). In diesem Kapitel untersuchen wir diese Ideenkonstellation.

https://doi.org/10.1515/9783111618548-003

3.1 Die Brüder Schlegel und die ‚innere Struktur' der Sprachen

In seinem Werk *Über die Sprache und Weisheit der Indier* – ein Buch, das in Abschnitt 2.2. vorgestellt wurde – widmete Friedrich Schlegel ein Kapitel dem, was er die ‚innere Structur' des Sanskrit und der europäischen Sprachen nannte (Schlegel 1808: Kap. 4). Schlegel war der Ansicht, dass die indogermanischen Sprachen eine ‚organische' grammatische Struktur besitzen, die sie von allen anderen Sprachen der Welt unterscheide, deren Struktur lediglich ‚mechanisch' sei. Was die indogermanischen Sprachen ‚organisch' macht, ist nach Schlegel deren Verwendung der Flexion.

Die Flexion ist ein grammatischer Vorgang, bei dem sich die Endung eines Wortes je nach seiner Rolle im Satz ändert. Im Lateinischen ist zum Beispiel *puella*, ‚Mädchen', eine Wortform im Nominativ, dem Kasus, der das Subjekt eines Satzes kennzeichnet. Damit dieses Wort als Objekt des Satzes dienen kann, muss es in den Akkusativ gesetzt werden, was durch eine andere Endung angezeigt wird: *puellam*. Bei diesem Beispiel mag es so aussehen, als sei die Bildung der Akkusativform einfach eine Frage der Anfügung des Suffixes *-m* an den Nominativ, aber die Flexion ist in Wirklichkeit viel komplizierter als das. Es gibt keine einheitliche Akkusativ-Endung, sondern verschiedene Wörter flektieren auf unterschiedliche Weise, um den Akkusativ anzuzeigen. Die lateinischen Substantive werden traditionell in fünf Klassen eingeteilt, bezeichnet als Deklinationen. Jede dieser Kategorien wird durch die besonderen Flexionsformen der darin enthaltenen Substantive definiert – und selbst innerhalb dieser Deklinationen gibt es zahlreiche Ausnahmen und Unregelmäßigkeiten bei den Formen bestimmter Substantive. Flexionsendungen tendieren auch dazu, so mit dem Wortstamm zu verschmelzen, dass es schwierig ist, Endung und Wortstamm auseinanderzuhalten. Dies zeigt sich bei lateinischen Substantiven wie *rex* ‚König [Nominativ Singular]': *regem* ‚König [Akkusativ Singular]', bei denen der Wortstamm selbst in den verschiedenen Kasusformen wechselt.

Echte Flexionsstrukturen, so meinte Schlegel, existierten nur in den indogermanischen Sprachen: Die offensichtlichen Flexionsformen anderer Sprachen, wie des Arabischen und seiner Verwandten, hielt Schlegel (1808: 48) für das Produkt einer Vermischung oder ‚kunstreichen Ausbildung'. Obwohl Schlegel über das Ziel hinaus schoss, indem er die Flexion zur ausschließlichen Eigenschaft des Indogermanischen machte, trifft es zu, dass die klassischen indogermanischen Sprachen – und in der Tat viele moderne Mitglieder der Sprachfamilie – ausgiebig Gebrauch von der Flexion bei Substantiven, Verben und anderen wichtigen Wortklassen machen, sodass man sagen könnte, dass die Flexion für die Familie charakteristisch ist.

Das Hauptmerkmal der Flexion, das Schlegel dazu inspirierte, sie als ‚organisch' zu bezeichnen, ist die Art und Weise, wie Wortstamm und Endung miteinander verwoben sind. Flexionsendungen, so Schlegel (1808: 50–52), scheinen aus dem ‚lebendigen Keim' der Wurzel herauszuwachsen. Im Gegensatz dazu würden in den sogenannten ‚mechanischen' Sprachen – eine negative Kategorie, zu der Schlegel alle nicht flektierenden Sprachen zählt – Wörter lediglich aus Stämmen und Affixen zusammengeschustert, ohne dass eine echte Integration zwischen den Teilen stattfinde. Schlimmer noch, einige ‚mechanische' Sprachen weisen demnach überhaupt keine Affixe auf und reihen einfach bloße Wortstämme aneinander, um Sätze zu bilden.

Der von Schlegel aufgestellte Gegensatz zwischen dem ‚Organischen' und dem ‚Mechanischen' stützt sich auf eine begriffliche Unterscheidung, die damals zwar weit verbreitet war, aber ihre einflussreiche Formulierung in den Schriften des führenden Aufklärers Immanuel Kant (1724–1804) fand. In seiner Diskussion über die ‚Teleologie' in seiner 1790 erschienen *Kritik der Urteilskraft* stellte sich Kant einen grundlegenden Unterschied zwischen lebenden Organismen und unbelebten, ‚mechanischen' Entitäten vor. Ein lebender Organismus, so Kant, sei ein Naturzweck. Dieser komplexe Begriff hat über 200 Jahre lang zu Exegesen und Debatten angeregt, doch die Kernidee lautet, dass lebende Organismen sich selbst steuern, sich selbst erhalten und um ihrer selbst willen existieren. Ein lebender Organismus pflanze sich demnach durch Nachkommen fort und erhalte sich selbst, indem er Nahrung aus der Umwelt aufnehme. Vor allem aber sei ein Organismus ein unteilbares Ganzes, dessen Teile als ein sich gegenseitig stützendes System zusammenwirken, um den Organismus am Leben zu erhalten (wie in den folgenden Abschnitten zu sehen ist, wird die Konzeption von Sprachen als organische Systeme in der späteren Sprachwissenschaft bis ins 20. Jahrhundert eine entscheidende Rolle spielen). Mechanische Gebilde hingegen hätten kein Eigenleben. Sie würden von äußeren Kräften geschaffen und benutzt, um Zwecken zu dienen, die von außerhalb ihres eigenen Seins bestimmt würden (für eine weitere Erläuterung von Kants Teleologietheorie siehe Ginsborg 2019: Abschnitt 3; Richards 2002a: 64–71).

Einerseits knüpfte Schlegel damit an Diskurse an, die in der zeitgenössischen deutschen Philosophie populär waren, sowie an die ästhetischen Vorlieben der frühen Romantik mit ihrer Verherrlichung der natürlichen Welt und ihrem Misstrauen gegenüber rein funktionalen menschlichen Erfindungen (siehe Richards 2002a). Aber die Vorliebe für das ‚Organische' geht auch mit der wissenschaftlichen Rechtfertigung von Schlegels Projekt einher. Wie Abschnitt 2.1. verdeutlicht hat, ist Schlegels ‚vergleichende Grammatik' in direkter Analogie zur vergleichenden Anatomie aufgebaut, und die ‚organische' Flexion ist die primäre Datenquelle für Schlegels Komparativistik: Es ist die Analyse der gemeinsamen Überlagerungen und Unregelmäßigkeiten in den Flexionsformen der indogermanischen Sprachen, die den Beweis für ihre Verwandtschaft liefert. Die ‚mechanischen' Sprachen mit ihren viel lockereren Strukturen böten weniger Belege dieser Art, mit denen man arbeiten könne. Die Formen der mechanischen Sprachen seien, so Schlegel (1808: 51), „nur wie ein Haufen Atome, die jeder Wind des Zufalls leicht aus einander treiben oder zusammenführen kann." Das heißt, die ‚mechanischen' Sprachen haben angeblich keine Formen, die über die Zeit hinweg stabil bleiben und uns erlauben, ihre Geschichte nachzuvollziehen.

Friedrich Schlegels dichotome Klassifizierung von Sprachen wurde von seinem Bruder August Wilhelm Schlegel aufgegriffen und weiterentwickelt, der auch ein versierter Sanskritist war, wie wir in den Abschnitten 2.1. und 2.2. gesehen haben. In seinem 1818 erschienenen Buch *Observations sur la langue et la littérature provençales* (Beobachtungen über die provenzalische Sprache und Literatur) entwickelte A. W. Schlegel (1818: 14–17) ein Schema der Sprachklassifikation mit drei Hauptkategorien. Dieses Schema bleibt bis heute in einer generisch gehaltenen Form bestehen, wobei die drei Kategorien gewöhnlich als ‚isolierend', ‚agglutinierend' und ‚flektierend' bezeichnet werden.

Das prototypische Beispiel einer isolierenden Sprache ist demnach das klassische Chinesisch, in dem nur sehr wenig Flexion oder Affigierung vorkommt. Die meisten Wörter haben eine konstante Form, und Informationen über ihre grammatische Rolle werden fast ausschließlich durch die Syntax – d. h. ihre Stellung im Satz im Verhältnis zu anderen Wörtern – oder durch eigenständige grammatische Partikeln vermittelt. Eine bekannte agglutinierende Sprache ist das Türkische, das in großem Umfang von Affixen Gebrauch macht. Auch wenn im Türkischen die Formen von Affixen variieren können, sind die Änderungen durch regelmäßige Gesetze bestimmt (zum Beispiel Vokalharmonie), und die Grenzen zwischen Wortstamm und Affix bleiben in der Regel klar. Die Kategorie der flektierenden Sprachen schließlich umfasst die aus der bisherigen Diskussion bekannten Sprachen; die besten Beispiele dafür sind die klassischen indogermanischen Vertreter.

Vergleicht man jedoch einige der großen modernen europäischen Sprachen mit ihren klassischen Vorläufern, so stellt man fest, dass sie viel von ihrem flektierenden Charakter eingebüßt haben. Beispielsweise verwenden Französisch, Spanisch oder Italienisch in ihrer modernen Form viel weniger Flexionen als das Lateinische und verlassen sich viel mehr auf die Syntax, um grammatische Unterscheidungen zu vermitteln. Es hat den Anschein, als hätten sie sich im Laufe der Zeit verändert und wären mehr zu isolierenden Sprachen geworden. Diese historische Entwicklung veranlasste A. W. Schlegel, die Klasse der flektierenden Sprachen in die älteren ‚synthetischen Sprachen' (*les langues synthétiques*) und die jüngeren ‚analytischen Sprachen' (*les langues analytiques*) zu unterteilen. Wie aus dem nächsten Abschnitt hervorgeht, handelt es sich hierbei um ein weiteres Begriffspaar, das an die Philosophie von Immanuel Kant erinnert.

A. W. Schlegel war in seinem Urteil über die von ihm postulierten grammatischen Typen vorsichtiger als sein Bruder. Er ordnete die flektierenden Sprachen dem ‚obersten Rang‘ (*le premier rang*) zu und war der Meinung, dass die isolierenden Sprachen „große Hindernisse für die Entwicklung der intellektuellen Fähigkeiten darstellen“ (Schlegel 1818: 14–15), aber er hielt die modernen analytischen Sprachen nicht unbedingt für minderwertig. Trotz ihrer Abkehr vom Flexionsideal und ihrer Hinwendung zu den isolierenden Sprachen seien die modernen analytischen Volkssprachen zu einem „Maß an Vollkommenheit“ fähig, das sich in ihrer Verwendung in der großen Literatur widerspiegle (ebd.: 17). Als überzeugter Philologe der alten Schule (wie wir in Abschnitt 2.2. gesehen haben) interessierte sich A. W. Schlegel mehr für die literarischen Leistungen einer Sprache als für die Feinheiten ihrer Grammatik.

Im philologisch geprägten Denken des 19. Jahrhunderts waren Literatur und Grammatik jedoch nicht unbedingt zwei gesonderte Bereiche. In den folgenden Jahrzehnten wurde die Frage, wie die grammatische Struktur einer Sprache sie zu einem mehr oder weniger geeigneten Medium für Literatur und Philosophie machen könnte, zu einem wichtigen Thema der Sprachwissenschaft, das vielleicht am besten durch die Arbeit von Wilhelm von Humboldt und seinen Anhängern repräsentiert wird.

3.2 Wilhelm von Humboldts ‚Anti-Semiotik‘

Ein roter Faden, der sich durch die Sprachtypologie des 19. Jahrhunderts zieht, sind Spekulationen über mögliche Zusammenhänge zwischen Sprachstruktur und den charakteristischen Denkmustern der Sprechenden. Eine führende Persönlichkeit auf diesem Gebiet, die zahlreiche Wissenschaftlerinnen und Wissenschaftler im 19. Jahrhundert und darüber hinaus inspirierte, ist Wilhelm von Humboldt.

Wir sind Humboldt bereits in den Abschnitten 2.3. und 2.4. wegen seiner Rolle bei der Reform des preußischen Bildungssystems und der Gründung der Universität zu Berlin begegnet, die schnell zum Zentrum der deutschen akademischen Welt wurde. Humboldt war aber auch ein angesehener Gelehrter, der innovative Beiträge zu Bereichen wie Sprachforschung und Geschichtsschreibung leistete (siehe Mueller-Vollmer und Messling 2021). In seinen Forschungen verband Humboldt Elemente der zeitgenössischen deutschen Sprachphilosophie mit empirischen Daten aus verschiedenen Sprachen und gelangte so zu wichtigen Erkenntnissen in der Sprachtypologie.

Humboldts Annahme einer Verbindung zwischen Sprache und Denken ist eine Konsequenz dessen, was der Humboldt-Forscher Jürgen Trabant (1986) seine ‚Anti-Semiotik‘ nennt. Um zu verstehen, was Trabant damit meint, ist ein kurzer Exkurs in die Sprachphilosophie erforderlich. Die semiotischen Lehren, gegen die sich Humboldts Ideen richten, gehen auf den altgriechischen Philosophen Aristoteles (384–322 v. Chr.) zurück, dessen gesammelte Schriften über Logik und Sprache gewöhnlich als *Organon* bezeichnet werden. Das griechische Wort *organon* bedeutet ‚Werkzeug' oder ‚Instrument' und unterstreicht als Sammeltitel dieser Texte die Tatsache, dass Aristoteles Sprache als ein Werkzeug betrachtet, das wir beim Argumentieren verwenden (in Abschnitt 13.1. ist zu sehen, wie die Vorstellung von Sprache als *organon* in einem etwas anderen Sinne in der Sprachphilosophie des 20. Jahrhunderts wieder auflebte).

Als Vorstufe zu seinem Modell der Sprache bot Aristoteles die folgende Erklärung für die Bedeutung von Wörtern:

> Die gesprochenen Worte sind die Zeichen von Vorstellungen in der Seele und die geschriebenen Worte sind die Zeichen von gesprochenen Worten. So wie nun die Schriftzeichen nicht bei allen Menschen die nämlichen sind, so sind auch die Worte nicht bei allen Menschen die nämlichen; aber die Vorstellungen in der Rede, deren unmittelbare Zeichen die Worte sind, sind bei allen Menschen dieselben und eben so sind die Gegenstände überall dieselben, von welchen diese Vorstellungen die Abbilder sind. (Aristoteles 1876: 55–56)

Das heißt, „gesprochene Worte" sind Namen für Begriffe („Vorstellungen in der Seele"), die wir durch unsere Wahrnehmung der Dinge in der Welt haben. Geschriebene Worte seien dann einfach Darstellungen von gesprochenen Worten in einem grafischen Medium. Aristoteles erkannte an, dass verschiedene Sprachen verschiedene Wörter haben („die Worte [sind] nicht bei allen Menschen die nämlichen"), aber er glaubte, dass die von den Worten dargestellten Konzepte in allen Sprachen universell seien („sind bei allen Menschen dieselben"). Das Vokabular einer Sprache stelle daher eine Art Nomenklatur dar, eine Reihe von konventionellen Bezeichnungen für bereits bestehende Ideen (zur Sprachtheorie Aristoteles' siehe Graeser 1996).

Aristoteles' Semiotik wurde in der Antike und im Mittelalter vermittelt und erweitert, sie bildete den Hintergrund für die sprachphilosophischen Diskussionen in der Renaissance und der Aufklärung. Es sind die Debatten der Aufklärung, die Humboldts Arbeit unmittelbar beeinflussten. Das Denken der Aufklärungszeit über Sprache, Geist und Erkenntnis wird traditionell in zwei große Lager unterteilt, die Empiristen und die Rationalisten (zu diesen Debatten siehe Aarsleff 1982). Vertreter dieser beiden Lager tauchten bereits in Abschnitt 2.2. kurz auf, als John Locke (1632–1704) erörtert wurde, einer der führenden Empiristen, und Gottfried Wilhelm Leibniz (1646–1716), der gewöhnlich zu den Rationalisten gezählt wird.

Der Empirismus war bei englischen und französischen Denkern sehr beliebt, obwohl in beiden Ländern noch immer eine große Meinungsvielfalt herrschte. Die Empiristen vertraten die Ansicht, dass der Geist im Wesentlichen eine *Tabula rasa*, also eine leere Tafel, sei. Nach dieser Auffassung führen Sinneseindrücke – der Anblick, die Geräusche, die Gerüche und die taktilen Empfindungen, die wir von der Welt erhalten – dazu, dass wir Ideen formen und diesen Ideen willkürlich Worte zuordnen. Die charakteristisch deutsche Position war dagegen, dass es eine Art natürliche Verbindung zwischen Wörtern und Ideen gebe. Aus dieser Überzeugung heraus legte Leibniz nahe, etymologische Forschungen zu betreiben, um die Wörter auf ihre ursprünglichen, natürlichen Quellen zurückzuführen, wie in Abschnitt 2.2. zu sehen war.

Die wichtigsten Vertreter, die diese Debatte in der Generation nach Locke und Leibniz fortsetzten, waren auf französischer Seite Étienne Bonnot de Condillac (1714–1780) und auf deutscher Seite Johann Gottfried von Herder (1744–1803). Condillac entwickelte eine so genannte ‚sensualistische‘ Erklärung für den Ursprung von Sprache (zu Condillac siehe Franzen 1996; Harris und Taylor 1997 [1989]: Kap. 11). In seinem *Essai sur l'origine des connoissances humaines* (*Essay über den Ursprung des menschlichen Wissens*) von 1746 – der speziell als Antwort auf Lockes Abhandlung über Sprache und Erkenntnistheorie, *Essay on Human Understanding*, gedacht war – postulierte Condillac drei Arten von Zeichen: zufällige, natürliche und bedingte oder konventionelle. Bei zufälligen Zeichen handele es sich um Gegenstände, die durch bestimmte wiederkehrende Umstände mit bestimmten Vorstellungen verbunden würden. Condillac führt das Beispiel des Hungers als das Zeichen eines mit Früchten beladenen Baumes an. Verspürten wir Hunger, so könne dies dazu führen, dass wir an einen Baum denken, der Früchte trägt, von denen wir bei früheren Gelegenheiten gegessen haben, um unseren Hunger zu stillen. Natürliche Zeichen seien die Schreie, die wir instinktiv ausstoßen, wie z. B. die ‚Oohs‘ und ‚Aahs‘, die wir unwillkürlich von uns geben, wenn wir emotional erregt seien. Im Gegensatz zu den ersten beiden Kategorien stehen die bedingten oder konventionellen Zeichen, die willkürlich seien. Dabei handele es sich um Zeichen, die wir bewusst mit bestimmten Dingen in Verbindung bringen.

In einem Gedankenexperiment in seinem *Essai* malte sich Condillac (2006 [1746]: 173–176) aus, dass zwei Kinder allein in der Welt unterwegs seien. Er stellte die Hypothese auf, dass sie schnell dazu kommen würden, die Sprache auf Grundlage bedingter Zeichen zu erfinden. In der ersten Phase würden sie nur natürliche Zeichen produzieren und automatisch schreien, wenn sie von einem Gefühl oder einer Empfindung ergriffen würden. Aber ihre angeborene Empathie füreinander würde sie nach wiederholtem Auftreten dieser natürlichen Zeichen dazu bringen, die Zeichen allmählich mit den einhergehenden Empfindungen zu verbinden. Mit der Zeit würden sie die Zeichen bewusst einsetzen, was zur Entstehung arbiträrer menschlicher Sprache führe.

Herder vertrat eine andere Auffassung (zu Herder siehe Gaier 1996). In seiner *Abhandlung über den Ursprung der Sprache* von 1772 argumentierte er, dass der Übergang von natürlichen Zeichen zur willkürlichen Sprache kein allmählicher Prozess sei, wie Condillac angenommen hatte, sondern einen qualitativen Unterschied darstelle. Es sei die menschliche Fähigkeit zur ‚Reflexion' oder ‚Besonnenheit' (Herder verwendet beide Begriffe), die den qualitativen Unterschied zwischen Mensch und Tier ausmache und Sprache ermögliche. Besonnenheit im Sinne Herders ist im Wesentlichen das bewusste Erkennen der eigenen Gedanken. Herder führt das Beispiel eines Menschen an, der ein Lamm erkennt. Der Mensch begegnet dem Lamm mehrmals und nimmt von ihm verschiedene Sinneseindrücke auf: weiß, weich, wollig. Aber einer dieser Eindrücke werde demnach herausstechen und zum Marker werden, auf den sich der Mensch bei der Entwicklung seiner Vorstellung von Lamm fixiere. Das markanteste Merkmal mag das Blöken des Lamms sein. Im Moment des Erkennens, wenn sich der Begriff des Lamms im Kopf des Menschen festsetzt, werde er denken, „Ha! Du bist das Blökende" (Herder 1772: 55).

Als Medium der Besonnenheit ist Sprache nach Herder für unsere Kultur, Empfindungen und Gedanken konstitutiv (siehe Sikka 2011: Kap. 5). Bei der Prägung ihrer Wörter hätten sich die verschiedenen Völker auf unterschiedliche Eigenschaften der benannten Dinge konzentriert. Das bedeutet, dass jede Sprache mit ihren charakteristischen Formen eine etwas andere Sicht auf die Welt verkörpere. Als die Sprachen von Generation zu Generation weitergegeben wurden, häuften sich die Unterschiede zwischen ihnen, so dass sich die Sprachen und die in ihnen enthaltenen Weltansichten immer mehr voneinander unterschieden. Herders Ansatz zeugt von einem historisierenden Geist in dem Sinne, wie er in Abschnitt 2.4. untersucht wurde.

Inmitten dieser Debatten über Erkenntnis, Vernunft und den Ursprung der Sprache entwickelte Humboldt seine ‚Anti-Semiotik'. Seine Ideen formulierte er an verschiedenen Stellen, doch die dabei bemerkenswerteste Schrift ist *Über die Verschiedenheit des menschlichen Sprachbaues und ihren Einfluss auf die Entwicklung des Menschengeschlechts*, die erst 1836 posthum veröffentlicht wurde. Darin bezeichnete Humboldt Sprache in einer denkwürdigen Formulierung als „das bildende Organ des Gedankens" (Humboldt 1836: 50). Im Gegensatz zum traditionellen aristotelischen Modell der Semiotik und im Einklang mit der in Herders Schriften vertretenen Position führte Humboldt an, dass wir durch den Prozess der Artikulation unserer Gedanken in Worten unsere Erfahrung der Welt mit unserem Verstand zusammenführten.

Mit dieser Formulierung stützte sich Humboldt auf die Erkenntnistheorie von Immanuel Kant (der in Abschnitt 3.1. vorgestellt wurde). In seiner *Kritik der reinen Vernunft* versuchte Kant (1787 [1781]), die beiden Lager des Empirismus und des Rationalismus miteinander zu versöhnen. Kant widersetzte sich der Behauptung der extremen Empiristen, dass unser Geist eine *Tabula rasa* sei und alles, was wir wüssten, allein durch Sinneseindrücke bestimmt würde. Gleichzeitig wandte er sich jedoch gegen die Versuche der radikalsten Rationalisten, die Außenwelt außer Acht zu lassen und unsere Erkenntnisse und unser Wissen alleine aus dem

Wirken unserer inneren geistigen Fähigkeiten abzuleiten. Kants Lösung bestand darin, anzuerkennen, dass es eine reale Welt da draußen gebe und dass wir Sinneseindrücke von ihr empfangen, aber er fügte hinzu, dass wir diese Welt nicht direkt zu kennen vermöchten. Vielmehr spielen unsere geistigen Fähigkeiten eine aktive Rolle bei der Vermittlung unserer Wahrnehmung der Welt. Durch unsere ‚Sinnlichkeit' empfangen und verarbeiten wir demnach Sinneseindrücke aus der Außenwelt, doch rekonstruierten wir diese Eindrücke dann, um uns ein Bild von der Welt zu machen, indem wir inhärente Kategorien verwendeten, die uns durch unseren ‚Verstand' gegeben seien.

In Humboldts Adaption der Philosophie Kants ist Sprache das transzendentale Medium, auf dem wir diese Rekonstruktion der Welt vollziehen: In der Sprache findet die kantische ‚Synthesis' von Sinnlichkeit und Verstand statt. Für Humboldt gibt es eine dialektische Beziehung zwischen Sprache und Denken und zwischen den Sprechern einer Sprache. Das heißt, es läuft ein ständiger Austausch zwischen Gedanken und Worten und zwischen Gesprächspartnern ab: Unsere Gedanken formen unsere Worte und unsere Worte formen unsere Gedanken, und wenn wir mit anderen sprechen, beeinflussen wir ihre Denkweise und sie unsere (siehe Trabant 2012b: 18–20). Wie im nächsten Abschnitt gezeigt wird, bildete diese Auffassung den philosophischen Rahmen für Humboldts Ansatz zur Erforschung der Sprachen der Welt.

3.3 Humboldts Linguistik des Baus und Linguistik des Charakters

Beim Entwurf eines Programms für die Anwendung seiner Sprachphilosophie auf das Studium tatsächlicher Sprachen teilte Humboldt sein Projekt in zwei Dimensionen auf: eine, die sich mit dem ‚Organismus' oder ‚Bau' von Sprachen befasste – das heißt, mit ihrer Struktur –, und eine andere, die sich auf die Entwicklung ihres ‚Charakters' konzentrierte (Humboldt 1836).

In der Praxis nimmt Humboldts Linguistik des Baus grammatische Merkmale in den Blick. Sie geht davon aus, dass diese Merkmale in einer mutmaßlich prähistorischen Periode entstanden seien, in der sich die Sprachen weitgehend unbewusst entwickelt haben. Die Linguistik des Charakters hingegen untersucht den Gebrauch einer Sprache zur Schaffung von Literatur. Das Schaffen von Literatur ist nach Humboldt eine bewusste Tätigkeit, die erst dann aufgenommen werden könne, wenn die Sprache eine gefestigte Form entwickelt habe. Ziel der Linguistik des Charakters sei es, zu untersuchen, wie die wortgewaltigsten Redner und Schriftsteller die grammatischen Mittel einer Sprache einsetzten, um sich auszudrücken.

Humboldt (1905 [1820]: 12–13) bezeichnete die Linguistik des Charakters als den ‚Schlussstein' der Sprachwissenschaft. Die Linguistik dürfe sich nicht auf das fruchtlose Studium von Grammatiken und Wörterbüchern beschränken, da eine Sprache ihr wahres Wesen erst durch den Gebrauch offenbare: „[D]as Studium der Sprachen [kann] nicht von dem ihrer Litteraturen getrennt werden, da in Grammatik und Wörterbuch nur ihr todtes Gerippe, ihr lebendiger Bau aber nur in ihren Werken sichtbar ist" (Humboldt 1836: 417; Hervorhebung im Original). Humboldts Position an dieser Stelle ist eine Folge seiner Überzeugung, dass Sprache im Kern eine schöpferische Tätigkeit darstelle und nicht, wie von den meisten Grammatikern und Philologen traditionell angenommen, die Formen, die durch diese Tätigkeit produziert würden. Um diesen Gegensatz zu erfassen, gebrauchte Humboldt die griechischen Begriffe *Ergon* (Werk) und *Energeia* (Tätigkeit):

> Die Sprache, in ihrem wirklichen Wesen aufgefasst, ist etwas beständig und in jedem Augenblicke Vorübergehendes. Selbst ihre Erhaltung durch die Schrift ist immer nur eine unvollständige, mumienartige Aufbewahrung, die es doch erst wieder bedarf, daß man dabei den lebendigen Vortrag zu versinnlichen sucht. Sie selbst ist kein Werk (*Ergon*), sondern eine Thätigkeit (*Energeia*). (Humboldt 1836: 41)

Wie aus den Abschnitten 8.2. und 13.2. hervorgeht, hatte Humboldts Begriffspaar *Ergon* und *Energeia* großen Einfluss auf die spätere Sprachtheorie und tauchte – in unterschiedlichen, aber damit verbundenen Formen – unter anderem in den Schriften von Ferdinand de Saussure (1857–1913) und Karl Bühler (1878–1963) wieder auf.

In dem Versuch, etwas von der *Energeia* zu erfassen, die eine Sprache ausmache, um den Geist zu verstehen, der sie beseele, gelte es zu erkennen, wie die Sprache in ihrer Literatur zur vollen Blüte gelangt sei. Aus diesem Grund betrachtete Humboldt die Linguistik des Charakters als den ‚Schlussstein' der Sprachwissenschaft. Doch auch wenn Humboldt der Linguistik des Baus eine untergeordnete Rolle zuwies, widmete er ihr dennoch große Aufmerksamkeit – und es war vor allem die Linguistik des Baus, die von seinen Nachfolgern betrieben wurde.

Entsprechend seiner Auffassung, dass die Sprache das Medium sei, in dem sich die kantische Synthese von Sinnlichkeit und Verstand vollziehe, sah Humboldt ein Wort in der Sprache als die Verbindung des physikalisch wahrnehmbaren Lautes mit einem Begriff. Erst durch die Verbindung dieser beiden Seiten – des Lautes und der Bedeutung – erhalte demnach beides eine bestimmte Form. Humboldts Linguistik des Baus untersucht die verschiedenen grammatischen Prozesse, durch die diese Synthese stattfindet.

In seiner Linguistik des Baus hat Humboldt das von August Wilhelm Schlegel stammende Klassifikationsschema mehr oder weniger weiterentwickelt. Nach Humboldt – und im Einklang mit den damaligen ästhetischen Urteilen im Allgemeinen, dargestellt in Abschnitt 3.1. – sei das anspruchsvollste grammatische Verfahren die Flexion. Das flektierte Wort verbinde den Begriff und seine Beziehung zum Rest des Satzes – ausgedrückt durch die Wurzel bzw. die Flexionsendung – zu einem einzigen Paket, in dem der Begriff seine individuelle Identität bewahre. Dies stehe im Gegensatz zu isolierenden und agglutinierenden Strukturen, bei denen die Beziehung nur lose mit dem Begriff verbunden sei oder gar nicht ausgedrückt werde.

Humboldt fügte dem ursprünglich dreiteiligen Schema einen vierten grammatischen Prozess hinzu, den er ‚Einverleibung' nannte. Die Einverleibung – auch ‚Polysynthese' genannt – beschreibt Strukturen, bei denen ein einziges Wort einen Komplexitätsgrad erreichen kann, durch den es alle Teile eines Satzes enthält. Diese Art von Struktur ist in den amerikanischen Sprachen sehr häufig anzutreffen, so dass die Einverleibung im 19. Jahrhundert oft als eine charakteristische Eigenschaft der Sprachen dieses Kontinents angesehen wurde (siehe Solleveld 2023). Humboldt hielt die Einverleibung gegenüber der Flexion für minderwertig, weil er die von ihr bewirkte Verschmelzung für übertrieben hielt. Die Art und Weise, in der die Einverleibung den gesamten Satz zu einem einzigen Ganzen verdichte, so Humboldt, beraube die konstituierenden Begriffe ihrer individuellen Identität:

> Die Mexicanische [d. h. die mexikanische Sprache Nahuatl] Einverleibungsmethode zeugt darin von einem richtigen Gefühle der Bildung des Satzes, daß sie die Bezeichnung seiner Beziehungen gerade an das Verbum anknüpft, also an den Punkt, in welchem sich derselbe zur Einheit zusammenschlingt. Sie unterscheidet sich darin wesentlich und vorteilhaft von der Chinesischen Andeutungslosigkeit [Chinesisch als isolierende Sprache], in welcher das Verbum nicht einmal sicher durch seine Stellung, sondern oft nur materiell an seiner Bedeutung kenntlich ist. [...] Das Sanskrit [eine flektierende Sprache] bezeichnet auf ganz einfache Weise jedes Wort als constitutiven Theil des Satzes. Die Einverleibungsmethode thut dies nicht, sondern läßt, wo sie nicht Alles in Eins zusammenschlagen kann, aus dem Mittelpunkte des Satzes Kennzeichen, gleichsam wie Spitzen, ausgehen, die Richtungen anzuzeigen, in welchen die einzelnen Theile, ihrem Verhältniß zum Satze gemäß, gesucht werden müssen. (Humboldt 1836: 169)

Es gilt zu beachten, dass Humboldt, wenn er über diese verschiedenen Sprachstrukturen spricht, keine essenzialistischen Typen für einzelne Sprachen aufstellt, sondern vielmehr grammatische Prozesse katalogisiert, die in einer einzigen Sprache nebeneinander existieren können. Nach Humboldts Verständnis ist keine Sprache rein isolierend, agglutinierend, flektierend oder einverleibend, auch wenn einer dieser Prozesse überwiegen könne. Dennoch bestand der bevorzugte Ansatz der führenden Sprachwissenschaftler des 19. Jahrhunderts in dem Versuch, den Typus jeder Sprache zu bestimmen und die Sprachen nach diesen vermeintlichen Typen zu klassifizieren. Für die meisten dieser Linguisten waren Humboldts Theorien und ihr philosophischer Hintergrund Ausgangspunkt und Prüfstein für ihre eigene typologische Arbeit (siehe Ringmacher 2001a; 2001b).

3.4 Heymann Steinthal und die Völkerpsychologie

Einer der prominentesten Vertreter der humboldtschen Tradition der Sprachforschung im 19. Jahrhundert war Heymann Steinthal. Steinthal schrieb nicht nur ausführlich über Humboldts Denken, sondern entwickelte seine Ideen auch in neue Richtungen weiter (siehe Ringmacher 1996). Inspiriert von Humboldts typologischen Schriften arbeitete Steinthal sein eigenes System der Sprachklassifikation aus, das eng mit der Völkerpsychologie verknüpft war, einem weit gefassten Forschungsgebiet, das Steinthal in Zusammenarbeit mit seinem Kollegen, Freund und sogar Schwager Moritz Lazarus (1824–1903) begründete.

Die Völkerpsychologie war der Versuch einer umfassenden Gesellschafts- und Kulturtheorie, die Themen berührte, die man heute in solch unterschiedlichen Fächern wie Ethnologie, Geschichte, Philologie und Sprachwissenschaft verorten würde. Fragen der Linguistik standen jedoch stets im Mittelpunkt: Als Hauptorgan des neuen Fachgebiets gründeten Lazarus und Steinthal 1859 die *Zeitschrift für Völkerpsychologie und Sprachwissenschaft*. Ab der Mitte des 19. Jahrhunderts zog die Völkerpsychologie von Lazarus und Steinthal zahlreiche Gelehrte an, die in den von ihr abgedeckten Bereichen arbeiteten. Gegen Ende des Jahrhunderts wurde der Begriff Völkerpsychologie von Wilhelm Wundt (1832–1920), einem Professor für Philosophie an der Universität Leipzig und Begründer der modernen Experimentalpsychologie, übernommen und umfunktioniert. Wundt führte Völkerpsychologie in dieser neuen Form bis ins frühe 20. Jahrhundert fort (Wundt ist eine wiederkehrende Figur in unserer Geschichte, die in den Kapiteln 6, 7, 10, 13 und 16 eine Rolle spielt). Doch im weiteren Verlauf des Jahrhunderts geriet die Art der großen Synthese, nach denen die Völkerpsychologie strebte, aus der Mode, und der Ansatz verblasste, als sich die einzelnen Disziplinen, die wir heute kennen, durchzusetzen begannen.

Das übergreifende Ziel der Völkerpsychologie war es, den Volksgeist eines jeden Volkes zu charakterisieren, d. h. die kollektive Mentalität eines Volkes (der Begriff Volksgeist tauchte bereits in Abschnitt 2.4. in Zusammenhang mit dem Historismus der Grimms auf). Lazarus und Steinthal beabsichtigten, die psychologischen Methoden, die zur Beschreibung geistiger Vorgänge in einzelnen Personen entwickelt worden waren, auf die Untersuchung der vermeintlich gemeinsamen Mentalität ganzer Völker anzuwenden (Abschnitt 11.1. geht näher auf die Methoden von Lazarus und Steinthal ein). Ein Volk sei eine voluntaristische und kulturell definierte Einheit: Jede Person, die sich einem bestimmten Volk zugehörig fühle und an dessen Kultur teilhabe, sei ein Mitglied dieses Volkes. Ihre Auffassung stand in markantem Gegensatz zu den zeitgenössischen rassischen Vorstellungen, die jedes Volk auf biologisch definierte ‚Rassen' zu reduzieren versuchten (in Abschnitt 4.2. findet sich eines der extremsten Beispiele für diesen rassischen Ansatz in der Sprachwissenschaft des 19. Jahrhunderts, wenn die Arbeit von August Schleicher beleuchtet wird).

Die Völkerpsychologie von Lazarus und Steinthal war eng mit ihren politischen Ansichten verwoben. Sowohl Lazarus als auch Steinthal waren Juden und gehörten zu einer Bewegung unter den jüdischen Deutschen im 19. Jahrhundert, die sich in erster Linie als Mitglieder der deutschen Nation betrachteten, gleichzeitig jedoch ihre jüdische Identität innerhalb der Nation bewahren wollten. Ihr voluntaristisches Konzept eines Volkes, in dem die Zugehörigkeit zu einer Nation durch die Teilnahme an deren Kultur bestimmt wird, bietet einen Mechanismus zur Konstruktion einer solchen Identität. Es versteht sich von selbst, dass die Ansichten von Lazarus und Steinthal von den Antisemiten jener Zeit attackiert wurden, die essenzialistische rassische Definitionen von Deutschtum und Judentum aufstellen wollten. Doch sie wurden auch von einigen Menschen jüdischer Herkunft angegriffen, die meinten, Judinnen und Juden sollten ihre Minderheitenidentität aufgeben und sich einfach an die christliche Mehrheit in Deutschland assimilieren (siehe Klautke 2013: 22–27).

Obwohl sich Preußen – der damals mächtigste deutsche Staat, in dem auch Lazarus und Steinthal den größten Teil ihres Lebens gelebt und gearbeitet haben – in einer relativ liberalen Phase seiner Geschichte befand, litten sowohl Lazarus als auch Steinthal unter mehr oder weniger offener Diskriminierung. Ein markantes Beispiel dafür ist Steinthals Vorname. Üblicherweise wird er als ‚Heymann' Steinthal bezeichnet, obwohl er in der zeitgenössischen Literatur und in einigen Bibliothekskatalogen auch unter den Namen ‚Heinemann' und sogar ‚Hermann' und ‚Heinrich' zu finden ist. In seinen Erinnerungen erklärte Steinthal die Instabilität seines Vornamens damit, dass es in seinem Heimatort „für die Juden kein Standesamt" gegeben habe. Aus diesem Grund sei sein „deutscher Vorname [...] nicht amtlich beglaubigt und willkürlich verändert" (siehe Belke 1971: 379). Infolgedessen sind die vielen Varianten seines deutschen Vornamens entstanden. Steinthals eigene Praxis bei der Angabe seines Namens in seinen Publikationen war die Verwendung seiner Initialen ‚H.'. Innerhalb der jüdischen Gemeinde war Steinthal unter dem hebräsichen Namen ‚Chajim' bekannt.

Der staatlich sanktionierte Antisemitismus ging zu Lebzeiten von Lazarus und Steinthal zurück – 1869 wurden den jüdischen Bürgern Preußens die vollen und gleichen Rechte zugestanden –, bestehen blieb aber ein inoffizieller Rest von Antisemitismus, der immer wieder aufflammte und das Leben jüdische Menschen in Preußen weiterhin beeinträchtigte. Für viele jüdische Wissenschaftler, so auch für Lazarus und Steinthal, bildete der andauernde Antisemitismus eine gläserne Decke. Trotz ihrer unbestrittenen intellektuellen Prominenz und der Bedeutung ihrer Arbeit für die deutsche Wissenschaft erreichten weder Lazarus noch Steinthal jemals den Rang eines ordentlichen Professors in Berlin, immerhin das höchste Karriereziel eines deutschen Wissenschaftlers zur damaligen Zeit.

Lazarus und Steinthal spielten die politische Dimension ihrer Arbeit hoch. Sie setzten die Völkerpsychologie nicht nur ein, um den Platz der jüdischen Minderheit in der deutschen Nation zu legitimieren, sondern warben auch für Völkerpsychologie als Mittel zur Kultivierung des deutschen Volksgeistes, als Vorstufe zur deutschen Einigung. Mitte des 19. Jahrhunderts existierte Deutschland im heutigen Sinne noch nicht. Die deutschsprachigen Länder waren in einen Flickenteppich mehr oder weniger unabhängiger Staaten aufgeteilt, obwohl es einen weit verbreiteten Wunsch – vor allem unter Akademikern und Intellektuellen – gab, diese Staaten zu einer einzigen politischen Einheit zusammenzuschließen (auf diese Geschichte gilt es in Abschnitt 4.2. näher einzugehen). Das durch die Völkerpsychologie ermöglichte Verständnis des deutschen Volksgeistes, so argumentierten Lazarus und Steinthal, würde dieses nationalistische politische Vorhaben unterstützen.

3.5 Steinthals Charakteristik der Sprachen

Nach Lazarus und Steinthal ist Sprache eine der wichtigsten Formen, in denen sich der Volksgeist, der Untersuchungsgegenstand der Völkerpsychologie, manifestiere. Dieser Gedanke veranlasste Steinthal in seinen linguistischen Schriften zu dem Unterfangen, Sprachen zu erfassen und zu charakterisieren. Zu diesem Zweck versuchte er, die jeweilige ‚innere Form' einer jeden Sprache aufzudecken. ‚Innere Form' bzw. ‚innere Sprachform' ist ein Begriff, der gewöhnlich Humboldt zugeschrieben wird, obwohl er in seinen Schriften nur flüchtig und ohne ausdrückliche Definition auftaucht. Bei Steinthals Begriff der inneren Form handelt es sich weitgehend um etwas, was er sich selbst ausdachte, auch wenn er behauptete, ihn nur von Humboldt adaptiert zu haben (siehe ausführlicher McElvenny 2016b: 31–33; Borsche 1989).

Für Steinthal besteht die Sprache in gewissem Sinne nur aus Form und nichts anderem. Das heißt, die Sprache ist einfach eine Darstellung von Gedanken, so wie ein Theaterstück eine Darstellung eines Ereignisses ist, das in der realen Welt stattfinden könnte, oder wie ein Porträt eine Darstellung einer Person ist. Aber es gibt immer noch einen Sinn, in dem Sprache eine mehr oder weniger reine Repräsentation von Gedanken sein kann, und damit ist umschrieben, wie Steinthal die innere Form identifiziert. Es gibt demnach ‚materielle' Teile der Sprache, welche die begrifflichen Elemente des Denkens darstellen, und dann rein ‚formale' Teile, welche die Beziehungen zwischen den Begriffen darstellen. Hier führt Steinthal die Unterscheidung zwischen begrifflichen und relationalen Elementen in der Sprache fort, die bei Humboldt in Abschnitt 3.3. zu beobachten war.

Steinthal insistiert, dass wir den formalen Charakter einer Sprache nicht einfach aus ihren äußerlich sichtbaren Teilen ablesen können. Er geht nicht davon aus, dass eine isolierende Sprache notwendigerweise frei von relationalen Elementen sei oder dass die grammatischen Affixe einer agglutinierenden Sprache notwendigerweise formal seien, wie es in vielen anderen sprachtypologischen Ansätzen dieser Zeit impliziert und sogar explizit gesagt wurde (siehe Abschnitte 2.2. und 4.4.). Stattdessen müssten wir unter die Oberflächenstrukturen blicken, um die innere Form der jeweiligen Sprache zu erkennen. Zu diesem Zweck müssten wir uns mit der Etymologie befassen. Wenn eine Beziehung mit ‚materiellen' Wörtern ausgedrückt würde – das heißt, mit Wörtern, die auch konkrete Begriffe bezeichnen –, dann habe die Sprache nach Steinthals Analyse keine angemessen entwickelte innere Form. Wenn eine Sprache zum Beispiel die Beziehung ‚hinter' mit einem Ausdruck wie ‚A Rücken B' ausdrückte, dann sei das nicht angemessen formal. Der etymologische Ursprung der Form ‚Rücken' sei den Sprecherinnen und Sprechern noch klar; es handele sich um eine transparente Metapher, die sich auf einen physischen Körperteil beziehe. Da der konkrete begriffliche Ursprung immer noch offensichtlich sei, handele es sich um ein materielles Wort, das zur Darstellung einer formalen Beziehung verwendet würde. Ein Ausdruck sei nur dann wirklich formal, wenn die Etymologie für die Sprecherinnen und Sprecher nicht mehr offensichtlich sei (siehe Steinthal 1855: 366; 1860a: 317–318).

Steinthals Analyse steht leider auf ziemlich unsicherem Fundament. Ob eine Etymologie für ein Beziehungselement in einer Sprache erstellt werden kann, ist weitgehend eine Frage des Einfallsreichtums der Linguistin bzw. des Linguisten und sagt nicht wirklich viel aus über die psychologische Realität der Etymologie für die Sprecherinnen und Sprecher der Sprache. Selbst wenn sich eine Etymologie konstruieren lässt, bedeutet dies nicht, dass die Sprecherinnen und Sprecher der Sprache sich dieser Etymologie bewusst sind, wenn sie das Wort verwenden. Dies ist eine Kritik, mit der Steinthal von einigen seiner Zeitgenossen konfrontiert wurde (siehe McElvenny 2016b).

In seinem 1860 erschienenen Buch *Charakteristik der hauptsächlichsten Typen des Sprachbaues* setzte Steinthal seine Analyse der inneren Form in ein System der Sprachklassifikation um. Dabei erkannte er eine primäre Unterscheidung zwischen ‚Formsprachen', die eine innere Form besitzen, und ‚formlosen Sprachen', die angeblich keine innere Form besitzen. Steinthals Klassifizierung nahm einen Querschnitt durch die bestehenden Kategorien der isolierenden, agglutinierenden und flektierenden Sprachen vor, was auf die ‚äußeren' – äußerlich sichtbaren –

Formen in Sprachen rekurrierte. So stufte Steinthal beispielsweise die isolierende (‚nebensetzende') Sprache Chinesisch als Formsprache ein, weil Chinesisch eine hoch entwickelte Syntax und eine große Anzahl rein formaler grammatischer Partikeln aufweise, für die sich keine einfache Etymologie erstellen lasse. Nach Steinthals Kriterien bedeuten diese Eigenschaften, dass die Sprache eine echte innere Form habe, auch wenn diese innere Form nicht als Affixe oder Flexion realisiert sei.

Andere isolierende Sprachen, die oberflächlich betrachtet eine ähnliche grammatische Struktur wie das Chinesische zu haben scheinen, wie zum Beispiel viele Sprachen Südostasiens, werden von Steinthal jedoch nicht als Formsprachen angesehen. Er war nicht in der Lage, in diesen Sprachen die reinen Partikeln und syntaktischen Strukturen zu identifizieren, die er im Chinesischen fand. Das gleiche Prinzip galt für die einverleibenden Sprachen Amerikas: Diese wurden von Steinthal als formlos eingestuft, weil er meinte, einen eindeutigen materiellen Ursprung für all ihre grammatischen Elemente identifizieren zu können (siehe Steinthal 1860a: 312–331). Die Tabelle, in der Steinthal seine Klassifizierung zusammenfasste, ist in Abbildung 3.1. dargestellt.

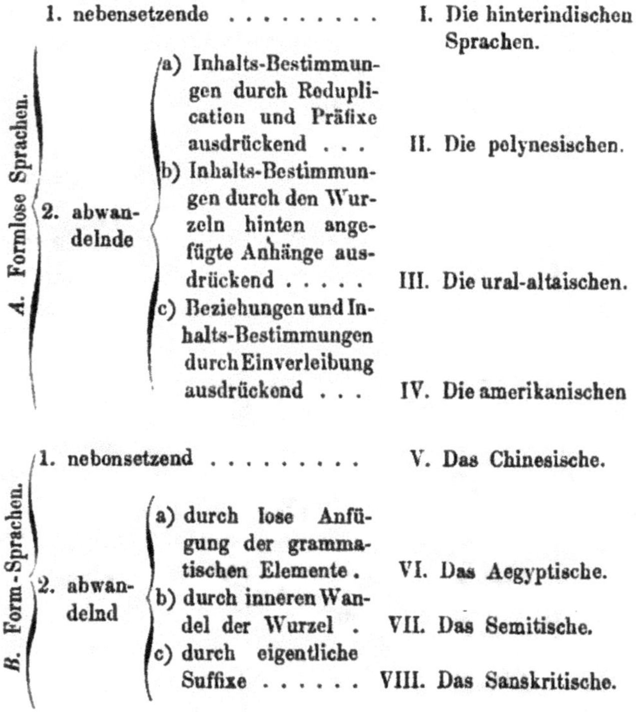
A. Formlose Sprachen.
1. nebensetzende . . . . I. Die hinterindischen Sprachen.
2. abwandelnde
a) Inhalts-Bestimmungen durch Reduplication und Präfixe ausdrückend . . . II. Die polynesischen.
b) Inhalts-Bestimmungen durch den Wurzeln hinten angefügte Anhänge ausdrückend . . . . . III. Die ural-altaischen.
c) Beziehungen und Inhalts-Bestimmungen durch Einverleibung ausdrückend . . . IV. Die amerikanischen

B. Form-Sprachen.
1. nebensetzend . . . . V. Das Chinesische.
2. abwandelnd
a) durch lose Anfügung der grammatischen Elemente . VI. Das Aegyptische.
b) durch inneren Wandel der Wurzel . VII. Das Semitische.
c) durch eigentliche Suffixe . . . . . . VIII. Das Sanskritische.

Abbildung 3.1. Steinthals (1860: 327) Klassifikation der Sprachen.

Hier zeigt sich die Unsicherheit von Steinthals Klassifizierung. Warum kann er eine innere Form im Chinesischen sehen, aber nicht in strukturell ähnlichen südostasiatischen Sprachen? Und warum behauptet er, dass es in amerikanischen Sprachen keine innere Form gebe, obwohl sie ausgefeilte einverleibende Strukturen aufweisen? Die missliche Antwort auf diese Fragen scheint zu sein, dass Steinthals Analysen von seinen vorgefassten Meinungen darüber geleitet werden, welche Völker als ‚zivilisiert' anzusehen sind. Nach Steinthals Einschätzung seien die Chinesen ‚zivilisiert', weil sie eine ‚Hochkultur' entwickelt hätten, Kunst und Literatur hervorbrächten, die in ihrer Region und weltweit geschätzt würden, und in einem alten, groß angelegten Staat lebten. Das kulturelle und materielle Leben ihrer südostasiatischen Nachbarn und der Völker Amerikas schätzte er dagegen weitaus geringer.

Steinthals Voreingenommenheit wird noch deutlicher in seinen Ausführungen zur Entstehung der modernen indogermanischen ‚analytischen' Sprachen aus ihren ‚synthetischen' Vorläufern (eine Unterscheidung, die in Abschnitt 3.1. eingeführt wurde). Trotz der offensichtlichen Reduzierung formaler Merkmale durch den Verlust der Flexion hält Steinthal die modernen analytischen Sprachen für nicht weniger formal als ihre Vorläufer. Ihre Pronomen und Präpositionen seien lediglich alternative Manifestationen derselben inneren formalen Prinzipien, die die Substantiv- und Verbflexion der klassischen synthetischen Sprachen begründeten (siehe Steinthal 1855: 366–367). Auch hier scheint sich Steinthal bei seiner Analyse nicht von den belegten grammatischen Merkmalen der betrachteten Sprachen leiten zu lassen, sondern von seiner Einschätzung des angeblichen Zivilisationsgrades ihrer Sprecherinnen und Sprecher.

Steinthals Sprachklassifikation, die an seine und Lazarus' Völkerpsychologie anknüpfte, beruhte auf der psychologischen Analyse der vermeintlich gemeinsamen Mentalitäten von Völkern. Diese Berufung auf den nicht greifbaren geistigen Bereich wurde jedoch durch philosophische Strömungen, die Mitte des 19. Jahrhunderts aufkamen, in Frage gestellt. Im nächsten Kapitel wird am Beispiel von August Schleicher gezeigt, wie sich diese Debatten auf die Sprachwissenschaft auswirkten.

3.6 Weiterführende Literatur

Den besten Überblick über die Sprachklassifikation im 19. Jahrhundert und ihre Verbindung zur historisch-vergleichenden Sprachwissenschaft bietet Anna Morpurgo Davies' (1998) *History of Linguistics: Nineteenth-Century Linguistics*, insbesondere in den Kapiteln 4, 5 und 8. Ihr früherer Aufsatz (1975), „Language classification in the nineteenth century", der die Materie ausführlicher behandelt, ist ebenfalls sehr zu empfehlen. Die Beiträge verschiedener Autoren zur Geschichte der Typologie vom 18. bis zum 20. Jahrhundert in Band II der *Geschichte der Sprachwissenschaften* (Auroux et al. 2000–2006, Bd. II: 1399–1467) bieten eine chronologisch breitere Perspektive auf das Thema, wobei der Schwerpunkt auf den technischen Aspekten liegt.

Zu den neueren Studien, welche die problematischen Verbindungen zwischen den Ansätzen der Sprachtypologie des 18. und 19. Jahrhunderts, der Rassentheorie und dem europäischen Kolonialismus aufzeigen, gehören Joseph Erringtons (2008) *Linguistics in a Colonial World* und Markus Messlings (2016) *Gebeugter Geist*.

Die beste Einführung in Humboldts Denken bieten die zahlreichen Bücher von Jürgen Trabant, insbesondere (1986) *Apeliotes* und (2012a) *Weltansichten*. *Apeliotes* ist auch in einer überarbeiteten und erweiteten Fassung auf Französisch unter dem Titel *Humboldt ou le sens du langage* (Trabant 1992) erhältlich.

Für eine Darstellung der Sprachphilosophie in der Antike und der Aufklärung, die Humboldts Arbeit beeinflusste, siehe die Lexikoneinträge zu Aristoteles, Locke, Leibniz, Condillac und Herder im Band *Klassiker der Sprachphilosophie*, herausgegeben von Tilman Borsche (1996). Eine Einführung in die in diesem Kapitel behandelten Themen der Philosophie Kants bieten Nicholas Stangs (2018) „Kant's transcendental idealism" und Hannah Ginsborgs (2019) „Kant's aesthetics and teleology", beides Artikel in der *Stanford Encyclopedia of Philosophy* online.

Für eine Einführung in die Völkerpsychologie von Lazarus und Steinthal bis Wundt und darüber hinaus siehe Egbert Klautkes (2013) *The Mind of the Nation*. Céline Trautmann-Wallers (2006) *Aux origins d'une science allemande de la culture* ist eine hervorragende Studie über Steinthals Werk, einschließlich seiner Linguistik und Völkerpsychologie.

4 Die Konsolidierung der historisch-vergleichenden Sprachwissenschaft

Bis zur Mitte des 19. Jahrhunderts hatte sich die historisch-vergleichende Sprachwissenschaft, die in Kapitel 2 vorgestellt wurde, fest etabliert. Die von Franz Bopp (1791–1867) und Jacob Grimm (1785–1863) geschaffenen Methoden übernahmen andere Forscher und entwickelten sie weiter. Einen wichtigen Beitrag in dieser Richtung leisteten August Friedrich Pott (1802–1887), der in seinem zwischen 1833 und 1836 erschienen zweibändigen Werk *Etymologische Forschungen auf dem Gebiete der indogermanischen Sprachen* die vergleichende Grammatik Bopps mit den Lautgesetzen Grimms zusammenführte und ihre Methoden in allen bisher bekannten Zweigen der indogermanischen Sprachfamilie anwandte.

Überdies wurden die Beziehungen zwischen den verschiedenen Untergruppen der indogermanischen Sprachfamilie im Detail untersucht. Um nur einige der prominentesten Beispiele zu nennen: Friedrich Christian Diez (1794–1876) veröffentlichte von 1836 bis 1844 seine umfassende vergleichende Grammatik der romanischen Sprachen in drei Bänden; Franz von Miklosich (1813–1891) lieferte von 1852 bis 1874 eine vergleichende Grammatik der slawischen Sprachen in vier Bänden; und 1853 legte Johan Kaspar Zeuß (1806–1856) in relativ bescheidenen zwei Bänden eine vergleichende Grammatik der keltischen Sprachen vor.

Die Methoden der historisch-vergleichenden Sprachwissenschaft wurden auch außerhalb der indogermanischen Familie angewandt. Wilhelm Bleek (1827–1875) erstellte von 1862 bis 1869 in zwei Bänden eine vergleichende Grammatik der Bantu-Sprachfamilie aus Subsahara-Afrika. Die drawidische Familie, deren Sprachen vor allem im südlichen Teil des indischen Subkontinents gesprochen werden, skizzierte 1856 Robert Caldwell (1814–1891). Die Verbindungen zwischen Chinesisch und Tibetisch wurden 1861 von Karl Richard Lepsius (1810–1884) erkannt, der damit den Grundstein für die sinotibetische Sprachfamilie legte. Hans Conon von der Gabelentz (1807–1874) schließlich beschrieb in zwei Veröffentlichungen (1861 und 1873) die Beziehungen zwischen mehreren melanesischen Sprachen des Südpazifiks.

Auch kam bei der Anwendung der vergleichenden Methode ein gewisser Übereifer auf. Ein bemerkenswertes Beispiel ist der von Bopp 1842 unternommene Versuch, eine genealogische Verbindung zwischen der indogermanischen Familie und den malaiisch-polynesischen Sprachen herzustellen. Dieser Ansatz war schon zu Bopps Zeiten umstritten und würde heute nicht mehr akzeptiert werden: Die malaiisch-polynesischen Sprachen werden gegenwärtig als eine der Hauptgruppen innerhalb der größeren austronesischen Familie betrachtet, und die meisten heutigen Linguistinnen und Linguisten würden keine belastbare genealogische

https://doi.org/10.1515/9783111618548-004

Verbindung zwischen dem Austronesischen und dem Indogermanischen anerkennen. Tatsächlich war Bopp nur in der Lage, eine solche Verbindung zu suggerieren, indem er seine eigene Methode aufgab: Sein Vergleich basierte weitgehend auf oberflächlichen lexikalischen Ähnlichkeiten – die das Ergebnis der Entlehnung von Wörtern aus dem Sanskrit ins Malaiische sind – und nicht auf zugrundeliegenden Parallelen in grammatischen Formen.

Ein weiteres Zeichen für die Reife der historisch-vergleichenden Sprachwissenschaft zur damaligen Zeit war die Art und Weise, wie ihre Prinzipien und Methoden außerhalb ihrer unmittelbaren fachlichen Grenzen rezipiert wurden. Wie die Linguistikhistorikerin Anna Morpurgo Davies (1998: 157–160) feststellte, war es für Wissenschaftler, die in solch traditionellen Gebieten wie Philologie, Sprachunterricht und Lexikografie tätig waren, notwendig, die Fortschritte der historisch-vergleichenden Sprachwissenschaft zu kennen und ihre Ergebnisse in die eigene Arbeit zu integrieren, wollten sie ernst genommen werden.

Als die historisch-vergleichende Sprachwissenschaft in voller Blüte stand, war die Zeit reif für eine Konsolidierung sowohl der Methodik als auch der zugrundeliegenden Theorie des Fachs. In der Standarderzählung zur Geschichte der Linguistik wird August Schleicher (1821–1868) als derjenige angesehen, der sich dieser Herausforderung stellte. Schleicher machte sich einen Namen, indem er die Methoden der vergleichenden Grammatik verfeinerte und eine explizite Wissenschaftsphilosophie formulierte, die sein Projekt begründete. Die folgenden Abschnitte befassen sich mit Schleichers Beiträgen und den Reaktionen, die sie hervorbrachten.

4.1 August Schleicher und der Realismus

In dem Maße, in dem sich die historisch-vergleichende Sprachwissenschaft zu einem institutionalisierten Fach entwickelte, wurde sie immer enger und technischer ausgerichtet. Einige Gelehrte sahen darin einen Niedergang hin zu sinnloser Pedanterie (zu erinnern sei an August Wilhelm Schlegels augenzwinkernde Bemerkungen in diesem Sinne, die in Abschnitt 2.3. zitiert wurden), aber die meisten derjenigen, die im entstehenden Fach arbeiteten, begrüßten diese Fokussierung und begannen, zwischen der traditionellen Philologie mit ihren weiter gefassten literarischen und kulturellen Anliegen und der Linguistik als wissenschaftlicher Untersuchung von Sprachen um ihrer selbst willen zu unterscheiden. Jacob Grimm beispielsweise traf diese Unterscheidung (siehe Grimm 1840 [1819]: xii-xiv).

In einem seiner frühesten umfassenden Werke, *Die Sprachen Europas in systematischer Uebersicht*, verschärfte August Schleicher (1850: 1–5) diesen Gegensatz zwischen Philologie und Linguistik. Die Sprachwissenschaft dürfe sich nicht nur für die Sprachen um ihrer selbst willen interessieren, sondern müsse über die

Besonderheiten einzelner Sprachen hinaus nach den „unabänderlichen natürlichen Gesetzen“ der menschlichen Sprache im Allgemeinen suchen. Er betonte, dass sich die Sprachwissenschaft von den ‚historischen‘ Wissenschaften unterscheide, welche die Entwicklung einzelner Dinge im Laufe der Zeit nachzeichneten, und stattdessen zu den Naturwissenschaften wie Physik und Chemie gezählt werden sollte, die nach universellen Gesetzen suchten. Schleicher kehrte damit die Perspektive des Faches um. Bis zu diesem Zeitpunkt war die historisch-vergleichende Sprachwissenschaft von der Sichtweise des Historismus geprägt gewesen (siehe Abschnitt 2.4.), welche die Individualität und Einzigartigkeit jeder Sprache und ihrer Geschichte betonte; nun galt es, vom Partikularen zu abstrahieren, um das Universelle zu finden.

Eine Folge von Schleichers theoretischer Position ist, dass er die Lautgesetze – die Beschreibungen regelmäßiger Lautverschiebungen in der Sprachgeschichte, wie das Grimmsche Gesetz, das wir in Abschnitt 2.4. kennengelernt haben – konsequenter anwendet. Viele von Schleichers Zeitgenossen – darunter auch sein Freund und Kollege Georg Curtius (1820–1885), der in Abschnitt 6.1. gebührend vorgestellt wird – standen den augenscheinlichen Grenzen der Lautgesetze eher resigniert gegenüber: Es schien stets Ausnahmen von den Gesetzen zu geben, einen Rest von Wörtern und grammatischen Formen, die einfach nicht den Mustern entsprachen, die sie beschrieben. Doch Schleicher betrachtete dies als ein Versagen der Methode und nicht als ein prinzipiell unlösbares Problem. Er arbeitete weiter an der Verfeinerung seiner Lautgesetze, um so viele Ausnahmen wie möglich zu beseitigen.

Ein weiteres Ergebnis von Schleichers Ansatz ist, dass er den Analysen der vergleichenden Methode einen neuen Realitätsgrad verlieh. Für seine Vorgänger verharrten die rekonstruierten Formen der verschiedenen Ursprachen mehr oder weniger auf Ebene der Hypothese. Schleicher hingegen vertrat eine Position, die man heute als eine Art wissenschaftlichen Realismus bezeichnen würde: Es scheint oft so, als hätte Schleicher die rekonstruierten Formen nicht nur als theoretisches Postulat angesehen, sondern als reale Gebilde, die tatsächlich einmal existierten. Er hatte ausreichend Vertrauen in die Realität seiner Rekonstruktionen, um sogar eine kurze Fabel in der indogermanischen Ursprache zu schreiben, sein „Avis akvāsas ka“ („[Das] schaf und [die] rosse“) von 1868:

> Avis, jasmin varnā na ā ast, dadarka akvams, tam, vāgham garum vaghantam, tam, bhāram magham, tam, manum āku bharantam. Avis akvabhjams ā vavakat: kard aghnutai mai vidanti manum akvams agantam.
>
> Akvāsas ā vavakant: krudhi avai, kard aghnutai vividvant- svas: manus patis varnām avisāms karnauti svabhjam gharmam vastram avibhjams ka varnā na asti.
>
> Tat kukruvants avis agram ā bhugat. (Schleicher 1868: 207)

Bei der Präsentation dieser Fabel bemerkte Schleicher (1868: 207), „[d]ie folgende übersetzung ist natürlich für jeden, der im indogermanischen einigermaßen zu hause ist, überflüssig", bot aber dennoch eine deutsche Version seiner Fabel für die unkundigeren Leser an. Schleichers abgedruckte deutsche Version lautete:

> [Das] schaf und [die] rosse.
>
> [Ein] schaf, [auf] welchem wolle nicht war (ein geschorenes schaf) sah rosse, das [einen] schweren wagen fahrend, das [eine] große last, das [einen] menschen schnell tragend. [Das] schaf sprach [zu den] rossen: [Das] herz wird beengt [in] mir (es thut mir herzlich leid), sehend [den] menschen [die] rosse treibend.
>
> [Die] rosse sprachen: Höre schaf, [das] herz wird beengt [in den] gesehen-habenden (es thut uns herzlich leid, da wir wissen): [der] mensch, [der] herr macht [die] wolle [der] schafe [zu einem] warmen kleide [für] sich und [den] schafen ist nicht wolle (die schafe aber haben keine wolle mehr, sie werden geschoren; es geht ihnen noch schlechter als den rossen).
>
> Dies gehört-habend bog (entwich) [das] schaf [auf das] feld (es machte sich aus dem staube). (Schleicher 1868: 207–208)

Diese Geschichte von tierischer Ausbeutung hat etwas Künstliches an sich, was zweifellos daran liegt, dass Schleicher nur Wörter und Phrasen verwendet, die er mit hinreichender Sicherheit rekonstruieren zu können glaubte. Interessant ist aber auch das Bild, das Schleicher von seinen indogermanischen Vorfahren als Herren über die Tiere zeichnen wollte, die sie zu ihrem eigenen Vorteil unterdrückten. Schleichers Fabel ist zu einem beliebten Spielball der Indogermanisten geworden und wurde ständig aktualisiert, um die neuesten Erkenntnisse über Laute und Strukturen der indogermanische Ursprache zu berücksichtigen (siehe z. B. Kortland 2010: 47–50).

Es sei darauf hingewiesen, dass Schleichers übertriebenes Engagement zugunsten des Realismus für seine Zeitgenossen und vor allem für seine Schüler etwas peinlich gewesen zu sein scheint. Offenkundig ist dies in der Einleitung zur dritten Auflage von Schleichers *Compendium der vergleichenden Grammatik der indogermanischen Sprachen*, seinem Hauptwerk. Die dritte Auflage wurde nach Schleichers Tod von seinen ehemaligen Schülern August Leskien (1840–1916) und Johannes Schmidt (1843–1901) vorbereitet, zwei prominenten Persönlichkeiten der nachfolgenden Generation, die in den Kapiteln 6 und 7 erneut auftauchen. Hier wurde der Hinweis eingefügt: „Daß dise grundformen [der indogermanischen Ursprache] wirklich einmal vorhanden gewesen sind, wird durch die aufstellung der selben nicht behauptet" (Schleicher 1871 [1861–1862]: 9). Man mag sich allerdings fragen, ob dieser Disclaimer Schleichers tatsächliche Ansichten widerspiegelt oder eher als Versuch seiner Schüler gelten darf, posthum seinen Ruf zu retten.

Schleichers Realismus manifestierte sich auch in der Art und Weise, wie er die Beziehungen zwischen Sprachen darstellte. Wie in Kapitel 2 gezeigt wurde, war die Vorstellung, dass Sprachen in einem genealogischen Sinne miteinander verwandt sein könnten, die grundlegende Einsicht der historisch-vergleichenden Sprachwissenschaft. Diese Erkenntnis beruhte von Anfang an auf einer Analogie zwischen Sprachen und biologischen Organismen. Schleicher war jedoch der erste, der die visuelle Darstellung von Sprachbeziehungen in Form eines Stammbaums populär machte, wie wir ihn zur Veranschaulichung des Stammbaums von Tieren oder unserer eigenen, bescheideneren Abstammung zeichnen würden. Abbildung 4.1. zeigt das Diagramm, das Schleicher in seinem *Compendium* anbietet. Schleichers Realismus ging sogar noch weiter. Wie im nächsten Abschnitt gezeigt wird, nahm Schleicher diese Analogie zwischen Sprachen und biologischen Organismen beim Wort.

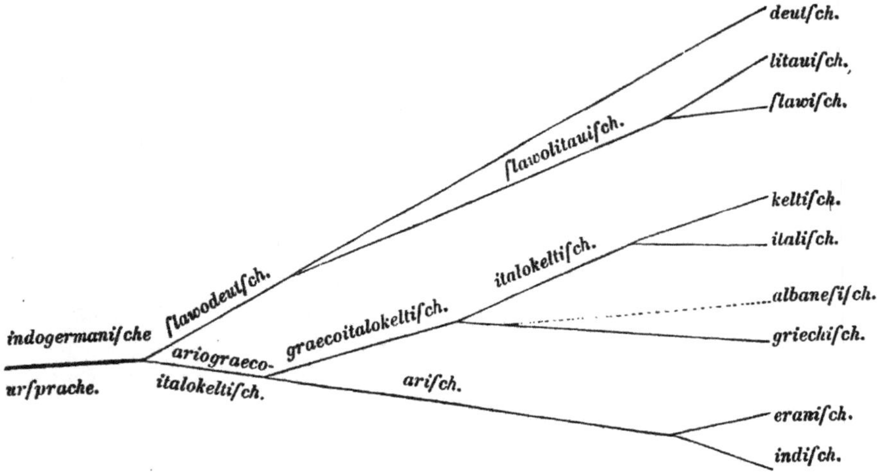

Abbildung 4.1. Schleichers (1861: 7) Stammbaum mit den Hauptzweigen des Indogermanischen.

4.2 Darwinismus und wissenschaftlicher Materialismus

Im Jahr 1863 veröffentlichte Schleicher eine bemerkenswerte Schrift mit dem Titel *Die Darwinsche Theorie und die Sprachwissenschaft*, in der er schrieb: „Die Sprachen sind Naturorganismen, die [...] entstunden, nach bestimmten Gesetzen wuchsen und sich entwickelten und wiederum altern und absterben […]" (Schleicher 1863: 6). Schleicher behauptete nicht, dass Sprachen natürlichen Organismen ähnelten, sondern dass sie buchstäblich natürliche Organismen seien.

Schleichers Aufsatz wurde durch die Lektüre einer deutschen Übersetzung von Charles Darwins (1809–1882) *On the Origin of Species* inspiriert, dessen erste englische Ausgabe 1859 erschienen war. Darwins Evolutionstheorie eroberte die englischsprachige Welt im Sturm und wurde auch in Deutschland eifrig propagiert. Ziel von Schleichers Schrift war es, die Gültigkeit der darwinschen Evolutionstheorie zu bekräftigen und ihre Anwendbarkeit auf die menschlichen Sprachen zu demonstrieren, die angeblich ‚Naturorganismen' seien. Nachfolgende Wissenschaftler haben Schleichers Behauptungen im Allgemeinen für bare Münze genommen und sprechen von seiner ‚darwinistischen Linguistik'. Die Lektüre seiner Abhandlung offenbart jedoch ein sehr eigenwilliges Verständnis des Darwinismus vonseiten Schleichers. Es hat den Anschein, als projiziere Schleicher seine eigenen, bereits bestehenden Vorstellungen auf Darwin.

Unter seinen Zeitgenossen in Deutschland wurde Schleichers Arbeit nicht so sehr als Beispiel für den Darwinismus, sondern für den ‚Materialismus' angesehen, ein Begriff, der in einem sehr breiten Bedeutungsspektrum verwendet wird. Die spezifische Form des Materialismus, mit der wir Schleicher identifizieren können, ist der ‚wissenschaftliche Materialismus', eine Doktrin, die nur physische Entitäten in der Welt anerkennt und die Existenz von Kategorien wie Geist oder Seele leugnet. Der wissenschaftliche Materialismus unterscheidet sich vom marxistischen ‚historischen Materialismus' – einer weiteren materialistischen Auffassung aus dieser Zeit, die heute weitaus bekannter ist –, der auf Materie als erklärendes und nicht als ontologisches Prinzip rekurriert. Der Kerngedanke des historischen Materialismus lautet, dass Entwicklungen in der materiellen Produktionsweise Veränderungen in der Gesellschaftsordnung bewirken.

Doch der spezifische Sinn, in dem Schleichers Kritiker ‚Materialismus' benutzten, ist lediglich von zweitrangiger Bedeutung: Mitte des 19. Jahrhunderts war ‚Materialismus' ein Kampfbegriff, der von Gelehrten nur selten zur Selbstbeschreibung, sondern eher als Schimpfwort verwendet wurde. Schleicher lehnte diesen Begriff als Beschreibung seiner eigenen Arbeit ab und nannte seine Philosophie lieber ‚Monismus' (Schleicher 1863: 8).

Trotz dieser terminologischen Auseinandersetzungen war Schleicher sowohl persönlich als auch intellektuell eindeutig der Bewegung des wissenschaftlichen Materialismus zuzurechnen. Der wissenschaftliche Materialismus hatte seine Wurzeln in der Biologie. Zu Beginn des 19. Jahrhunderts wurde die biologische Theorie von der romantischen Naturphilosophie beherrscht (siehe Richards 2002a: 8–11). Aus heutiger Sicht ist die Naturphilosophie nicht von der Mystik zu unterscheiden: Um die Funktionsweise lebender Organismen zu erklären, beriefen sich die Vertreter der Naturphilosophie auf unsichtbare Mächte wie ‚Lebenskräfte' oder die Seele (auch wenn sie oft bestrebt waren, diese Mächte mit normalen physikalischen Kräften in Einklang zu bringen). Mit der raschen Verbesserung der wissenschaftlichen Instrumente in der ersten Hälfte des 19. Jahrhunderts, insbesondere der Mikroskoptechnik, wurde es den Biologen möglich, die einzelnen Zellen, aus denen Organismen bestehen, und die winzigen Vorgänge in ihnen direkt zu beobachten. Es war nun möglich, sich die Zellen als kleine Maschinen vorzustellen, die nach denselben physikalischen Prinzipien funktionieren, die auch in größerem Maßstab zu beobachten waren; die Berufung auf Lebenskräfte oder die Seele schien nun völlig überflüssig.

Gewiss zieht die Infragestellung der Existenz der Seele und anderer übernatürlicher Kräfte das Geschäftsmodell einiger recht mächtiger gesellschaftlicher Institutionen in Zweifel, darunter dasjenige der Kirche. Während einige wissenschaftliche Materialisten in diesem Bereich behutsam vorgingen, machten die schärfsten Vertreter der Bewegung ihre Wissenschaft zur Waffe und setzten sie gegen Religion und konservative Politik ein, mit der diese damals in der Regel verbündet war. Die politische Dimension des wissenschaftlichen Materialismus war um 1848 am stärksten ausgeprägt. In diesem Jahr kochten die sozialen Spannungen zwischen dem aufstrebenden Bürgertum, der unterdrückten Arbeiterklasse und den Adligen, die sie alle beherrschten, hoch und führten in ganz Europa zu Aufständen. In Deutschland – zu dieser Zeit noch eine lose Ansammlung von Kleinstaaten, über die zumeist Adlige herrschten – kam in Frankfurt am Main in der Paulskirche ein ‚Vorparlament' zusammen, um die verschiedenen deutschsprachigen Länder zu einer einzigen politischen Einheit zu vereinen. Das Vorparlament bereitete den Boden für die Nationalversammlung, die als verfassungsgebendes Gremium des erhofften vereinigten Deutschlands zwischen Mai 1848 und Mai 1849 ebensfalls in der Frankfurter Paulskirche tagte.

Ein großer Anteil der Abgeordneten im Vorparlament und der anschließenden Nationalversammlung setzte sich aus Professoren zusammen, die meist ‚liberale' politische Positionen vertraten. Liberale Politik bedeutete in diesem Zusammenhang in erster Linie, die Macht der Aristokraten zu begrenzen und eine konstitutionelle Regierung einzuführen. Sie beinhaltete aber auch ein starkes Element des Nationalismus – schließlich ging es darum, die deutsche Nation zu vereinen, verstanden als Zusammenschluss aller Deutsch sprechenden Menschen, und im Gegenzug alle anderen auszuschließen. Eine Manifestation dieser Art von Nationalismus ist bereits in Abschnitt 2.4. aufgetaucht, als das Werk der Brüder Grimm beleuchtet wurde. Tatsächlich waren die Brüder Grimm Mitglieder des Frankfurter Vorparlaments; Jacob Grimm war auch ein prominenter Abgeordneter in der Nationalversammlung.

Die Pläne der Frankfurter Nationalversammlung waren mit den Interessen und Rivalitäten der Herrscherhäuser im deutschsprachigen Raum unvereinbar. Die Beschlüsse der Versammlung wurden ignoriert und die Aufstände mit militärischer Gewalt niedergeschlagen. Es sollte noch 20 Jahre dauern, bis die deutsche Einheit zustande kam, und zwar nicht von unten durch demokratische Einigung, sondern von oben durch die Übermacht Preußens – und ohne Beteiligung Österreichs, das als der Vielvölkerstaat der Habsburgermonarchie bestehen blieb.

Als junger Mann verkehrte Schleicher in radikal liberal-patriotischen Kreisen. Während des Jahres 1848 und in den folgenden Jahren war er als Korrespondent für zwei deutsche Zeitungen in Österreich tätig. Seine Artikel zeugen von einer klaren Sympathie für die liberale Sache und wurden als so aufrührerisch angesehen, dass er mehrmals mit den österreichischen Behörden aneinandergeriet. Schleichers akademische Lektüre orientierte sich ebenfalls sehr stark an den Arbeiten der wissenschaftlichen Materialisten. In seinem Werk *Die Darwinsche Theorie und die Sprachwissenschaft* nennt Schleicher (1863: 6) drei Persönlichkeiten, die sein Verständnis der Evolutionstheorie inspirierten. Anhand dieser drei Persönlichkeiten lässt sich Schleichers Position in der zeitgenössischen intellektuellen Landschaft verdeutlichen.

Die ersten beiden Namen sind Matthias Schleiden (1804–1881) und Carl Vogt (1817–1895). Schleiden war ein Botaniker, dessen Arbeiten zur Zelltheorie viele wissenschaftliche Materialisten inspiriert hatten, obwohl Schleiden selbst vor den religiösen und politischen Implikationen seiner Arbeit zurückscheute und sich später vollends von der materialistischen Bewegung distanzierte. Vogt, ein Professor für Zoologie, war dagegen ein Verfechter des politischen wissenschaftlichen Materialismus. Er schrieb eine Reihe von *Physiologischen Briefen* (Vogt 1854 [1847]), veröffentlicht in der *Augsburger Allgemeinen Zeitung*, einer der Zeitungen, für die Schleicher als Korrespondent arbeitete. Vogts Briefe vermittelten einem allgemeinen Publikum die neuesten Entdeckungen in den Biowissenschaften und wurden im Laufe der Zeit immer polemischer, indem sie die traditionellen Ansichten über Geist und Seele angriffen. Vogt war auch ein Abgeordneter im Frankfurter Vorparlament und der Nationalversammlung. Seine politischen Aktivitäten führten schließlich dazu, dass er in die Schweiz emigrieren musste.

Der dritte Name, den Schleicher erwähnt, ist Ernst Haeckel (1834–1919), dem er seine Darwin-Schrift gewidmet hatte. Wie Schleicher (1863) selbst in der Einleitung erklärt, war es Haeckel, der ihm die Lektüre von Darwins *On the Origin of Species* empfahl und ihn dadurch zur Abfassung der Schrift darüber veranlasste. Haeckel war ein guter Freund von Schleicher und sein Kollege an der Universität Jena, wo Haeckel eine Professur für vergleichende Anatomie innehatte. Haeckel zählt zu den wichtigsten Befürwortern des Darwinismus in Deutschland und engagierte sich in der zweiten Hälfte des 19. Jahrhunderts auch in der liberalen Politik. Er vertrat eine moderne, ‚wissenschaftliche‘ Sicht des Lebens und der Welt gegen die traditionelle Religion und konservative politische Interessen und wurde von seinen Gegnern häufig als führender Vertreter des ‚Materialismus‘ genannt (siehe Richards 2008).

In Übereinstimmung mit Schleicher lehnte Haeckel den Begriff ‚Materialismus‘ als Bezeichnung für seine Philosophie ab und zog es vor, sie als ‚Monismus‘ zu beschreiben (siehe Haeckel 1899). Sowohl Schleicher als auch Haeckel – und andere gleichgesinnte Denker dieser Zeit – betonten, dass sie nicht danach strebten, alles auf die Materie zu reduzieren, sondern dass es nur eine Art von Substanz gebe, die weder Materie, Geist noch Seele sei, sondern vielmehr alles zugleich. Deshalb nannten sie ihren Ansatz ‚Monismus‘: Es sollte nur eine Art von Ding geben.

Schleicher war durchdrungen von diesem Gedankengut, das von Persönlichkeiten wie Schleiden und Vogt ausging und von Haeckel weitergeführt wurde. In diesem Zusammenhang wird Schleichers Behauptung, dass Sprachen buchstäblich Naturorganismen seien, verständlicher: Es handelt sich um einen Schachzug, der darauf abzielt, die Linguistik mit seiner materialistischen oder monistischen Wissenschaftsphilosophie in Einklang zu bringen, verstärkt noch durch seine liberalen politischen Ansichten.

In seinen letzten Lebensjahren vertiefte Schleicher seinen Materialismus. In seinem Aufsatz *Über die Bedeutung der Sprache für die Naturgeschichte des Menschen* von 1865, der im Wesentlichen die Fortsetzung seiner darwinschen Schrift von 1863 darstellt, reduziert Schleicher die Sprache explizit auf eine einzige materielle Ebene: „Die Sprache ist das durch das Ohr wahrnehmbare Symptom der Thätigkeit eines Complexes materieller Verhältnisse in der Bildung des Gehirns und der Sprachorgane mit ihren Nerven, Knochen, Muskeln u. s. f.“ (Schleicher 1865a: 8). Schleichers Aussage erinnert an eine skandalöse Feststellung, die Vogt in seinen *Physiologischen Briefen* gemacht hatte:

> [A]lle jene Fähigkeiten, die wir unter dem Namen der Seelenthätigkeiten begreifen, [sind] nur Functionen der Gehirnsubstanz [...]; oder, um mich einigermaßen grob hier auszudrücken; die Gedanken [stehen] in demselben Verhältniß etwa zu dem Gehirne [...], wie die Galle zu der Leber oder der Urin zu den Nieren. (Vogt 1854 [1847]: 323)

4.3 Morphologie der Sprachen

Wie in Kapitel 3 erörtert, war die historisch-vergleichende Sprachwissenschaft in ihren Anfängen eng mit der Sprachtypologie verflochten. Im Laufe des 19. Jahrhunderts entkoppelten sich diese beiden Forschungsstränge jedoch zunehmend. Schleicher steht exemplarisch für diesen Trend: Obwohl er sich gleichermaßen der typologischen und der historisch-vergleichenden Forschung widmete, schlug

Schleicher mit der Unterscheidung zwischen Typologie und Genealogie einen sehr modernen Ton an. Genealogisch verwandte Sprachen, schrieb Schleicher (1859: 37–38; 1860: 30), könnten verschiedenen typologischen Klassen angehören; es gebe keine notwendige Übereinstimmung zwischen beiden. Doch Schleichers Typologie hatte noch einen anderen Hintergrund: Sie war mit seinen Überzeugungen über die Entwicklung der menschlichen Sprache verbunden.

Die Bezeichnung, die Schleicher seinem typologischen Projekt gab, war ‚Morphologie', ein Terminus, der in der Linguistik seither zum Oberbegriff für grammatische Prozesse auf der Ebene des Wortes – wie Komposition, Affigierung, Flexion usw. – und deren Untersuchung geworden ist. In dem intellektuellen Umfeld, in dem Schleicher schrieb, nämlich in Deutschland zur Mitte des 19. Jahrhunderts, wurde der Begriff ‚Morphologie' vor allem mit den biologischen Schriften des großen deutschen Dichters und Universalgelehrten Johann Wolfgang von Goethe (1749–1832) in Verbindung gebracht.

Goethes Morphologie war eine Theorie der Entwicklung biologischer Organismen, sowohl in Bezug auf die Ontogenese, die Entwicklung der Individuen im Laufe ihres Lebens, als auch auf die Phylogenese, die Evolution der Arten. Goethes Theorie weist viele Berührungspunkte mit den Beiträgen zur vergleichenden Anatomie von Persönlichkeiten wie Johann Friedrich Blumenbach (1752–1840) und Georges Cuvier (1769–1832) auf, die in Abschnitt 2.2. behandelt wurden. Goethe arbeitete seine Theorie der Morphologie über mehrere Jahrzehnte hinweg aus, aber das Hauptwerk, in dem sie dargelegt wird, ist seine Schrift *Zur Morphologie*, veröffentlicht in sechs Teilen von 1817 bis 1824 (Goethe 1877 [1817–1824]). Die Arbeit, in der Schleicher seine linguistische Morphologie zum ersten Mal darlegt, ist der 1859 erschienene Aufsatz „Zur Morphologie der Sprache", dessen Titel eindeutig an denjenigen von Goethes Werk anknüpft.

Das grundlegende Ziel von Goethes Morphologie war es, die jedem Organismus zugrunde liegenden Urformen sowohl auf der individuellen ontogenetischen Ebene als auch auf der artenübergreifenden phylogenetischen Ebene zu identifizieren. Der phylogenetische Aspekt von Goethes Theorie ist aus heutiger Sicht vielleicht am verständlichsten. Goethe hoffte, durch den Vergleich der Strukturen von Pflanzen und Tieren deren Gemeinsamkeiten zu erkennen und durch diesen Prozess ihre Unterschiede zu abstrahieren, um die Urpflanze und das Urtier zu entdecken. Das heißt, Goethe war der Ansicht, es sei möglich, die wesentlichen oder archetypischen Formen zu finden, die allen Pflanzen und Tieren zugrunde liegen. Dieses Konzept der Urpflanze oder des Urtiers mag uns zusagen, weil es sich mit den heutigen Vorstellungen über die Evolution in Einklang bringen lässt: Die Urpflanze oder das Urtier lässt sich als gemeinsamer Vorfahre verstehen, von dem die Pflanzen und Lebewesen der heutigen Welt abstammen. Tatsächlich hat Charles Darwin in einer kurzen historischen Skizze seiner Vorläufer, die er der dritten Auflage von *On the Origin of Species* beifügte, eine solche Interpretation von Goethes Theorie unterstützt (Darwin 1861 [1859]: xiv).

Auf der ontogenetischen Ebene stellte sich Goethe vor, dass jedem Teil eines Lebewesens ein ‚Urtypus' oder Archetyp zugrunde liegt, aus dem dann alle seine vielfältigen Organe hervorgehen. Nach dieser Theorie gibt es beispielsweise ein Urblatt, aus dem alle Teile einer Pflanze entstehen: der Stängel, die Blätter, die Blütenblätter, die Staubgefäße usw. In der Tierwelt suchte Goethe nach einem Urknochen, der allen Teilen des Skeletts zugrunde liegt; diesen fand er in den Wirbeln der Wirbelsäule.

Ein Aspekt von Goethes Theorie, der sich jedoch von unseren heutigen Vorstellungen unterscheidet, besteht darin, dass er das Wachstum von Organismen als einen teleologischen oder zielgerichteten Prozess ansah. Nach Goethes Auffassung wird das Wachstum eines Organismus durch den Bildungstrieb begründet und geleitet, ein Begriff, den er von Blumenbach übernommen hat. Der Bildungstrieb wiederum ist mit der kantischen Idee verwandt, dass Lebewesen ‚Naturzwecke' seien, wie in Abschnitt 3.1. erörtert – obwohl Kant an der realen Existenz solcher Triebe zweifelte und sie eher als heuristische Hilfsmittel unseres Verstandes ansah (siehe Richards 2002a: 64–67). Natürlich handelt es sich beim Bildungstrieb um eine jener geheimnisvollen Kräfte der Naturphilosophie, die von den wissenschaftlichen Materialisten angegriffen wurden. Die Materialisten waren der Ansicht, dass solche Kräfte nicht in den Bereich der Wissenschaft, sondern des Aberglaubens gehörten.

Es gab jedoch viele, die versuchten, die Kluft zu überbrücken, die Erkenntnisse der früheren Naturphilosophie beizubehalten und sie gleichzeitig mit der Metaphysik der modernen Wissenschaft in Einklang zu bringen. Einer der prominentesten dieser Persönlichkeiten war Ernst Haeckel, Schleichers Freund und intellektueller Mitstreiter in Jena, den wir im vorigen Abschnitt kennengelernt haben. In seinem 1866 erschienenen Werk *Generelle Morphologie* entwickelte Haeckel eine Theorie, die Goethes Erkenntnisse über Ontogenese und Phylogenese mit der darwinschen Lehre verband. Haeckel – der Schleicher als eine seiner Inspirationsquellen nannte (siehe Richards 2002b) – räumte ein, dass es in der Tat einen zielgerichteten Wachstumsprozess in einzelnen Organismen und eine Richtung in der Evolution der Arten gebe, dass diese aber nicht das Produkt einer mysteriösen nicht-materiellen Kraft seien, sondern vielmehr die Folge erkennbarer mechanischer Kräfte, die miteinander interagierten. So sei beispielsweise die zunehmende Anpassungsfähigkeit der Organismen gegenüber ihrer Umwelt, die sie über Generationen hinweg zu entwickeln scheinen, nicht auf das Eingreifen Gottes zurückzuführen, sondern schlicht das Ergebnis von Variation innerhalb der Population und von natürlicher Selektion (siehe Richards 2008: Kap. 5).

Schleichers linguistische Morphologie zielte darauf ab, für Sprachen das zu leisten, was Goethes und Haeckels verschiedene Versionen der Morphologie für die biologische Welt getan hatten: Mit ihr versuchte er, die Bausteine und Strukturen aller Sprachen der Welt zu beschreiben und diese darüber hinaus in einen evolutionären Rahmen einzupassen. Schleicher skizzierte seine Ideen in einer Reihe von Veröffentlichungen, am deutlichsten jedoch in seiner 1860 erschienenen Schrift *Die Deutsche Sprache*. In Anlehnung an Wilhelm von Humboldts (1767–1835) Erörterung grammatischer Prozesse in verschiedenen Sprachen (siehe Abschnitt 3.3.) geht Schleicher (1860: 33–37) von der Isolation als dem ‚primitivsten' Zustand von Sprache aus. In diesem Zustand bestehe eine Sprache aus nichts anderem als aus einer Anhäufung von Wortwurzeln. Dann finde eine Differenzierung der sprachlichen Formen statt, wodurch sich agglutinierende Strukturen aus der Isolation entwickeln: Wortwurzeln repräsentieren Begriffe und Affixe die Beziehungen zwischen den Begriffen. Schließlich weiche die Agglutination der Flexion, da Wortwurzeln und Endungen zu integrierten Paketen verschmelzen, die Begriffe und Beziehungen kombinieren. Humboldt (1905 [1822]) hatte in seinem Aufsatz „Über das Entstehen der grammatischen Formen und ihren Einfluss auf die Ideenentwicklung" ein ähnliches Evolutionsschema nahegelegt, obwohl er sich nicht ganz so stark für diese Idee einsetzte wie Schleicher.

Sowohl Humboldt als auch Schleicher gingen davon aus, dass der Aufstieg von Sprachen auf dieser morphologischen Leiter in prähistorischer Zeit stattgefunden habe und aufhöre, sobald die Sprecherinnen und Sprecher der Sprache in das historische Zeitalter einträten. Schleicher ging noch einen Schritt weiter als Humboldt und führte aus, dass Sprachen zu verfallen begännen, sobald ihre Sprecherinnen und Sprecher in das historische Zeitalter einträten: Dies erkläre die Entwicklung der modernen ‚analytischen' Sprachen aus ihren ‚synthetischen' Vorläufern (wie in Abschnitt 3.1. besprochen). Der Grad des Niedergangs einer Sprache ist nach Schleicher (1860: 35) direkt proportional zur Beteiligung ihrer Sprecher an der Weltgeschichte. So ist beispielsweise das Englische gemäß Schleicher die degenerierteste der germanischen Sprachen – es habe fast seine gesamte Flexionsmorphologie eingebüßt –, weil das englische Volk so stark in internationale Angelegenheiten verwickelt sei.

Die Unterteilung der Sprachentwicklung in prähistorische und historische Perioden spiegelt einen Topos der Romantik wider, in dem eine imaginäre prähistorische Ära dem heutigen ‚zivilisierten' Leben gegenübergestellt wird. Demnach lebten die prähistorischen Menschen – und die heutigen ‚unzivilisierten' Völker – in einem ‚primitiven' Naturzustand, während wir in der modernen Welt angeblich eine höhere Stufe der geistigen und kulturellen Entwicklung erreicht hätten. Doch die Zivilisation sei Segen und Fluch zugleich: Unsere verweichlichte Existenz verdamme uns letztlich zu Verderbnis und Degeneration. Diese Anschauung wird klassischerweise mit Denkern wie Jean-Jacques Rousseau (1712–1778) in Zusammenhang gebracht, fand jedoch solch weite Verbreitung, dass sie zum Klischee geriet. Schleichers Vision von prähistorischem Sprachwachstum und historischem Niedergang, beruhend auf seiner Lektüre von Humboldt, ist im Wesentlichen eine Projektion dieser Haltung auf Sprache (siehe McElvenny 2021).

Schleicher war nicht der einzige Gelehrte, der ein derartiges Bild von Sprachevolution zeichnete. Franz Bopp entwarf in seiner Schrift *Vergleichende Grammatik* (1833–1852) ein ähnliches Schema. Bopps Ansatz, bekannt als ‚Agglutinationstheorie', stand im Gegensatz zu der absoluten Dichotomie von ‚organischen' und ‚mechanischen' Sprachen Friedrich Schlegels, die in Abschnitt 3.1. vorgestellt wurde. Bopp benutzte die Agglutinationstheorie, um zugunsten eines fließenden Übergangs zwischen verschiedenen Sprachtypen zu argumentieren. Dieser fließende Übergang erlaubte es ihm, Verbkonjugationen als ursprünglich zusammengesetzte Formen zu analysieren, die sich im Laufe der Zeit immer enger miteinander verbanden und schließlich den Charakter von Flexionen entwickelten (siehe Abschnitt 2.3.). Die Agglutinationstheorie wurde gegen Ende des 20. Jahrhunderts von Vertreterinnen und Vertretern des neuen Forschungsfeldes der Grammatikalisierung wiederentdeckt und geltend gemacht (siehe z.B. Lehmann 2015 [1982]: 1–9).

4.4 Innere und äußere Form

In seiner Morphologie der Sprachen konzentrierte sich August Schleicher (1859: 1) ausschließlich auf die ‚äußere phonetische Form' von Wörtern. Dies stand im Gegensatz zu den typologischen Arbeiten von Heymann Steinthal (1823–1899), die sich, wie in Abschnitt 3.5. zu sehen war, um die ‚innere Form' von Sprachen drehten, ein Konzept, das Steinthal aus seiner Lektüre von Wilhelm von Humboldt entwickelt hatte. Seine kompromisslose empirische Wissenschaftsphilosophie hinderte Schleicher daran, unter die sichtbare Oberfläche von Sprachen vorzudringen: Angesichts des gegenwärtigen Wissensstandes, so argumentierte Schleicher (1859: 1), sei es zwangsläufig spekulativ, Aussagen über die innere Form zu treffen. Er räumte jedoch die Möglichkeit ein, dass künftige Fortschritte die innere Form einer wissenschaftlichen Untersuchung zugänglich machen könnten.

Doch schon wenige Jahre später verhärtete sich Schleichers Position. In seiner 1865 erschienenen *Unterscheidung von Nomen und Verbum in der lautlichen Form* – veröffentlicht im selben Jahr als „Über die Bedeutung der Sprache für die Naturgeschichte des Menschen", die Fortsetzung seiner ersten darwinschen Schrift (Schleicher 1865a) – zog Schleicher die Konsequenzen seiner materialistischen Metaphysik für die Sprachforschung:

> Der sprachlaut, die lautliche form der sprache ist der körper, die erscheinung der function, des inhaltes der sprache. Beide kommen nicht von einander getrent vor, sie sind stäts und untrenbar verbunden. Sie sind identisch, wenn auch natürlich nicht einerlei. Wir haben kein recht, functionen da vorauß zu setzen, wo keine lautform ir vorhandensein an zeigt. Auch in der sprache läuft nicht der geist, die function, unabhängig von seinem leibe, dem laute, sondern er ist nur in und durch lezteren wirklich vorhanden. Unsere anschauung vom wesen der sprache ist keine dualistische, sondern eine monistische und nur diese können wir für berechtigt halten. (Schleicher 1865b: 502)

Schleicher schloss daraus:

> Wir halten demnach an der überzeugung fest, daß nichts im sprechenden vorgeht, was nicht lautlich auß gedrükt wird; daß der laut ein volgiltiger und zwar der einzige zeuge für die function ist und daß also eine sprache nur die functionen besizt, die sie lautlich bezeichnet. (Schleicher 1865b: 505–506)

Das heißt, es gebe kein Innenleben der Sprache, das nicht unmittelbar in ihrer äußeren phonetischen Hülle wahrnehmbar sei.

Steinthal konnte die Verbannung der inneren Form durch Schleicher nicht akzeptieren. Die direktesten und prägnantesten Formulierungen von Steinthals Opposition dazu finden sich in seinen Rezensionen von Schleichers aufeinanderfolgenden Schriften. Der Kernpunkt von Steinthals Kritik lautete, dass Schleicher das Studium der Sprache sowohl in Bezug auf die Daten, die er zu berücksichtigen bereit sei, als auch in Bezug auf die Grenzen seines Erklärungshorizonts auf die „barste Aeußerlichkeit, [...] die leere Schale der Sprache“ reduziere, wie Steinthal (1860b: 434) in seiner Rezension von Schleichers *Zur Morphologie* schrieb. In seiner Besprechung von Schleichers *Unterscheidung von Nomen und Verbum in der lautlichen Form* betonte Steinthal (1865: 506), dass die äußere Form der Sprache nicht für sich selbst stehe; es gebe in der Tat vieles, was in den Köpfen der Sprechenden vor sich gehe, was keinen phonetischen Ausdruck finde. Die Aufgabe des Sprachwissenschaftlers bestehe darin, die äußere Form zu interpretieren, um die innere Form zu entdecken.

Steinthal veranschaulichte seinen Standpunkt mit mehreren deutschen Redewendungen, darunter „Heute rot, morgen tot“. Bekanntlich besagt diese Redewendung, dass eine Person, die heute noch gesund ist, morgen plötzlich krank werden und sterben könnte. Steinthal wies darauf hin, dass die logische Verbindung zwischen den beiden Teilen der Redewendung, „heute rot“ und „morgen tot“, in der äußeren sprachlichen Form nicht deutlich werde. Es gebe keine explizite Konjunktion zwischen diesen beiden Teilen; wir müssten auf den implizierten Kontrast schließen. Hierzu bemerkt Steinthal (1865: 506): „Es geht also thatsächlich manches im Geiste vor, was nicht im Laute ausgedrückt ist, wozu ihn der Laut dennoch veranlaßt, weil es thatsächlich in dem eingeschlossen ist, was der Laut bezeichnet.“

Außerdem wandte sich Steinthal gegen das deterministische Schema der Sprachentwicklung, das in Schleichers Morphologie angenommen wird. Wie aus dem vorigen Abschnitt hervorging, behauptete Schleicher, dass die typologischen Klassen der Isolation, Agglutination und Flexion aufeinanderfolgende Stufen in der evolutionären Entwicklung von Sprachen darstellten. Im Gegensatz zu Schleichers universalistischer Entwicklungsauffassung vertrat Steinthal (1860b) eine Art historischen Partikularismus, wonach jede einzelne Form eine einzigartige Identität besitze, die das Ergebnis einer komplexen Entwicklungsgeschichte sei, in der zahlreiche interne und externe Faktoren zusammenwirkten. Nach Steinthals Auffassung ist es unmöglich, eine einzelne Form in einer Sprache als Beispiel für einen bereits existierenden Typus zu betrachten. Dieser Streit zwischen Steinthal und Schleicher stellt ein weiteres Beispiel für die in Abschnitt 2.2. angesprochene Spannung dar zwischen dem Wunsch einerseits, die Entwicklung aller Sprachen anhand einer einzigen Reihe universeller Gesetze zu erklären, und der historistischen Überzeugung andererseits, dass jede Sprache als etwas Individuelles mit einer eigenen, einzigartigen Geschichte behandelt werden müsse.

Es gilt zu beachten, dass Steinthals Einwände gegen Schleicher sich speziell auf Schleichers Materialismus und seine Suche nach universellen Gesetzen beziehen. Steinthal wandte sich nicht gegen die Analogie zwischen Sprachen und biologischen Organismen, die spätestens seit Friedrich Schlegels ersten Vorschlägen für eine vergleichende Grammatik eine tragende Säule der Sprachwissenschaft des 19. Jahrhunderts war. Steinthal berief sich in seiner Kritik an Schleicher sogar selbst auf die biologische Analogie: Er zitierte die *Allgemeine Physiologie* (1851) des deutschen Philosophen Hermann Lotze (1817–1881). Lotze vertrat die Ansicht, dass sich biologische Organismen nicht einfach nach einem vorgegebenen Schema entwickelten, wie es Goethes Morphologie und verwandte Theorien postulierten, sondern dass ihre Entwicklung auch durch äußere Faktoren beeinflusst werde. Zur Unterstützung dieser Position zitierte Lotze die Schriften Wilhelm von Humboldts und schloss damit die Rückkopplungsschleife zwischen Linguistik und Biologie (siehe Lotze 1851: 324; McElvenny 2018b: 138).

Steinthals Vorliebe für biologische Analogien zeigt sich auch in seinem eigenen typologischen System: Aus Abschnitt 3.5. ging hervor, dass die oberste Unterteilung in seiner Charakteristik von 1860 zwischen Formsprachen und formlosen Sprachen erfolgte. Diese Bezeichnungen erinnern deutlich an die Bezeichnungen für Wirbeltiere und wirbellose Tiere.

Viele zeitgenössische Sprachwissenschaftler hielten jedoch sowohl Steinthals als auch Schleichers Ideen für unrettbar spekulativ und metaphysisch, und die Sprachtypologie im Allgemeinen wurde gegen Ende des 19. Jahrhunderts zu einem zunehmend marginalen Thema der Linguistik (siehe McElvenny 2023c). Im nächsten Kapitel lernen wir einen der freimütigsten – ja streitsüchtigsten – Kritiker von

Steinthal und Schleicher kennen, den amerikanischen Linguisten William Dwight Whitney (1827–1894).

4.5 Weiterführende Literatur

Einen knappen Überblick über die Konsolidierung der historisch-vergleichenden Sprachwissenschaft Mitte des 19. Jahrhunderts und die damit verbundenen theoretischen Debatten bieten die Kapitel 7 und 8 von Anna Morpurgo Davies' (1998) *History of Linguistics: Nineteenth-Century Linguistics.*

Eine meisterhafte Darstellung der Geschichte der Biologie im 19. Jahrhundert mit ihren Verbindungen zur Romantik, Naturphilosophie und dem Materialismusstreit findet sich in Robert Richards' Bänden *The Romantic Conception of Life* (2002a) und *The Tragic Sense of the Life* (2008), von denen sich Ersterer mit der Romantik des frühen 19. Jahrhunderts und Letzterer mit Ernst Haeckel und der Evolutionstheorie befasst. „Appendix 1" von *The Tragic Sense of Life* bietet eine hervorragende Zusammenfassung der Theorien zur ‚Morphologie' in der Biologie von Goethe bis Haeckel und darüber hinaus. Stephen G. Alters (1999) *Darwinism and the Linguistic Image* zeigt, wie Ideen aus der Linguistik die darwinsche Evolutionstheorie beeinflussten und dann in die Sprachwissenschaft zurückflossen.

Für eine ausführliche Darstellung des wissenschaftlichen Materialismus siehe Frederick Gregorys (1977) *Scientific Materialism in Nineteenth-Century Germany* und Kapitel 2 von Frederick Beisers (2014) *After Hegel.* Für eine Diskussion von Schleichers materialistischer Position siehe meinen Artikel „August Schleicher and materialism in 19th -century linguistics" in *Historiographia Linguistica* (McElvenny 2018b).

5 Die pragmatische Wende zur Mitte des 19. Jahrhunderts

In den vorangegangenen Kapiteln sind wir zwei wichtigen Auffassungen von Sprache aus der Mitte des 19. Jahrhunderts begegnet. Die erste – behandelt in Abschnitt 3.5. – ist diejenige, die vor allem von Heymann Steinthal (1823–1899) vertreten wurde. Aufbauend auf seiner Interpretation Wilhelm von Humboldts (1767–1835) und seiner eigenen Theorie der Völkerpsychologie sah Steinthal Sprache als Fenster zur Funktionsweise des menschlichen Geistes. In dieser Sichtweise werden die Besonderheiten jeder einzelnen Sprache als Schlüssel zum Volksgeist ihrer Sprecherinnen und Sprecher betrachtet. Die zweite Auffassung – untersucht in Abschnitt 4.2. – ist die materialistische oder monistische Sicht August Schleichers (1821–1868), der Sprachen als etwas betrachtet, das biologischen Organismen ähnelt, die nach natürlichen Gesetzen wachsen und sich entwickeln.

Dieses Kapitel beleuchtet die dritte bedeutende Auffassung dieser Epoche, die Sprachen in erster Linie als Mittel zur Kommunikation zwischen Menschen versteht. Diese Position lässt sich als ‚pragmatisch' bezeichnen, da sie sich damit befasst, wie Sprache verwendet wird. Die pragmatische Auffassung wurde am nachdrücklichsten von dem amerikanischen Sanskritisten und allgemeinen Sprachwissenschaftler William Dwight Whitney (1827–1894) vertreten, der sie den Ansichten Steinthals, Schleichers und anderer entgegenstellte.

Whitney war ein leidenschaftlicher Polemiker. Das bedeutet, dass er sich nicht scheute, andere Wissenschaftler zu kritisieren. Doch beschränkte er sich nicht auf Tadel: Inmitten der Polemik legte Whitney seine alternativen Ansichten zu Sprache dar, die sich als einflussreich für die nächste Generation von Sprachwissenschaftlern erweisen sollten. Auch wenn seine Kritik damals viel Entsetzen hervorgerufen haben mag, bietet sie uns heute einen hervorragenden Ausgangspunkt, um zu erkunden, worum es in den philosophischen Debatten der Linguistik im 19. Jahrhundert ging.

5.1 William Dwight Whitney und seine Widersacher

In einer Reihe von Aufsätzen, Vorlesungen und Büchern von den 1860er bis zu den frühen 1870er Jahren zog Whitney zu Felde gegen die von ihm als ‚psychologisch' bzw. ‚physisch' bezeichneten Sprachtheorien. Beide Theorien, so argumentierte er, verkennen grundlegend die wahre Natur der Sprache. Whitney identifizierte die ‚psychologische' Theorie in erster Linie mit Steinthal und Humboldt, deren Ideen er mehr oder weniger miteinander verquickte. In seiner Hauptpolemik gegen

https://doi.org/10.1515/9783111618548-005

Steinthal, „Steinthal and the psychological theory of language", kommentierte Whitney:

> [Steinthal] ist insbesondere der Schüler, Interpret und Fortsetzer Wilhelm von Humboldts gewesen, eines Mannes, den man heutzutage hoch zu loben pflegt, ohne ihn zu verstehen oder gar zu lesen; Steinthal ist der Mann in Deutschland, vielleicht in der Welt, der die Geheimnisse durchdringt, die Widersprüche aufdeckt und die dunklen Sprüche dieses genialen und tiefgründigen, aber unklaren und gänzlich unpraktischen Denkers darlegt. (Whitney 1873 [1872]: 333; Hervorhebung im Original)

Whitney warf Steinthal wie Humboldt vor, in ihrem Zugang zu Sprache verkehrt herum vorzugehen. Ausgangspunkt sprachwissenschaftlicher Forschung, so Whitney, sollten solide, durch Beobachtung ermittelte Fakten sein; von dieser empirischen Grundlage ausgehend ließen sich dann philosophische Fragen in Angriff nehmen. Steinthal und Humboldt hingegen begännen mit philosophischen Spekulationen und suchten dann nach Beweisen, um ihre Mutmaßungen zu untermauern. Whitney akzeptierte, dass wir vielleicht eines Tages in der Lage sein würden, philosophische Fragen zu stellen und sie gewinnbringend zu beantworten, doch zuerst gelte es, die Fakten zu klären.

Whitneys Kritik an Steinthal und Humboldt spiegelt eine allgemeine Ambivalenz gegenüber Philosophie unter den Linguisten der damaligen Zeit wider. In Abschnitt 4.3. war beispielsweise zu beobachten, dass Schleichers Eintreten für den Materialismus ihn dazu veranlasste, seine Analysen auf die unmittelbar sichtbaren Oberflächenformen der Sprachen zu beschränken und die ‚innere Form' für tabu zu erklären. Doch Whitney fand Schleichers Ansichten wegen ihrer metaphysischen Exzesse ebenso unseriös. Schleicher war aus Whitneys Perspektive der Hauptvertreter der ‚physischen' Sprachtheorie. In seiner Hauptpolemik gegen Schleicher, „Schleicher and the physical theory of language", bezeichnete Whitney (1873 [1871]: 299) Schleichers Ansichten als „völlig oberflächlich oder gar absurd und lächerlich". An anderer Stelle, in seinem 1867 erschienenen Werk *Language and the Study of Language*, einem Band, der auf Vorträgen basiert, die er ursprünglich vor einem allgemeinen Publikum an der Smithsonian Institution in Washington, D.C., gehalten hatte, kritisierte Whitney die Gleichsetzung von Sprache mit natürlichen Organismen als eine außer Kontrolle geratene Metapher:

> [W]ir sehen, denke ich, von unserer Untersuchung der Art und Weise, wie Sprache gelernt und gelehrt wird, wie ihr Leben aufrechterhalten wird, was gemeint ist, wenn wir davon sprechen und schreiben, dass sie eine unabhängige oder objektive Existenz hat, dass sie ein Organismus ist oder eine organische Struktur besitzt, dass sie Wachstumsgesetze hat, dass sie Tendenzen spürt, dass sie sich entwickelt, dass sie sich an unsere Bedürfnisse anpasst usw. All dies sind bildhafte Ausdrücke, die Sprache der Tropen und Metaphern, nicht der reinen Tatsachen; sie sind völlig unbedenklich, wenn sie bewusst in ihrem eigentlichen Charakter

> verwendet werden, um der Kürze und Lebendigkeit der Darstellung willen; sie sind nur dann schädlich, wenn wir zulassen, dass sie uns blind machen für das reale Wesen der Wahrheiten, die sie darstellen. (Whitney 1867: 35)

Whitneys Kritik richtet sich dabei nicht nur gegen Schleicher, sondern auch gegen Friedrich Max Müller (1823–1900). Der in Deutschland geborene und ausgebildete Max Müller wurde 1850 Professor an der Universität Oxford und erwarb sich von dieser angesehenen Position aus schnell den Ruf, wichtigster Vertreter der ‚deutschen' historisch-vergleichenden Sprachwissenschaft in der englischsprachigen Welt zu sein – ein Renommee, das er durch seine populären *Lectures on the Science of Language* vor der Royal Institution in London festigte. Die erste Reihe dieser Vorlesungen hielt Müller 1861 und ließ sie anschließend veröffentlichen, gefolgt von einer zweiten Reihe, 1863 gehalten und 1864 veröffentlicht. Whitney und Müller waren also Konkurrenten um die Aufmerksamkeit und Bewunderung der englischsprachigen Öffentlichkeit (zur Rivalität zwischen Whitney und Müller siehe Alter 2005).

Max Müller wandte sich gegen den Materialismus in dem Sinne, wie wir ihn in Abschnitt 4.2. kennengelernt haben, als eine seelenlose metaphysische Lehre. Er verwahrte sich auch gegen die von Darwin unterstützte und in Darwins *Descent of Man* (1871) am ausführlichsten dargelegte Annahme, dass sich die menschliche Sprache allmählich aus Tierlauten entwickelt habe. Unter Berufung auf die herdersche Vorstellung, dass Sprache untrennbar mit der einzigartigen menschlichen Fähigkeit des begrifflichen Denkens verbunden sei (wie in Abschnitt 3.2. erörtert), insistierte Müller, dass menschliche Sprache und tierische Kommunikation von grundlegend unterschiedlicher Art seien. In einer sehr denkwürdigen Passage seiner *Lectures on the Science of Language* schrieb Müller:

> Die einzige große Barriere zwischen dem Tier und dem Menschen ist die Sprache. Der Mensch spricht, und kein Tier hat je ein Wort gesprochen. Die Sprache ist unser Rubikon, und kein Tier wird es wagen, ihn zu überschreiten. Das ist unsere nüchterne Antwort auf diejenigen, die von Entwicklung sprechen, die meinen, bei den Affen zumindest die Rudimente aller menschlichen Fähigkeiten zu entdecken, und die gerne die Möglichkeit offen halten würden, dass der Mensch nur ein begünstigtes Tier ist, der triumphierende Eroberer im urzeitlichen Kampf ums Dasein. Die Sprache ist etwas Greifbareres als eine Hirnfalte oder ein Winkel des Schädels. Sie lässt keine Haarspalterei zu, und kein Prozess der natürlichen Auslese wird jemals bedeutende Worte aus den Lauten der Vögel oder den Schreien des Viehs herausdestillieren. (Müller 1861: 367; Hervorhebung im Original)

Dennoch betrachtete Müller die Sprachwissenschaft als ‚physische Wissenschaft', weil sie sich mit den ‚Werken Gottes' und nicht mit den ‚Werken des Menschen' befasse (Müller 1861: 22). Will heißen, Müller sah die Sprache nicht als eine menschliche Schöpfung, sondern als Teil der natürlichen Welt: Sprachen seien keine vom

Menschen zu Kommunikationszwecken geschaffenen Werkzeuge, sondern natürliche Gebilde, die sich nach ihren eigenen Gesetzen entwickelten. Aus diesem Grund unterstützte Müller (1870) später Schleichers Einführung der darwinschen Evolution in die Linguistik. In einer Rezension der englischen Übersetzung von Schleichers (1863) Schrift zur darwinschen Linguistik schrieb Müller:

> Indem Darwins Buch *On the Origin of Species* einen neuen Gesichtspunkt für die Betrachtung dieser uralten Probleme [Notwendigkeit vs. freier Wille] liefert, hat es einen Einfluss ausgeübt, der weit über den Bereich hinausgeht, für den es ursprünglich bestimmt war. Die beiden Fachausdrücke ‚natürliche Auslese' und ‚Kampf ums Dasein', die in Wirklichkeit nur zwei Aspekte desselben Prozesses darstellen, sind genau die Kategorien, die uns in die Lage versetzen sollten, [...] die unvermeidliche Begrenzung des spontanen Handelns durch die kontrollierenden Einflüsse des gesellschaftlichen Lebens zu begreifen. (Müller 1870: 256)

Was Müller hier befürwortet, ist die Anwendung darwinscher Prinzipien zur Erklärung von Sprachwandel. Die historischen Veränderungen von Wörtern, Aussprachen und grammatischen Formen, die in der vergleichenden Grammatik behandelt werden, so Müller, vollziehen sich ohne das bewusste Zutun der Sprechenden – und sogar gegen die Bemühungen der Sprechenden, diese Veränderungen zu begrenzen. Der Verlauf des Sprachwandels scheine Naturgesetzen zu folgen, wie sie auch im biologischen Bereich gelten.

Obwohl Müller auf die haarsträubendsten metaphysischen Behauptungen des schleicherschen Materialismus verzichtet hatte, konnte Whitney Müllers Bestreben, Sprache an die natürliche Welt zu assimilieren, nicht gutheißen. Sprachwandel, so Whitney, sei kein ‚natürlicher' Prozess, sondern das Produkt menschlichen Willens und Handelns. Im nächsten Abschnitt werden wir sehen, wie Whitney sich vorstellte, dass die Sprechenden ihre Sprache tatsächlich kontrollieren und steuern.

5.2 Sprache als ‚Institution'

Als Alternative zu den ‚psychologischen' und ‚physischen' Auffassungen von Sprache, gegen die er polemisierte (wie im vorigen Abschnitt erörtert wurde), vertrat Whitney die Sichtweise, dass Sprache eine menschliche ‚Institution' sei. Er schrieb:

> Sprache ist in der Tat eine Institution – das Wort mag ungeschickt erscheinen, aber wir können kein besseres oder genauer beschreibendes finden –, das Werk derjenigen, deren Bedürfnissen sie dient; sie ist in ihrer alleinigen Obhut und unter ihrer Kontrolle; sie wurde von ihnen an ihre Umstände und Bedürfnisse angepasst und erfährt immer noch überall

eine solche Anpassung durch sie selbst; jedes einzelne Element, aus dem sie sich zusammensetzt, ist in ihrer gegenwärtigen Form – denn wir sind noch nicht so weit, den endgültigen Ursprung menschlicher Sprache zu erörtern – das Ergebnis einer Reihe von Veränderungen, die durch den Willen und die Zustimmung der Menschen bewirkt wurden, die sich unter historischen Bedingungen sowie Bedingungen der menschlichen Natur und unter dem Einfluss von Motiven herausgebildet haben, die in der Hauptsache deutlich nachvollziehbar sind und einen legitimen Gegenstand wissenschaftlicher Untersuchung bilden. (Whitney 1867: 48)

Was Whitney mit ‚Institution' meint, besteht darin, dass die Sprache eine Reihe von Konventionen zum Zweck der Kommunikation darstelle, welche die Sprechenden geerbt haben und welche sie durch aufeinander folgende Interaktionen ständig erweitern. Nach Whitney entsteht Sprachwandel durch die Anhäufung neuer Formen, die Sprachbenutzerinnen und -benutzer in dem Bemühen geschaffen haben, sich verständlich zu machen.

Schwer zu akzeptieren scheint jedoch Whitneys Argument, dass Sprachwandel „durch den Willen und die Zustimmung der Menschen" erfolge, dass es sich um einen freiwilligen Prozess handele. Im Gegenteil, wie im vorigen Abschnitt zu beobachten war, scheint Sprachwandel nach Regeln zu verlaufen, die der Sprache inhärent sind und nichts mit den Wünschen der Sprechenden zu tun haben. Die Geschichte der historisch-vergleichenden Sprachwissenschaft drehte sich bislang weitgehend um die Identifizierung und Beschreibung dieser sprecherunabhängigen Regeln. Schleichers ‚darwinsche' Theorie – und ihre selektive Anpassung durch Müller – geht von solchen Regeln aus und nimmt an, dass sie das eigentliche, autonome Leben von Sprachen darstellen. Steinthals psychologischer Ansatz verortet – obwohl er jede Sprache viel mehr als etwas Individuelles behandelt (siehe Abschnitt 4.4.) – die scheinbar sprecherunabhängigen Kräfte, die eine Sprache formen, eher im psychischen als im physischen Bereich.

Whitney hingegen betonte, dass Sprachen tatsächlich durch die individuellen Handlungen ihrer Benutzerinnen und Benutzer geformt würden. Dieser Prozess sei jedoch nicht unmittelbar wahrnehmbar, da die Sprechenden diese Handlungen nicht unbedingt bewusst ausführten, und die daraus resultierenden Veränderungen seien allmählich und daher nur langfristig spürbar. Whitney (1867: 45) wies darauf hin, dass die Sprecherinnen und Sprecher ihre Sprache ständig erneuerten, indem sie neue Worte oder neue Bedeutungen von Wörtern hervorbringen. Einzelne Sprecherinnen und Sprecher hätten jedoch weder die Macht noch das Recht zu bestimmen, ob diese Neuerungen aufgegriffen würden. Ob ein neues Wort oder eine neue Wortbedeutung schließlich Teil der Sprache würde, sei eine Entscheidung, die – unbewusst – von der gesamten Sprachgemeinschaft getroffen werde. Einige Personen könnten jedoch mehr Einfluss auf diesen Prozess haben, weil sie eine Autoritätsposition innehätten oder ihre Wörter als besonders passend oder eloquent gälten.

Finde eine neue Form Anerkennung in der Gemeinschaft und werde reproduziert, werde sie allmählich als normaler Teil der Sprache angesehen. In diesem Fall ließe sich sagen, dass ein Sprachwandel stattgefunden habe. Whitney ist der Ansicht, dass dieser Grundsatz nicht nur für Wörter gilt, die für uns als Sprechende die greifbarsten Bestandteile der Sprache sind, sondern auch für subtilere Aspekte der Sprache, wie Grammatik und Phonologie. Einige Sprecherinnen und Sprecher würden unter Umständen neue grammatische Konstruktionen oder Aussprachen erfinden, die dann von der breiteren Sprachgemeinschaft übernommen werden könnten.

Whitneys Auffassung von Sprache als Institution veranlasste ihn, neue Methoden zur Untersuchung von Sprachwandel anzuwenden. Er führte eine Herangehensweise ein, die man aus heutiger Sicht als variationistischen Ansatz zur Untersuchung des Lautwandels bezeichnen könnte, dem zentralen Thema der historisch-vergleichenden Sprachwissenschaft. Er war sich der Tatsache bewusst, dass es in der Sprachgemeinschaft immer eine Vielfalt gibt, dass die Sprechenden geringfügig unterschiedliche Formen und Laute produzieren und dass diese Varianten in gewissem Sinne miteinander konkurrieren. Nach diesem Modell findet ein Lautwandel statt, wenn einige Laute häufiger und andere weniger häufig verwendet werden. Um empirische Daten zur Untermauerung dieser Hypothese zu sammeln, erfasste Whitney die Häufigkeit von Lauten in Korpora verschiedener indogermanischer Sprachen tabellarisch, von Sanskrit über historische Ausprägungen des Germanischen bis hin zum Neuenglischen. Ein Beispiel für dieses Unterfangen ist in Abbildung 5.1. zu sehen, die aus Whitneys Aufsatz „The elements of English pronunciation“ stammt.

Anhand seiner Frequenztabellen stellte Whitney verschiedene Hypothesen über ‚Tendenzen‘ in der historischen Lautentwicklung auf. So sah er beispielsweise in der Geschichte der indogermanischen Sprachen eine Tendenz zur allmählichen Verringerung der Offenheit von Vokalen (Whitney 1874: 205–207). Im Sanskrit und in den älteren indogermanischen Sprachen, so Whitney, trete der Vokal [a], der mit vollständig geöffnetem Mund ausgesprochen wird, wesentlich häufiger auf. Nach Whitneys Statistik kommt dieser Vokal im Sanskrit zu 70 % im Vergleich zu anderen Vokallauten und zu 30 % im Vergleich sowohl zu Vokalen als auch zu Konsonanten vor. In der ältesten germanischen Sprache sinkt diese Häufigkeit auf 14% aller Laute, im Deutschen auf 5% und in Whitneys Dialekt des amerikanischen Englisch auf 0,5%. In seiner eigenen Sprache, so Whitney, sei [a] der seltenste aller Vokallaute.

Diese beobachtete Tendenz hin zur Verringerung der Offenheit der Vokale, so Whitney, sei Ausdruck einer allgemeineren ‚Tendenz zur Sparsamkeit‘, die nach seiner Ansicht den gesamten historischen Sprachwandel bestimme. Die Sprechen-

SCALE AND RATE OF FREQUENCY OF ENGLISH SOUNDS.

Consonant.	Vowel.	Per Cent.	Per Cent.	Minimum.		Maximum.	
r	..	7.44	..	VI.	5.4	VIII.	9.3
n	..	6.76	..	III.	5.7	IX.	7.9
t	..	5.93	..	VI.	4.6	II.	8.9
..	*ĭ*	..	5.90	VI.	4.7	VII.	7.4
..	*ə*	..	5.66	II.	4.3	I., VII.	6.9
d	..	4.94	..	I.	4.0	V.	5.8
s	..	4.69	..	III., VIII.	3.7	I., II.	5.8
l	..	3.84	..	I., VII.	2.5	III.	6.2
dh	..	3.83	..	VIII.	2.4	III.	5.1
..	*ĕ*	..	3.34	I.–III.	2.6	IX.	4.7
..	*æ*	..	3.32	III.	2.4	VIII.	4.0
m	..	3.06	..	VIII.	1.8	I.	4.1
z	..	2.92	..	VI.	2.2	I.	4.3
..	*ī*	..	2.80	VII., IX.	1.5	VI.	4.8
..	*ă*	..	2.59	IV., IX.	1.8	VII.	4.2
v	..	2.37	..	I.	1.4	VII.	3.5
h	..	2.34	..	IX.	1.2	V.	3.1
w	..	2.31	..	III.	1.6	VIII.	3.0
k	..	2.17	..	II.	1.1	X.	3.1
f	..	2.06	..	IV., VII.	1.2	II.	2.8
..	*ā*	..	2.00	VI.	1.1	I.	3.5
..	*ai*	..	1.91	IX.	.9	VI.	4.8
..	*ɪ*	..	1.85	I.	.9	VIII.	2.5
..	*ō*	..	1.76	X.	.9	III.	2.6
p	..	1.71	..	V.	1.0	VII.	2.6
b	..	1.64	..	IX.	1.0	I.	3.4
..	*ē*	..	1.61	I.	.5	X.	2.7
..	*ʌ*	..	1.54	X.	.8	II.	2.2
sh	..	.86	..	II.	.1	IV.	1.8
..	*au*	..	.83	X.	.3	III., IV.	1.3
g	..	.79	..	VII., IX.	.3	VIII.	1.6
ng	..	.79	..	I.	.1	III., VIII.	1.4
y	..	.66	..	IX.	.3	IV.	1.1
th	..	.58	..	VIII.	.2	IV.	1.0
..	*a*	..	.56	VIII., X.	.1	IX.	1.2
ch	..	.53	..	I., II.	.1	VIII.	1.2
..	*æ̂*	..	.47	VII.	.0	III.	1.4
j	..	.47	..	VI.	.1	IX.	.9
..	*ū*	..	.44	IX., X.	.2	VIII.	1.2
..	*ḷ*	..	.35	VII.	.1	I.	.7
..	*ṇ*	..	.16	I., III., X.	.0	II., VII., IX.	.3
..	*ʌi*	..	.12	I., II., VIII.	.0	III.–VI., IX.	.2
..	*ŏ*	..	.08	II., IV., VI., VII.	.0	I., III.	.2
zh	..	.02	..	I.–VIII.	.0	IX., X.	.1
		62.71	37.29				

Abbildung 5.1. Whitneys (1874: 274) Tabelle über die Häufigkeit der englischen Laute.

den wollten sich stets mit dem geringsten Aufwand ausdrücken, was zu einer allmählichen Verringerung der sprachlichen Formen führe. Im Falle der indogermanischen Vokallaute bedeute die Artikulation geschlossener Vokale anstelle offener Vokale eine Verringerung des Aufwands, da die Sprechenden ihre Münder nicht so weit öffnen müssten. Diese Reduktion der Formen führe aber auch zu einer Erneuerung der Grammatik. In dem Maße, in dem Kollokationen – also häufige Wortfolgen – und Komposita sich reduzierten, würden sie zu neuen Affixen und Flexionen verdichtet (siehe Whitney 1875: 53). Hier beschreibt Whitney im Wesentlichen den Prozess, den die ‚Agglutinationstheorie' behandelt, die in Abschnitt 4.3. erörtert wurde, und bietet eine allgemeine Erklärung dafür, warum dieser stattfindet (siehe hierzu auch McElvenny 2016a; 2020).

Die Mechanismen des Sprachwandels, auf die sich Whitney berief – Variation innerhalb der Sprachgemeinschaft bei gleichzeitiger Selektion von Varianten für die weitere Verbreitung – klingen sehr nach den Grundsätzen der darwinschen Evolution und scheinen in der Tat mehr mit Darwins Werk übereinzustimmen als Schleichers explizit vertretene ‚darwinsche' Linguistik. Whitney stellte sich nicht prinzipiell gegen den Darwinismus. Er pflegte sogar behutsam ein Bündnis mit Darwin gegen Max Müllers Angriffe auf die *Descent of Man* (siehe Alter 2005: 181–192). Whitneys Einwand gegen die biologische Analogie lautete lediglich, dass sie die Rolle des menschlichen Handelns beim Sprachwandel ignorierte. Für Whitney stellt Sprachwandel keinen blinden Prozess dar, der nach ‚unabänderlichen natürlichen Gesetzen' abläuft, sondern etwas, das aus den Erfordernissen der menschlichen kommunikativen Interaktion resultiert.

Whitney hatte einen Weg aufgezeigt, wie sowohl der Lautwandel als auch die Entwicklung grammatischer Formen als Produkt allmählich wachsender Modifikationen, die sich aus dem Sprachgebrauch ergeben, erklärt werden können, ohne dass man sich auf psychologische oder physikalische Gesetze berufen muss. Er leistete auch Pionierarbeit für eine Methode zur Erfassung dieses Prozesses mit Hilfe von Statistiken. Wie aus Abschnitt 6.3. hervorgeht, sollte Whitneys neues pragmatisches Konzept in der zweiten Hälfte des 19. Jahrhunderts großen Einfluss auf die Sprachwissenschaft ausüben. Seine statistischen Methoden wurden jedoch nicht sofort von der Fachwelt aufgegriffen; erst im 20. Jahrhundert fand die Statistik breite Anwendung in der Linguistik (siehe Abschnitt 7.1.; McElvenny 2023c).

5.3 Common-Sense-Philosophie

Whitneys Auffassung von Sprache als ‚Institution' scheint mit dem Mainstream der Linguistik seiner Zeit eher nicht in Einklang zu stehen. Whitneys Biograf Stephen G. Alter (2005) begründet dessen sehr unterschiedliche Sichtweise von Sprache damit, dass seine Auffassungen im Wesentlichen auf den anhaltenden Einfluss des Empirismus aus der Aufklärungszeit zurückzuführen seien.

Whitney war ein Amerikaner aus Neuengland. Wie der Name schon sagt, ist diese Region im Nordosten der Vereinigten Staaten das Zentrum der englischsprachigen kolonialen Zivilisation in der Neuen Welt. Wie Alter (2005: 71–76) hervorhebt, war die philosophische Standardposition, welche die Schul- und Universitätsausbildung in Neuengland während Whitneys Jugend prägte, eine Form des Empirismus, welche die englischsprachige Philosophie in der Aufklärung dominiert hatte. Konkret bezeichnet Alter diese Position als eine Variante des schottischen ‚Common-Sense'-Realismus. Zu den führenden Philosophen dieser Richtung, auch schottische Schule genannt, gehören Thomas Reid (1710–1796) und Dugald Stewart (1753–1828), obwohl die Beschäftigung mit Sprache in dieser Schule vor allem auf die weniger bekannten Hugh Blair (1718–1800) und George Campbell (1719–1796) zurückzuführen ist.

Wie in Abschnitt 3.2. zu sehen war, postulierte der englische Philosoph John Locke (1632–1704) das Prinzip der Arbitrarität von Sprache. Er vertrat die Ansicht, dass es keine notwendige Verbindung zwischen Wörtern und ihren Bedeutungen gebe, sondern dass die Sprecherinnen und Sprecher einer Sprache den Wörtern je nach ihren individuellen Erfahrungen einfach bestimmte Bedeutungen zuordneten. Die typisch deutsche Auffassung, die als Reaktion auf solche empirischen Behauptungen entstand, beharrte jedoch darauf, dass es im Grunde eine Art notwendige Verbindung zwischen Wörtern und ihren Bedeutungen gebe. Im 19. Jahrhundert wurde diese Sichtweise Teil des allgemeinen philosophischen Hintergrunds der Sprachwissenschaft in Deutschland.

Die schottischen Philosophen des Common Sense hielten an der empirischen Argumentation fest, dass Sprache im Wesentlichen willkürlich (arbiträr) sei, fügten aber die weitere Einschränkung hinzu, dass Sprache auch konventionell sei. Obwohl es keine notwendige Verbindung zwischen Wörtern und ihren Bedeutungen gebe, würden wir demnach als Mitglieder einer Sprachgemeinschaft darin übereinstimmen, dieselben Wörter mit denselben Bedeutungen zu assoziieren. Indem sie den Druck der Konvention einbrachten, konnten die Philosophen des Common Sense arbiträre Sprache vor der Gefahr bewahren, die Locke voraussah, nämlich dass es kein Einvernehmen über die Bedeutung von Worten geben würde. Whitneys Vorstellung von Sprache als ‚Institution' bringt diese Common-Sense-Auffassung von Sprache als arbiträr und konventionell auf den Punkt.

Obwohl die Common-Sense-Philosophie – wie auch andere Formen des Empirismus im Allgemeinen – den Hintergrund für Whitneys Ausbildung bildete, wurde sie in Deutschland oft als wenig anspruchsvoll angesehen und kam sogar im Laufe des 19. Jahrhunderts in den englischsprachigen Ländern aus der Mode. 1875 reagierte Steinthal auf die Kritik, die Whitney an seiner ‚psychologischen' Sprachtheorie geübt hatte – sie wurde in Abschnitt 5.1. erörtert – und nutzte diese Gelegenheit, um Whitneys zugrunde liegende Philosophie zu kritisieren. Steinthal (1875) war von Whitneys Theorien nicht beeindruckt: Er warf Whitney vor, er sei lediglich ein naiver und einfältiger Amerikaner, der die erkenntnistheoretischen und metaphysischen Tiefen der deutschen Philosophie nicht verstanden habe.

Steinthals Unterstellung, Whitney sei philosophisch nicht versiert gewesen, war vielleicht nicht ganz fair. Wie viele hochgebildete Amerikaner seiner Zeit hatte Whitney tatsächlich in Deutschland studiert, wo er neben anderen Bildungserfahrungen auch Seminare bei Bopp und Steinthal in Berlin belegte. Whitney hatte sich gewiss bemüht, in die gehobene intellektuelle Welt der deutschen Linguistik zur Jahrhundertmitte mit all ihren philosophischen Schnörkeln einzutreten, obwohl der ernüchternde Einfluss des Empirismus eindeutig stärker war. Die Kontroverse zwischen Whitney und Steinthal lief jedoch nicht nur auf eine Frage philosophischer Differenzen hinaus. In ihrem Austausch enthalten war auch ein sehr reales Element persönlicher Antipathie. Steinthals Erwiderung auf Whitneys Kritik gipfelte in einer brutalen persönlichen Attacke:

> Whitney hat mit Common Sense, Induction, Naturwissenschaft oder Geschichte gar nichts zu thun; das sind bloss vorgehaltene Schilde vor seiner hochmüthigen Eitelkeit [...] Vor uns steht in ihm ein geckenhaftes Individuum mit zügellosem Hochmuth. (Steinthal 1875: 234)

5.4 Uniformitarismus

Während die philosophische Grundlage von Whitneys Verständnis von Sprache als arbiträr und konventionell auf ältere Strömungen des Empirismus der Aufklärungszeit zurückgeht, verdanken die Mechanismen, die er zur Erklärung des Sprachwandels heranzog, recht viel den damals aktuellen Innovationen in den Naturwissenschaften.

Wie in Abschnitt 4.3. gezeigt wurde, stellte Schleicher sich verschiedene Stadien im Leben von Sprachen vor: eine prähistorische Periode, in der die Sprachen angeblich entstehen und wachsen, und die historische Periode, in der sie niedergehen. Mit diesem Postulat stand Schleicher nicht allein da: In den Arbeiten von Wilhelm von Humboldt beispielsweise finden sich ähnliche Postulate. Whitney jedoch verbannte diese Art von Spekulationen zugunsten konstanter Prinzipien. Aus Abschnitt 5.2. sei daran erinnert, wie Whitney (1867: 48) darauf bestand, „wir sind noch nicht so weit, den endgültigen Ursprung der menschlichen Sprache zu erörtern“, dass aber die Bedingungen, welche die Sprache in ihrer „gegenwärtigen Form“ prägten, „deutlich nachvollziehbar“ seien.

Whitneys Ansatz stellt eine Anpassung des ‚Uniformitarismus' dar, also des Gleichförmigkeitsprinzips, das seinen Ursprung in der Geologie hat (siehe Christy 1983). Whitney war durch sein Bildungs- und Familienumfeld mit der Theorie und Praxis der Geologie bestens vertraut: Seine Schulausbildung umfasste zahlreiche naturwissenschaftliche Kurse, und sein älterer Bruder Josiah Dwight Whitney (1819–1896) war Geologe, der an verschiedenen staatlich unterstützten Vermessungsexpeditionen in den Vereinigten Staaten arbeitete und später Professor für Geologie an der Harvard University wurde. Whitney begleitete seinen Bruder auf einigen seiner Expeditionen und beteiligte sich an der Sammlung wissenschaftlicher Daten.

Die Uniformitätslehre lag schon lange in der Luft, endgültig etabliert wurde sie jedoch, als der schottische Geologe Charles Lyell (1797–1875) seine *Principles of Geology* in drei Bänden zwischen 1830 und 1833 veröffentlichte. Die Uniformitarismus-Theorie besagt, dass sich die sichtbaren Veränderungen der Erdoberfläche am besten durch konstante Kräfte erklären ließen, die seit Anbeginn der Zeit auf die gleiche Weise wirkten. Diese Kräfte wirkten allmählich, so dass die Veränderungen, die in der Erdkruste ständig stattfänden, für uns im Alltag nicht wahrnehmbar seien. Im Laufe von Jahrmillionen schufen sie jedoch die Berge und Täler, Meere und Wüsten, die wir auf der Welt kennen.

Der Uniformitarismus wurde als Gegenentwurf zum Katastrophismus entwickelt, das heißt zu der Vorstellung, dass einzelne einschneidende Ereignisse – Katastrophen – plötzliche Veränderungen in der Form der Erde bewirken, zum Beispiel Vulkanausbrüche, die Inseln entstehen lassen können, oder Erdbeben und Tsunamis, die das Terrain neu formen. Als wissenschaftlicher Grundsatz hat der Uniformitarismus den großen Vorteil, dass er sich auf empirische Beobachtung und Induktion stützt und eine sparsame Erklärung bietet. Wir können von den Phänomenen, die wir heute in der Welt beobachten, extrapolieren, um die Vergangenheit der Erde begreiflich zu machen; wir müssen keine unbekannten und unbewiesenen Kräfte erfinden, um die Entwicklung unseres Planeten zu erklären.

Der Katastrophismus fügt sich gut in die traditionelle biblische Erzählung der Erdgeschichte ein, die von dramatischen Ereignissen – wie der Sintflut Noahs – geprägt ist, bei denen sich die Welt von einem Tag auf den anderen verändert. Diese Art, die Geschichte der Erde zu erzählen, stimmt auch gut mit der biblischen Chronologie überein, denn sie erlaubt es anzunehmen, dass sich die Veränderungen an manchen Stellen sehr schnell vollzogen haben könnten, schneller als sie heute geschehen. Das würde bedeuten, dass die Welt ihren heutigen Zustand in nur 6.000 Jahren erreicht haben könnte, wie es manchmal auf der Grundlage biblischer Quellen behauptet wird.

Aber der Katastrophismus ist nicht einfach eine Unterwerfung unter biblische Gelehrsamkeit. Selbst als sich die europäischen Wissenschaftler von den traditionellen Interpretationen der christlichen Schriften lösten, wurden viele der Annahmen, die den älteren Darstellungen zugrunde lagen, in eine moderne Form umgestaltet. Ein prominenter Vertreter des Katastrophismus, der auch ein renommierter moderner Wissenschaftler war, ist Georges Cuvier (1769–1832), ein – wie in Abschnitt 2.2. erörtert – führender Vertreter der vergleichenden Anatomie und eine Inspirationsquelle für die ersten historisch-vergleichenden Sprachwissenschaflter. Der Katastrophismus hat auch heute noch einen Platz in der geologischen Theorie: Eine weithin akzeptierte Erklärung für das Massensterben am Ende der Kreidezeit, das die Dinosaurier auslöschte, besagt, dass das Aussterben durch einen massiven Asteroideneinschlag ausgelöst wurde. Dabei handelt es sich natürlich in jeglicher Hinsicht um ein katastrophales Ereignis.

Whitneys Anpassung des Uniformitarismus an die Linguistik zeigt sich in der Art und Weise, wie er sich den Sprachwandel als allmähliche Anhäufung von Sprachmaterial vorstellte, das wiederum aus individuellen kommunikativen Handlungen hervorgeht, die durch konstante Gesetze menschlicher Interaktion bestimmt werden. Whitney konnte nicht akzeptieren, dass es eine gesonderte prähistorische Periode mit eigenen, einzigartigen Prinzipien gibt, in der Sprache entstanden ist. Vielmehr bestand für Whitney der Eindruck, Sprache werde ständig neu erfunden, denn verwendeten wir Sprache, so verhandelten wir stets unsere Kommunikation mit den uns zur Verfügung stehenden sprachlichen Mitteln.

Charles Lyell hatte in der Tat bereits eine ähnliche Anpassung der uniformitaristischen Ideen an die Erforschung von Sprache vorgenommen, die Whitneys Ansatz inspiriert zu haben scheint (siehe Nerlich 1990: 43–45). Kapitel 23 von Lyells Buch *The Geological Evidences of the Antiquity of Man* aus dem Jahr 1863 befasst sich mit der „Origin and Development of languages and species compared" (Entstehung und Entwicklung von Sprachen und Arten im Vergleich). Hier schrieb Lyell:

> Auch wenn sich die Sprecher vielleicht nicht bewusst sind, dass in ihrer Sprache eine große Fluktuation stattfindet, auch wenn wir, beobachten wir die Art und Weise, in der neue Wörter und Redewendungen wahllos oder zum Vergnügen hinausgeworfen werden, während andere in Mode kommen, denken könnten, dass der Prozess der Veränderung das Ergebnis eines bloßen Zufalls ist, so sind dennoch feste Gesetze am Werke, durch die in dem allgemeinen Kampf ums Dasein einige Begriffe und Dialekte den Sieg über andere erringen. Der geringste Vorteil, der einer neuen Aussprache- oder Schreibweise aus Gründen der Kürze oder des Wohlklangs beigemessen wird, kann den Ausschlag geben, oder stärkere Ausleseursachen können darüber entscheiden, welcher von zwei oder mehreren Rivalen triumphiert und welcher unterliegt. Dazu gehören die Mode oder der Einfluss der Aristokratie, sei es durch Geburt oder Bildung, populäre Schriftsteller, Redner, Prediger, eine zentralisierte Regierung, die ihre Schulen ausdrücklich so organisiert, dass sie die Einheitlichkeit der Diktion fördern und die Provinzialismen und lokalen Dialekte ausmerzen. (Lyell 1863: 463–464)

In dieser Passage wird nicht nur der Uniformitarismus auf die Sprache angewandt – „feste Gesetze am Werke“ –, sondern auch darwinistische Prinzipien: „Kampf ums Dasein“, „Ausleseursachen“. Lyells Berufung auf den Darwinismus passt viel besser zu Whitneys Darstellung des Sprachwandels als zu derjenigen von Schleicher oder Max Müller (die Whitney, wie in Abschnitt 5.1. beschrieben, kritisierte). Die von Lyell angeführten „Ausleseursachen“ sind überwiegend sozialer Natur – Mode, der Einfluss verschiedener gesellschaftlicher Akteure und die Politik der Regierung – und nicht die geheimnisvollen ‚Naturgesetze‘, auf die sich Schleicher und Müller berufen. Whitney (1867: 47) beschrieb Lyells Position als „ein klares und kluges analogisches Argument, das sich auf die darwinsche Theorie der Mutation der Arten bezieht“, während Schleichers Ansatz „die Tatsache übersieht, dass die Beziehung zwischen den beiden Klassen von Phänomenen [Sprache und biologische Arten] lediglich eines der Analogie ist, nicht aber eines der wesentlichen Übereinstimmung“.

Unter den Linguisten war Whitney nicht der einzige, der am Uniformitarismus festhielt. Tatsächlich vertraten sowohl Max Müller als auch Steinthal in einigen Aspekten ihrer Arbeit Gleichförmigkeitsprinzipien. Auch wenn sie sich gestatteten, über die ultimativen Ursprünge von Sprache zu spekulieren, so bestanden Müller wie auch Steinthal doch darauf, dass wir uns auf konstante Faktoren konzentrieren müssten, wollten wir versuchen, den Sprachwandel in der historischen Periode zu erklären (siehe Christy 1983; Nerlich 1990). Doch wie wir im nächsten Kapitel sehen werden, spiegelten der dogmatische Empirismus und die Ablehnung jeder Form von Spekulation, die Whitneys Schriften kennzeichneten, eine zunehmende Stimmungslage auf dem Fachgebiet wider, selbst in Deutschland.

5.5 Weiterführende Literatur

Stephen G. Alters (2005) intellektuelle Biografie von Whitney, *William Dwight Whitney and the Science of Language*, deckt viele der in diesem Kapitel behandelten Themen ab, darunter Whitneys Beiträge zur Sprachtheorie im 19. Jahrhundert, den Hintergrund seines Denkens und die verschiedenen Kontroversen, in die er verwickelt war. John Josephs (2002) *From Whitney to Chomsky: Essays on the history of American linguistics* ist eine weitere hervorragende Einführung zu Whitneys Arbeit und Ideen im historischen Kontext, siehe insbesondere Kapitel 2. Whitneys eigene Schriften – wie z. B. *Language and the Study of Language* (1867) und *Life and Growth of Language* (1875; deutsche Übersetzung Whitney 1876 [1875]) – sind auch für die heutige Leserin bzw. den heutigen Leser leicht zugänglich. Dies gilt ebenfalls für Friedrich Max Müllers *Lectures on the Science of Language* (1861 und 1864; deutsche Übersetzung Müller 1866 [1861–1864]).

Für einen Überblick über die konzeptuellen Beziehungen zwischen der Geologie und der Linguistik des 19. Jahrhunderts und den Uniformitarianismus in der Linguistik siehe Craig Christys (1983) *Uniformitarianism in Linguistics* und den von Bernd Naumann, Frans Plank und Gottfried Hofbauer (1992) herausgegebenen Band *Language and Earth*. Zur Diskussion der pragmatischen Wende in der Linguistik Mitte des 19. Jahrhunderts mit Schwerpunkt auf den Arbeiten von Whitney, aber auch von Michel Bréal (1832–1915) und Philipp Wegener (1848–1916), denen Kapitel 8 und 11 gebührend Raum geben, siehe Brigitte Nerlichs (1990) *Change in Language: Whitney, Bréal, and Wegener*.

6 Die Junggrammatiker

In den letzten Jahrzehnten des 19. Jahrhunderts hatte sich die historisch-vergleichende Sprachwissenschaft zu einem fest etablierten Fach entwickelt. An allen größeren Universitäten in Deutschland lehrte mindestens ein Professor, der sich auf Indogermanisch spezialisierte, und die vergleichende Methode war ein zentraler Bestandteil des Lehrplans in allen Sprachseminaren, sowohl für Sprachen innerhalb als auch außerhalb der indogermanischen Familie. In anderen Ländern – in Europa, Amerika und der europäisierten Kolonialwelt – folgten Wissenschaftler den neuesten Fortschritten, die von Deutschland ausgingen, und brachten neue Impulse in den Forschungsbereich ein (siehe Morpurgo Davies 1998: 226–229).

In diesem Kapitel befassen wir uns mit der führenden Schule dieser Periode, den Junggrammatikern, deren Hochburg die Universität Leipzig war. Die Junggrammatiker brachten die technische Seite der historisch-vergleichenden Sprachwissenschaft auf ein neues Niveau und vertraten gleichzeitig eine präzise und dabei strenge Wissenschaftsphilosophie, die ihren Bemühungen zugrunde lag. Die Junggrammatiker sind auch aus soziologischer Sicht interessant, denn man kann wohl mit Fug und Recht behaupten, dass sie die erste Gruppe von Sprachwissenschaftlern waren, die sich bewusst als Bewegung verstanden. Die bisherige Untersuchung behandelte vor allem die Arbeit einzelner Gelehrter. Die Prominentesten unter ihnen gaben ihre Ansichten und Methoden an ihre Schüler weiter und gründeten auf diese Weise Schulen, doch die Junggrammatiker waren das erste Kollektiv von Gleichgesinnten, das durch eine Reihe explizit artikulierter theoretischer Grundsätze verbunden war.

6.1 Jungtürken

Wer genau zu den Junggrammatikern zählt und wer nicht, das sind Fragen, die nicht eindeutig zu beantworten sind. Mehrere ‚Rädelsführer' lassen sich zwar zweifelsfrei als Junggrammatiker identifizieren, doch es existierte auch eine viel breitere Peripherie von Personen, die mehr oder weniger beteiligt waren – oder mit der Bewegung sympathisierten. Der Begriff ‚Rädelsführer' zur Beschreibung der Kernmitglieder dieser Bewegung wird hier bewusst gewählt, da er eine rebellische Konnotation hat. Die Junggrammatiker hatten den Ruf, eine Gruppe von Punk-Gelehrten zu sein, die respektlos gegenüber den Älteren auftraten und eine Revolution in der Linguistik anzetteln wollten.

Die Haltung der Junggrammatiker wird oft als Ausdruck eines Generationenkonflikts dargestellt. Wie die Linguistikhistorikerin Olga Amsterdamska (1987: Kap.

https://doi.org/10.1515/9783111618548-006

5) feststellte, waren die 1870er Jahre eine Zeit des Generationswechsels in der universitären Linguistik: Die alte Garde aus der Zeit der Konsolidierung um die Mitte des 19. Jahrhunderts – erörtert in Kapitel 4 – starb langsam aus, und die nächste Generation von Wissenschaftlern stieg auf, um die frei gewordenen Plätze zu besetzen. Die bei den Junggrammatikern wahrgenommene Respektlosigkeit gegenüber den Altvorderen war vielleicht das Ergebnis des Wunsches, ihre Ansprüche als neue Hüter des Faches durchzusetzen.

Die Bezeichnung ‚Junggrammatiker' wurde ursprünglich durch den Philologen Friedrich Zarncke (1825–1891) von außerhalb der Gruppe verwendet und war als ironische Anspielung auf die Namen verschiedener intellektueller und politischer Bewegungen der Zeit gedacht (siehe Morpurgo Davies 1998: 229). Zur Mitte des 19. Jahrhunderts waren beispielsweise die ‚Junghegelianer' eine Gruppe radikaler Schüler des deutschen idealistischen Philosophen G. W. F. Hegel (1770–1831), die Ideen ihres Meisters weiterentwickelten, sie aber gegen die konservativen politischen Positionen wandten, die er vertreten hatte. Ende des 19. Jahrhunderts entstand im Osmanischen Reich ein Kreis junger Radikaler, die wegen ihrer kompromisslosen Bemühungen zur Durchsetzung ihrer modernisierenden Reformen den Beinamen ‚Jungtürken' erhielten. Der Begriff ‚Jungtürken' ist auch heute noch in vielen Sprachen eine allgemeine Bezeichnung für junge, eifrige Revolutionäre.

Eine Anekdote aus der Gründungszeit der Junggrammatiker mag verdeutlichen, weshalb sie diesen Ruf hatten. Der Kern der Junggrammatiker bestand aus Studenten und jungen Wissenschaftlern im Umfeld von Georg Curtius (1820–1885), einem Professor für Klassische Philologie an der Universität Leipzig. Eines Tages im Jahr 1876 ging Curtius auf Reisen und überließ seinem Schüler Karl Brugman (1849–1919; sein Name wird auch oft ‚Brugmann' geschrieben) die Verantwortung für seine Zeitschrift *Studien zur griechischen und lateinischen Grammatik*. Im 19. Jahrhundert war es üblich, wissenschaftliche Zeitschriften mit ihren Herausgebern persönlich zu identifizieren, so wichtig war der Herausgeber für die Ausrichtung und den Charakter einer Zeitschrift. Diese Zeitschrift wurde oft einfach als die ‚Curtius-Studien' bezeichnet. Während Curtius, der Meister, abwesend war, veröffentlichte Brugman in der Publikation zwei Artikel (Brugman 1876a; 1876b), die radikal andere Rekonstruktionen des Indogermanischen postulierten als diejenigen, die Curtius und die ältere Generation akzeptierten. Darüber hinaus kritisierte Brugman wiederholt die Methodik seiner Vorgänger. Als Curtius von seinen Reisen zurückkehrte, war er völlig außer sich vor Entsetzen. Er schrieb ein kleines Nachwort (Curtius 1876) zum aktuellen Heft, in dem er die Verantwortung für den Inhalt zurückwies, und stellte mit der nächsten Ausgabe die weitere Veröffentlichung der Zeitschrift vollends ein.

Brugmans recht aggressiver Auftritt in Curtius' Zeitschrift gilt allgemein als eine der ersten klaren Äußerungen der Junggrammatiker-Bewegung und ist repräsentativ für ihren kämpferischen Charakter und die Irritationen, die sie bei der Generation der Altgedienten hervorrief. 1878 gründete Brugman zusammen mit seinem Kollegen Hermann Osthoff (1847–1909) eine neue Zeitschrift, *Morphologische Untersuchungen*. Diese Publikation war von Anfang an als Organ der entstehenden Bewegung gedacht. Die erste Nummer enthält ein von Osthoff und Brugman verfasstes Vorwort, in dem sie ein Manifest für diese neue Richtung der Sprachforschung entwerfen und die Bezeichnung Junggrammatiker für sich beanspruchen, die bis dahin von Außenstehenden nur scherzhaft verwendet worden war.

Das zentrale theoretische Argument des Manifests von Osthoff und Brugman besteht darin, dass es der bisherigen Forschung in der historisch-vergleichenden Sprachwissenschaft an einer angemessenen wissenschaftlichen Grundlage gemangelt habe. Sie warfen ihren Vorgängern vor, sich nur mit Sprachen beschäftigt zu haben, ohne zu versuchen, die zugrunde liegenden Prinzipien zu ermitteln. Im Gegensatz dazu wollten die Junggrammatiker ihre Untersuchungen auf eine solide Grundlage stellen, die erklärte, wie menschliche Sprache tatsächlich in den Köpfen und Mündern der Sprechenden funktioniert. So beschreiben Osthoff und Brugman ihre Position in ihrem Manifest folgendermaßen:

> Die ältere sprachforschung trat, das kann niemand leugnen, an ihr untersuchungsobject, die indogermanischen Sprachen, heran, ohne sich zuvor eine klare vorstellung davon gemacht zu haben, wie überhaupt menschliche sprache lebt und sich weiterbildet, welche factoren beim sprechen thätig sind und wie diese factoren in gemeinsamer arbeit die fortbewegung und umbildung des sprachstoffs bewirken. Man erforschte zwar eifrigst die sprachen, aber viel zu wenig den sprechenden menschen. (Osthoff und Brugman 1878: iii; Hervorhebung im Original)

Osthoff und Brugman führten weiter aus, dass sich Sprachforscher von ihrer Fixierung auf die Analyse der leblosen Wörter alter Sprachen, die nur auf dem Papier existieren, abwenden müssten. Stattdessen sollten sich Linguisten mit den modernen Sprachen befassen, um eine klarere Vorstellung von den Prozessen des Sprachwandels zu gewinnen. Insbesondere sollten Sprachwissenschaftler die Formen der kleinen Dialekte berücksichtigen, da diese alle subtilen Schattierungen der möglichen Variation in der Sprache aufwiesen. Zeitgenössische Dialekte würden uns demnach einen direkten Zugang zur wirklichen, lebendigen Sprache ermöglichen: Wir müssten demnach nicht über obskure Inschriften in toten Sprachen rätseln, etwa wie sie ausgesprochen würden und was genau sie bedeutet haben könnten.

Doch das bekannteste Prinzip, das Osthoff und Brugman in ihrem Manifest aufstellten, war die Ausnahmslosigkeit der Lautgesetze, die im nächsten Abschnitt untersucht wird.

6.2 Lautgesetze und Analogie

Die gesamte junggrammatische Wissenschaft wird oft auf einen einzigen Leitsatz reduziert: dass Lautgesetze keine Ausnahme zulassen. Die klassische Formulierung dieser Position findet sich im Manifest von Osthoff und Brugman (1878), wo sie ausführen:

> Aller lautwandel, so weit er mechanisch vor sich geht, vollzieht sich nach ausnahmslosen gesetzen, d. h. die richtung der lautbewegung ist bei allen angehörigen einer sprachgenossenschaft, ausser dem fall, dass dialektspaltung eintritt, stets dieselbe, und alle wörter, in denen der der lautbewegung unterworfene laut unter gleichen verhältnissen erscheint, werden ohne ausnahme von der veränderung ergriffen. (Osthoff und Brugman 1878: xiii; Hervorbebung im Original)

Das zentrale Postulat dabei lautet, dass der normale Lautwandel absolut regelmäßig sein sollte, das heißt ein Laut, der sich in derselben phonetischen Umgebung in verschiedenen Wörtern befindet, sollte sich immer auf dieselbe Weise verändern, und diese Veränderung sollte für alle Sprechenden gleich sein. Der einzige Fall, in dem dieses Prinzip nicht gelte, sei eine Dialektspaltung, die zur Entstehung separater Dialekte führe, von denen jeder seine eigenen unabhängigen Lautgesetze habe, die seine weitere historische Entwicklung bestimmten.

Doch weshalb wurde dieses Postulat als so revolutionär angesehen? Um diese Frage zu beantworten, müssen wir uns zunächst einige der Schwierigkeiten vergegenwärtigen, mit denen sich die Linguistik damals konfrontiert sah. Die Geschichte der historisch-vergleichenden Sprachwissenschaft von Bopp über Grimm bis Schleicher – die in den vorherigen Kapiteln nachgezeichnet wurde – ist eine Geschichte zunehmender Präzision bei der Herausarbeitung der historischen Veränderungen in Sprachen und bei der Formulierung der ‚Gesetze', die diese Veränderungen steuern. Doch wie im Laufe dieses Buches mehrfach festzustellen war, gab es immer einen lästigen Rest an Formen, die einfach völlig irregulär zu sein schienen und sich nicht den Lautgesetzen unterwerfen ließen.

In den 1870er Jahren gelangen den historisch-vergleichenden Sprachwissenschaftlern jedoch mehrere technische Durchbrüche, die viele seit langem bestehende Probleme lösten und die Regelmäßigkeit des Lautwandels untermauerten (siehe Morpurgo Davies 1998: 239–245). Ein klassisches Beispiel, das der junggrammatischen Bewegung als Inspirationsquelle diente, war die Lösung einer hartnäckigen Ausnahme vom Grimmschen Gesetz, die erstmals 1877 (obwohl bereits 1875 entdeckt) von dem dänischen Linguisten Karl Verner (1846–1896) veröffentlicht wurde. Wie wir in Abschnitt 2.4. gesehen haben, beschreibt das Grimmsche Gesetz eine Reihe regelmäßiger Lautverschiebungen, welche die germanischen Sprachen als Gruppe vom Rest der indogermanischen Familie unterscheiden.

Das Problem mit dem Grimmschen Gesetz, wie es ursprünglich formuliert war, bestand darin, dass in den germanischen Sprachen mehrere häufig benutzte Wörter existieren, die diesem Gesetz einfach nicht gehorchen. Die eklatantesten Beispiele sind vielleicht die Wörter für ‚Mutter' und ‚Vater'. Funktionierte das Grimmsche Gesetz perfekt, stünde zu erwarten, dass sich in der germanischen Ursprache die Formen **môþar* und **faþar* rekonstruieren ließen, mit einem Frikativ als Mittelkonsonanten, doch die Belege in den frühesten bezeugten germanischen Sprachen weisen stattdessen auf anders lautende Rekonstruktionen hin: **môdar* und **fadar*, mit Verschlusslauten in dieser mittleren Position. Es war den Sprachforschern ein Rätsel, warum das Grimmsche Gesetz in diesen Fällen versagte. Andere Wörter mit der gleichen phonetischen Struktur – und sogar aus dem gleichen semantischen Bereich – verhielten sich wie erwartet. Zum Beispiel lässt sich die Form **brôþar* mit einem mittleren Frikativ als das urgermanische Wort für ‚Bruder' rekonstruieren.

Karl Verner gelang der Durchbruch, indem er diese problematischen Wörter genauer untersuchte und einen subtilen Unterschied in ihrer phonetischen Struktur fand, der die abweichenden Lautverschiebungen bedingte. Die indogermanische Ursprache wies einen freien und beweglichen Akzent auf, das heißt in mehrsilbigen Wörtern konnte die Betonung an verschiedenen Stellen liegen. Dieser bewegliche Akzent blieb im Sanskrit erhalten, war aber in der germanischen Ursprache, die einen festen Akzent auf der ersten Silbe aufwies, bereits verloren gegangen. Verner stellte fest, dass in den Sanskrit-Wörtern *mâtár-* ‚Mutter' und *pitár-* ‚Vater' die Betonung auf der zweiten Silbe lag, in dem Wort *bhrā́tar-* ‚Bruder' jedoch auf der ersten Silbe. Mit dieser zusätzlichen phonetischen Information konnte Verner dem Grimmschen Gesetz eine weitere Klausel hinzufügen, die besagte, dass im Urgermanischen Verschlusslaute stimmhaft wurden, wenn sie nicht am Wortanfang standen und die darauf folgende Silbe betont wurde: dies geschah bei den Wörtern für ‚Mutter' und ‚Vater' (Verner 1877: 117). Wenn aber die betonte Silbe den Mittelkonsonanten vorausging, galt das Grimmsche Gesetz wie erwartet – wie im Wort für ‚Bruder' – und es entstanden die im Urgermanischen postulierten Frikative. Um das Grimmsche Gesetz zu retten, musste es nur noch verfeinert werden. Sobald das Gesetz so ausgearbeitet war, dass es mehr phonetische Details berücksichtigt, verschwanden die scheinbaren Ausnahmen.

Verners Leistung, die bald von den Anführern der junggrammatischen Bewegung hervorgehoben wurde, bestand darin, dass er an seinen wissenschaftlichen Prinzipien festhielt. Verner zeigte, dass grundsätzlich keine Ausnahmen – und ebenso keine Grenzen für die historisch-vergleichende Methode – bestehen, wenn man einfach nicht aufgibt und kompromisslos an den Daten weiterarbeitet. Aber auch die Junggrammatiker konnten nicht alle Ausnahmen zum Verschwinden bringen – und auch nicht alle Form- und Bedeutungsänderungen, die in der Sprachgeschichte auftreten –, indem sie allein die Lautgesetze einsetzten. Dies ist der Grund für Osthoffs und Brugmans Ausschlusskriterium: „Aller lautwandel, *so weit er mechanisch vor sich geht*, vollzieht sich nach ausnahmslosen gesetzen". Um andere Arten des Sprachwandels zu behandeln und die vertrackten Ausnahmen zu vermeiden, führten sie ein zweites Grundprinzip in ihre Theorie ein, das Prinzip der ‚Analogie' (Osthoff und Brugman 1878: xiii).

Analogie war ein stehender Begriff mit einer Reihe von Bedeutungen, aber für die Junggrammatiker bedeutete sie die Schaffung neuer sprachlicher Formen durch Verallgemeinerung von einer Form zur anderen. Ein Beispiel für Analogie in diesem Sinne ist die Pluralform des Wortes *cow* im heutigen Englisch. Der Plural ist natürlich *cows*, der durch Anhängen eines *-s* an den Wortstamm gebildet wird. Dieses Muster wird von der großen Mehrheit der Substantive im Neuenglischen verwendet, aber bis zum 17. Jahrhundert lautete der häufigere Plural für *cow kine*. Zu dieser Zeit gehörte das Wort *cow* zum gleichen Flexionsparadigma wie *brother* mit dem Plural *brethren* und *child* mit dem Plural *children*. Durch den Analogieprozess wurde *cow* jedoch in die größere Klasse der Substantive mit einem Plural auf *-s* aufgenommen und der Plural wurde zu *cows*.

Osthoff und Brugman (1878: 12–14) stellten einen Gegensatz zwischen Analogie und Lautgesetzen als gegenläufige Prozesse auf. Diesen Ansatz entwickelten sie aus den Analysen ihres Kollegen August Leskien (1840–1916) in seinem 1876 erschienenen Buch *Die Declination im Slavisch-Lithauischen und Germanischen*. Die Analogie wurde oft eingesetzt, um sich aller offensichtlichen Ausnahmen von den Lautgesetzen zu entledigen. Wenn eine Lautverschiebung nicht wie erwartet auftrat, war eine gängige Erklärung der Junggrammatiker, dass eine analoge Veränderung in die Quere gekommen sei und das normale Funktionieren der Lautgesetze beeinträchtigt habe. Wie in Abschnitt 7.1. zu sehen sein wird, wurden die Junggrammatiker weithin dafür kritisiert, dass sie bei der Anwendung der Analogie zu lax seien. Es wurde angeführt, dass Analogie für die Junggrammatiker einen Deus ex Machina darstellte, der immer dann zum Einsatz käme, wenn die Lautgesetze versagten.

Ein weiterer interessanter Aspekt der Analogie, wie Osthoff und Brugman sie handhabten, ist, dass sie das Festhalten der Junggrammatiker am Uniformitarismus in dem Sinne illustriert, wie er in Abschnitt 5.4. beleuchtet wurde. Bei der Einführung der Analogie in ihrem Manifest stellten Osthoff und Brugman (1878: xiii) fest, dass sie „im Leben der neueren Sprachen eine sehr bedeutende Rolle spielt" und daher „unbedenklich auch für die älteren und ältesten perioden anzuerkennen [ist]" (Hervorhebung im Original). Das heißt, da die Analogie heute als eine Kraft des Sprachwandels bekannt sei, sollte davon ausgegangen werden, dass sie schon immer bei der Gestaltung von Sprachen gewirkt habe, sogar in der fernen Vergangenheit.

Für Osthoff und Brugman waren Lautgesetze und Analogie nicht nur gegensätzliche Prozesse, sondern auch Ausdruck der beiden Seiten von Sprache in den

Sprechenden, der körperlichen und der geistigen. Obwohl Osthoff und Brugman sich bei der Formulierung ihrer Position zurückhielten, machten sie geltend, dass die Lautgesetze vor allem durch die physischen – oder physiologischen – Tatsachen der Artikulation und des Hörens motiviert seien: Lautgesetze wurden als das Produkt der natürlichen Tätigkeit von Mund, Kehlkopf, Ohren usw. betrachtet. Analogie hingegen wurde als geistiger Prozess verstanden, als „Formassociation" (Osthoff und Brugman 1878: xiii) im Kopf. Diesen Aspekt der junggrammatischen Theorie gilt es im nächsten Abschnitt näher zu untersuchen.

6.3 Hermann Pauls Prinzipienwissenschaft

Während Osthoff und Brugman den Junggrammatikern ihr Manifest lieferten, stammt die definitive Ausarbeitung der junggrammatischen Theorie von ihrem Kollegen Hermann Paul (1846–1921). Pauls Buch *Principien der Sprachgeschichte* wurde weithin als die klarste und einflussreichste Darstellung der junggrammatischen Theorie zitiert, so sehr, dass es oft als die ‚Bibel der Junggrammatiker' bezeichnet wurde. Das Buch erschien erstmals 1880 und erlebte bis 1920, ein Jahr vor Pauls Tod, fünf Auflagen (spätere Auflagen trugen nach einer Rechtschreibreform den Titel *Prinzipien der Sprachgeschichte*). Diese Zeitspanne umfasst die Blütezeit der junggrammatischen Bewegung.

Der zentrale Beitrag von Pauls Arbeit bestand darin, eine ‚Prinzipienwissenschaft' bzw. ‚Prinzipienlehre' zu entwerfen, die sich mit der Funktionsweise der menschlichen Sprache befasst (siehe Morpurgo Davies 1998: 246–251). In Übereinstimmung mit dem bestehenden junggrammatischen Konsens argumentierte Paul, dass Sprache ein komplexes Phänomen sei: das Produkt von Interaktionen einzelner Menschen, die ihre Ideen im Medium der Sprache austauschten. Um dieses vielschichtige Phänomen zu erfassen, gelte es sich auf die Ergebnisse verschiedener Wissenschaften zu stützen. Auf der einen Seite bedürfe es der Psychologie, um die Prozesse zu verstehen, die in den Köpfen der Menschen abliefen, wenn sie ihre Sprache formulierten und die Sprache anderer verstünden, und auf der anderen Seite der Physiologie und Physik, um zu erfassen, wie Menschen Sprache artikulierten und wahrnähmen. Die Prinzipienwissenschaft, die Paul anregte, sollte eine übergeordnete Wissenschaft sein, welche die Prinzipien höherer Ordnung in ihrem Wirken erklärt, wenn die Elemente dieser anderen Wissenschaften zusammenkommen.

Im vorangegangenen Abschnitt war zu sehen, dass Osthoff und Brugman auch die Bedeutung der Psychologie für die Erforschung von Sprache anerkannten, insbesondere die ‚Formassoziation', die dem Prozess der analogen Veränderung zugrunde liegt. Etwas überraschend zitieren Osthoff und Brugman (1878: iv)

Steinthal als Wegbereiter für die psychologische Untersuchung von Sprache. Dies ist insofern erstaunlich, als Steinthal, wie in Abschnitt 3.4. erörtert wurde, Mitbegründer der Völkerpsychologie war, die den ‚Volksgeist', im Sinne der kollektiven Mentalität eines ganzen Volkes, zu erforschen suchte. Eine solche Auffassung scheint unvereinbar zu sein mit der von den Junggrammatikern vertretenen pragmatischen Sichtweise, die Sprache in den Interaktionen zwischen einzelnen Personen verortet. Doch Osthoff und Brugman lobten Steinthal, weil sie der Meinung waren, dass er als erster Sprachforscher die Psychologie angemessen berücksichtigt habe: Frühere Linguisten, so behaupteten sie, hätten bei der Erklärung von Lautverschiebungen nur auf physiologische Ursachen geachtet. Allerdings erstreckte sich Osthoffs und Brugmans Lob lediglich auf Steinthals Ausführungen zu psychologischen Prozessen bei Einzelpersonen; seine Erörterung einer vermeintlich gemeinsamen Psychologie ganzer Völker ließen sie außer Acht.

Die Trennung der Individualpsychologie von der Völkerpsychologie wurde noch deutlicher in Pauls (1880) Werk *Principien*, das mit einer langen Widerlegung der Völkerpsychologie und ihrer Annahme der Existenz des Volksgeistes beginnt (ebd.: 9–23). Paul machte ziemlich deutlich, dass er psychologische Prozesse nur in den Köpfen der einzelnen Sprecherinnen und Sprecher einer Sprache erkannte und eine gemeinsame Mentalität ablehnte (vgl. Klautke 2013: 30–32):

> Alle psychischen processe vollziehen sich in den einzelgeistern und nirgends sonst. Weder volksgeist noch elemente des volksgeistes wie kunst, religion etc. haben eine konkrete existenz, und folglich kann auch nichts in ihnen und zwischen ihnen vorgehen. Daher weg mit diesen abstractionen. Denn ‚weg mit allen abstractionen' muss für uns das losungswort sein, wenn wir irgendwo die factoren des wirklichen geschehens zu bestimmen versuchen wollen. (Paul 1880: 13)

Gleichermaßen lehnt Paul (1880: 13) die materialistische oder monistische Position Schleichers ab, ohne ihn namentlich zu nennen, wenn er die Art von „culturforschern" zurückweist, die „in Darwinistischen gleichnissen rede[n]". Jedes Studium der Kultur – und zur Kultur gehöre Sprache – müsse ein Studium der Gesellschaft sein, so Paul (ebd.: 8–9). Das Ziel müsse sein, herauszufinden, wie physische und geistige Faktoren, die in und zwischen den einzelnen Mitgliedern einer Gemeinschaft wirkten, im Zusammenspiel Kultur erschüfen. Selbst die Vorstellung einer Sprache sei eine Illusion. Es gebe keine Sprache, die unabhängig von ihren Sprecherinnen und Sprechern existierte, sondern nur einen ‚Sprachusus', an den sich die einzelnen Sprechenden mehr oder weniger anpassten, wenn sie ihre Äußerungen produzierten. In späteren Ausgaben der *Principien* fasst Paul die Aufgabe der Sprachwissenschaft dahingehend zusammen, dass sie untersuche, wie sich die individuelle ‚Sprechtätigkeit' der Sprechenden zum Sprachusus verhalte und wie Rückkopplungsmechanismen Veränderungen des Sprachusus bestimmten:

> Es ergibt sich demnach, dass sich die ganze Prinzipienlehre der Sprachgeschichte um die Frage konzentriert: wie verhält sich der Sprachusus zur individuellen Sprechtätigkeit? wie wird diese durch jenen bestimmt und wie wirkt sie umgekehrt auf ihn zurück? (Paul 1920 [1880]: 33)

Die junggrammatische Skepsis gegenüber der Völkerpsychologie und dem Volksgeist setzte sich fort, als die Völkerpsychologie von Wilhelm Wundt (1832–1920) in neue Richtungen entwickelt wurde. Wie in Abschnitt 3.4. festzustellen war, übernahm Wundt den Begriff Völkerpsychologie von Lazarus und Steinthal und gestaltete ihn für seine eigenen theoretischen Zwecke um. Von 1900 bis 1920 veröffentlichte er eine umfassende, zehnbändige Darstellung der Völkerpsychologie, wie er sie verstand. Die ersten beiden Bände befassten sich mit Sprache, die für Wundt weiterhin von zentraler Bedeutung war. Als einer der Begründer der modernen experimentellen Psychologie hatte Wundt ähnliche am Realismus orientierte Sympathien wie die Junggrammatiker und war daher vorsichtig, was die metaphysischen Implikationen des Postulats eines Volksgeistes anging. Dennoch behauptete er, es sei möglich, eine ‚Volksseele' wissenschaftlich zu untersuchen, also eine gemeinsame Mentalität des Volkes, die sich in seiner Sprache und anderen Kulturschöpfungen manifestierten (siehe Wundt 1900: 7–18).

Paul war der Ansicht, dass Wundt mehr oder weniger von der gleichen metaphysischen Verwirrung befallen gewesen sei wie Lazarus und Steinthal vor ihm, und erweiterte in der vierten Auflage seiner *Prinzipien* von 1909 seine Kritik an der Völkerpsychologie, um die Version Wundts mit einzuschließen. Andere Junggrammatiker und ihre Anhänger, wie Berthold Delbrück (1842–1922; 1901) und Ludwig Sütterlin (1863–1934; 1902), schlossen sich im Wesentlichen Pauls Kritik an Wundts Völkerpsychologie an, auch wenn sie weniger direkt argumentierten. Ähnlich wie Osthoff und Brugman in ihrem Manifest rund 25 Jahre zuvor Steinthal behandelt hatten, zogen es Delbrück und Sütterlin vor, Wundts Behauptungen über die Volksseele einfach zu ignorieren und diskutierten lediglich seine Individualpsychologie (siehe Klautke 2013: 70–71).

Der pragmatische Ansatz der Junggrammatiker in Bezug auf Sprache mag an die Ansichten von William Dwight Whitney (1827–1894) erinnern, die im vorigen Kapitel erörtert wurden. Die Junggrammatiker und Whitney hatten tatsächlich eine sehr enge Beziehung: Whitney war mit vielen der Junggrammatiker persönlich befreundet und besuchte sie auf seinen Reisen nach Deutschland in den 1870er Jahren. August Leskien trug durch seine deutsche Übersetzung von Whitneys *Life and Growth of Language* aus dem Jahr 1876 direkt zur Verbreitung von Whitneys Ideen in Deutschland bei. Obwohl Osthoff und Brugman Whitney in ihrem Manifest nicht namentlich erwähnten, schrieb Brugman später einen Beitrag zu einer Konferenz im Jahr 1894, die dem Gedenken an Whitney gewidmet war, der früher im selben Jahr gestorben war. Hier hob Brugman (1894: 75) Whitneys Pionierleistungen bei der „Erforschung der Grundfragen des Sprachlebens“, wie er sich ausdrückte, und den Einfluss von Whitneys Denken auf die Entwicklung der junggrammatischen Bewegung hervor. Berthold Delbrück verglich die Anregungen, die sie von Steinthal und Whitney erhielten, und kam zu folgendem Schluss:

> War Steinthal ein schwer verständlicher Philosoph, dem es auf den Höhen der Abstraktion am wohlsten war, so war sein Zeitgenosse und Gegner William Dwight Whitney die wahre Verkörperung eines ruhigen, klaren, dem Begreifbaren zugewandten Verstandes. (Delbrück 1919 [1880]: 111; Hervorhebung im Original)

Bei den Junggrammatikern ist eine Veränderung des Temperaments der deutschen Sprachwissenschaft zu erkennen. Wie wir in Abschnitt 5.3. gesehen haben, versuchte Steinthal (1875), Whitneys Kritik abzuwehren, indem er ihm vorwarf, die Tiefen der deutschen Philosophie nicht verstanden zu haben. Doch nur wenige Jahre später konnte Paul (1880: 1) auf der ersten Seite seiner *Principien* schreiben, „[u]nser unphilosophisches zeitalter“ sei allem gegenüber misstrauisch, was nach der metaphysischen Spekulation der früheren Philosophie anmute. Der empirische Common Sense, wie ihn Whitney vertrat, hatte auch die deutsche Linguistik erfasst.

Es ist also zu beobachten, dass die junggrammatische Bewegung von einem revolutionären Geist geprägt war, der nach kompromissloser methodologischer Präzision strebte und darauf abzielte, die vermeintlichen theoretischen Verwirrungen der vorangegangenen Generationen zu beseitigen. In gewisser Weise scheinen diese Revolutionsbeteuerungen eine einfache Wiederholung eines Musters zu sein, das seit der ersten Etablierung der Linguistik als Disziplin immer wieder wahrzunehmen war: In fast jeder Generation meinten Sprachwissenschaftler, neu anzufangen und die Fehler ihrer Vorgänger zu korrigieren.

6.4 Weiterführende Literatur

Als Höhepunkt der historisch-vergleichenden Sprachwissenschaft im 19. Jahrhundert nehmen die Junggrammatiker einen herausragenden Platz in der gesamten Geschichte der Sprachwissenschaft des 19. Jahrhunderts ein. Anna Morpurgo Davies (1998) untersucht die Junggrammatiker und ihre Arbeit ausführlich in Kapitel 9 ihres Buches *History of Linguistics: Nineteenth-Century Linguistics*. Olga Amsterdamskas (1987) *Schools of Thought: The development of linguistics from Bopp to Saussure*, eine Geschichte der Linguistik im 19. Jahrhundert, die sie aus Perspektive der Wissenschaftssoziologie schrieb, ist am aufschlussreichsten bei der Behandlung der Junggrammatiker, siehe insbesondere Kapitel 4 und 5. Kurze Darstellungen der junggrammatischen Schule in deutscher Sprache sind in Kapitel 1 von Brigitte Bartschats (1996) *Methoden der Sprachwissenschaft* sowie in Abschnitt 1.2. von Gerhard Helbigs (1989 [1970]) *Geschichte der neueren Sprachwissenschaft* zu finden.

Eine Erläuterung des Vernerschen Gesetzes und des Begriffs der analogen Veränderung, wie sie heute verstanden werden, findet sich in den Kapiteln 4 und 5 von Lyle Campbells (2013 [1998]) *Historical Linguistics: An Introduction.* Für eine detaillierte Erörterung der technischen Probleme, mit denen die historisch-vergleichende Sprachwissenschaft Mitte des 19. Jahrhunderts konfrontiert war, sowie der von den Junggrammatikern gefundenen Lösungen, siehe Kurt Jankowskys (2001) Artikel „The crisis of historical-comparative linguistics in the 1860s" in Band II des Handbuchs *Geschichte der Sprachwissenschaften.*

7 Kritik an den Junggrammatikern

Ab Mitte der 1870er Jahre bis zum Beginn des 20. Jahrhunderts erfasste das junggrammatische Fieber die akademische Sprachwissenschaft. In vielerlei Hinsicht wurde die junggrammatische Bewegung zum bestimmenden Faktor des Faches: Linguisten zählten sich entweder zu den Junggrammatikern – oder zumindest zu ihren Sympathisanten – oder sie schlossen sich den Reihen ihrer lautstarken Kritiker an. In diesem Kapitel gilt es einige der verschiedenen Richtungen zu betrachten, aus denen die Junggrammatiker kritisiert wurden, und wie diese Kritikpunkte die weitere Entwicklung der Linguistik beeinflussten.

Die weitreichendste Kritik lautete, dass die Junggrammatiker mit ihrer Konzentration auf den historischen Lautwandel im Indogermanischen eine zu enge und technische Auffassung von Sprachwissenschaft vertreten hätten. Unter vielen Linguisten herrschte eine starke Sehnsucht – ja sogar Nostalgie – nach den umfassenderen Fragen, die das Fach in früheren Jahrzehnten belebt hatten. Eine der prägnantesten Bekundungen dieser Stimmung stammt von Georg von der Gabelentz (1840–1893), einem Professor für Ostasiatische Sprachen und Allgemeine Sprachwissenschaft, zunächst an der junggrammatischen Hochburg der Universität Leipzig und später an der Universität zu Berlin, dem Zentrum der damaligen deutschen akademischen Welt (siehe Vogel und McElvenny 2019; McElvenny 2017). Wegen seiner angeblichen Rolle bei der Einleitung der strukturalistischen Ära in der modernen Linguistik taucht Gabelentz in Abschnitt 8.2. erneut auf.

Gabelentz klagte einerseits über den seiner Meinung nach junggrammatischen Tunnelblick, der sich auf die begrenzte Aufgabe konzentriere, genealogische Beziehungen anhand von Lautverschiebungen vor allem in der indogermanischen Familie herauszuarbeiten. Andererseits beanstandete er die Art und Weise, wie die Junggrammatiker andere Ansätze zur Sprachforschung als unzureichend wissenschaftlich abtaten. In seinem 1891 erschienenen Hauptwerk *Die Sprachwissenschaft, ihre Aufgaben, Methoden, und bisherigen Ergebnisse* schrieb Gabelentz:

> Die Meisten von uns [Sprachwissenschaftlern] haben ihre Arbeit auf die Erforschung der einen oder anderen Sprachfamilie beschränkt, und die genealogisch-historische Schule hat so glänzende Fortschritte zu verzeichnen, dass ihr eine gewisse Selbstgenügsamkeit nicht zu verdenken ist. Nichts lag näher, als zu sagen: Der Fortschritt der Sprachwissenschaft ist ganz und ausschliesslich bei dieser Schule; die draussen mögen sich Philologen, Sprachphilosophen, wohl auch Sprachkundige, Polyglotten nennen, oder wie es ihnen sonst beliebt, sie sollen nur nicht sich für Linguisten, nicht ihre Sache für Sprachwissenschaft ausgeben. Wer so spricht, der verwechselt den kleinen Acker, den er pflügt, mit der Flur einer grossen Gemeinde und urtheilt, um mich eines chinesischen Vergleiches zu bedienen, wie einer, der im Brunnen sitzt und behauptet, der Himmel sei klein. (Gabelentz 2016 [1891]: 12)

https://doi.org/10.1515/9783111618548-007

Wir sollten jedoch anmerken, dass Gabelentz die theoretischen Beiträge einiger Junggrammatiker anerkannte, auch wenn er im Allgemeinen unbeeindruckt war von dem, was er als Enge und Engstirnigkeit der meisten Anhänger der Bewegung ansah. Gabelentz (2016 [1891]: 143) zitierte zum Beispiel Hermann Pauls (1880) *Principien der Sprachgeschichte* – die ‚Bibel der Junggrammatiker', die in Abschnitt 6.3. vorgestellt wurde – als Leitfaden für die ‚allgemeinen Grundprinzipien' von Sprache. Er erwähnte Pauls Buch im gleichen Satz wie William Dwight Whitneys (1875) *The Life and Growth of Language.*

Abgesehen von der allgemeinen Unzufriedenheit in vielen Bereichen der Linguistik mit dem verengten technischen Charakter der junggrammatischen Forschung und ihrem totalisierenden Anspruch gab es viele Kritikansätze, die sich auf die Substanz der junggrammatischen Doktrin bezogen. Der zentrale Punkt, um den sich die Kritik meist drehte, war die Behauptung, die in Abschnitt 6.2. untersucht worden war, dass „[a]ller lautwandel, so weit er mechanisch vor sich geht, [...] sich nach ausnahmslosen Gesetzen [vollzieht]" (Osthoff und Brugman 1878: xiii). Diese Annahme war lediglich ein Prinzip – wenn auch ein sehr bedeutendes – in der junggrammatischen Theorie, aber sie wurde von vielen als das entscheidende Merkmal der Bewegung angesehen.

Im Manifest der Junggrammatiker hatten Hermann Osthoff (1847–1909) und Karl Brugman (1849–1919) die zentrale Bedeutung der Lautgesetze für ihr Projekt hervorgehoben: „Nur wer sich an die lautgesetze, diesen grundpfeiler unserer ganzen wissenschaft, streng hält, hat [...] festen boden unter den füßen" (Osthoff und Brugman 1878: xiv). Dies implizierte, dass ihre Vorläufer, und auch Zeitgenossen außerhalb ihres Lagers, in ihrem Bekenntnis zu strengen, absoluten Gesetzen ins Wanken geraten waren. Unter den Kritikern der Junggrammatiker befanden sich jedoch viele, die der Meinung waren, dass die Junggrammatiker zu Unrecht Neuheit oder Einzigartigkeit für ihren Ansatz beanspruchten.

Aus Abschnitt 4.1. sei daran erinnert, dass eine der wichtigsten Leistungen, derer sich August Schleicher (1821–1868) rühmen konnte und auf die sich sein Ruf gründete, seine Gründlichkeit und Strenge bei der Formulierung von Darstellungen der Lautverschiebungen in den indogermanischen Sprachen war. Er zog die Lautgesetze konsequent durch und erhob sie auf ein Niveau, das den aus den Naturwissenschaften bekannten Gesetzen entspricht. Johannes Schmidt (1843–1901), ein ehemaliger Schüler Schleichers, vertrat die Ansicht, dass die Junggrammatiker lediglich den von seinem Lehrer eingeschlagenen Weg fortsetzten (Schmidt 1887): Schleichers (1850: 1–5) ‚unabänderliche natürliche Gesetze' wurden zu den ‚ausnahmslosen' Lautgesetzen der Junggrammatiker. Führende Junggrammatiker wiesen tatsächlich eine direkte schleichersche Genealogie auf. August Leskien (1840–1916) zum Beispiel, der als erster den junggrammatischen Gegensatz von Lautgesetzen und Analogie aufstellte, war ebenfalls ein Schüler Schleichers gewesen.

Die schärfsten Kritikpunkte gegen die Junggrammatiker zielten jedoch auf die Richtung, in die sie den Begriff des Gesetzes führten. In den folgenden Abschnitten werden einige theoretische und empirische Einwände gegen die Junggrammatiker sowie Alternativvorschläge untersucht, die sich aus diesen Argumenten ergeben.

7.1 Schuchardt, Gabelentz und Whitney über die Grenzen der Lautgesetze

Eine der umfassendsten – und bekanntesten – Kritiken an den junggrammatischen Lautgesetzen wurde von dem Romanisten Hugo Schuchardt (1842–1927) in seinem 1885 erschienenen Aufsatz *Über die Lautgesetze, gegen die Junggrammatiker* (Schuchardt 1928 [1885]) vorgebracht. Der Kern von Schuchardts Kritik bestand darin, dass die Ausführungen der Junggrammatiker über Gesetze einen schwachen Versuch darstellten, die Linguistik in die Naturwissenschaften einzugliedern. Schuchardt war ein weiterer ehemaliger Schüler Schleichers, doch hatte er nicht den Fetisch seines Lehrers für die strengen, unumstößlichen Gesetze der Naturwissenschaften übernommen. Die Gleichstellung von Naturgesetzen und Lautgesetzen ist nach Schuchardt nicht haltbar. Ein physikalisches Gesetz zum Beispiel sollte universelle Gültigkeit haben, während die so genannten Lautgesetze scheinbar willkürlich eingeschränkt würden:

> Wenn ein Naturforscher zum ersten Mal von der Ausnahmslosigkeit der Lautgesetze hört, so wird er wahrscheinlich an immer und überall geltende Lautgesetze denken. Solche sind ja bei den gleichen Grundbedingungen aller Sprachtätigkeit nicht nur möglich, man sollte sie geradezu erwarten. Warum hält der Lautwandel nicht wenigstens im großen ganzen dieselbe Richtung ein, sodaß z. B. aus der Tenuis die Media, aus den Diphthongen der Monophthong, aber nicht umgekehrt, entstehen kann? Verständigt man nun jenen Laien darüber daß dergleichen allgemeine Lautgesetze noch nicht entdeckt sind, daß vielmehr allen bisher ermittelten Lautgesetzen eine verhältnismäßig enge räumliche und zeitliche Begrenztheit eignet, so wird er hier jene absolute Notwendigkeit vermissen welche stets als Voraussetzung ausnahmsloser Gesetze erscheint. (Schuchardt 1928 [1885]: 58)

Die Lautgesetze wirken demnach nicht in allen Sprachen auf die gleiche Weise, sondern sind auf bestimmte Dialekte und auf bestimmte Zeiträume innerhalb dieser Dialekte beschränkt. Nehmen wir das Beispiel des Grimmschen Gesetzes – besprochen in den Abschnitten 2.4. und 6.2. –, so sehen wir, dass es nur in den germanischen Sprachen gilt. Sein Nutzen für den Sprachwissenschaftler ergibt sich aus der Tatsache, dass es auf die germanischen Sprachen beschränkt ist: Die Lautveränderungen, die es beschreibt, sind es, welche die germanischen Sprachen vom Rest des Indogermanischen unterscheiden und damit die germanischen Sprachen als Gruppe definieren. Das Grimmsche Gesetz – und alle anderen Lautgesetze – sagen also nichts über die universelle Funktionsweise menschlicher Sprache aus, sondern beschreiben lediglich spezifisches, lokales Vorkommen. Selbst innerhalb dieses spezifischen Kontextes haben sie eine zeitlich begrenzte Wirkung. Das Grimmsche Gesetz beispielsweise beschreibt einen historischen Prozess, der angeblich abgeschlossen ist, was bedeuten würde, dass die von ihm beschriebenen Lautverschiebungen nicht mehr stattfinden.

Nach Schuchardts (1928 [1885]: 66–67) Einschätzung hat dieser zeitlich gebundene Gesetzesbegriff die weitere unerwünschte Folge, dass er eine teleologische Sicht des Sprachwandels unterstützt. Er gehe davon aus, dass es Endzustände gebe, die Sprachen anstrebten. Diese spezifischen Lautgesetze setzten voraus, dass wir uns eine Periode vor einem Lautwandel vorstellen, eine Periode, in der er stattfindet, und ein Endstadium, in dem er abgeschlossen ist. Dies sei jedoch nicht der Fall: In Wirklichkeit befänden sich alle Sprachen in einem ständigen Wandel. Jede Periode in der Geschichte einer Sprache sei in Wirklichkeit eine Zwischenphase. Es gebe keinen endgültigen Endpunkt, den Sprachen zu erreichen suchten.

Die Beschränkung der Lautgesetze auf bestimmte Dialekte sei auch empirisch unhaltbar, argumentiert Schuchardt (ebd.: 67). Untersuche man die Art und Weise, wie Menschen tatsächlich sprechen, so stelle man fest, dass Lautverschiebungen nicht so regelmäßig verlaufen, wie es die Lautgesetze nahelegen würden. Lautverschiebungen scheinen sich ungleichmäßig über verschiedene Wörter in einem einzigen Dialekt auszubreiten. Selbst die Vorstellung von in sich geschlossenen Dialekten sei problematisch: Die Grenzen zwischen einem Dialekt und dem nächsten seien oft unklar, ein Punkt, der im nächsten Abschnitt näher zu untersuchen ist, in dem die ‚Wellentheorie' behandelt wird.

Nicht jeder betrachtete die begrenzte Anwendbarkeit der junggrammatischen Lautgesetze als unüberwindbaren Makel. In dieser Zeit, gegen Ende des 19. Jahrhunderts, wurden statistische Verfahren in allen Wissenschaften eingesetzt. Dies galt sogar für Bereiche wie die Physik, die traditionell als Hort wissenschaftlicher Strenge galt, wo statistische Methoden zum Einsatz kamen, um thermodynamische Prozesse nachvollziehbar zu machen. Der Philosoph und Begründer der experimentellen Psychologie Wilhelm Wundt (1832–1920), der im vorliegenden Buch bereits mehrfach aufgetaucht ist, versuchte, eine statistische und probabilistische Perspektive in die Debatten um die Lautgesetze einzubringen. Die Behauptung der Junggrammatiker, es gebe ‚ausnahmslose' Lautgesetze, sei eine Übertreibung: Was sie wirklich meinten, seien allgemein gültige Gesetze (siehe Formigari 2018). Wundt (z. B. 1886; 1908 [1883]: 124–145) erkannte eine Hierarchie von Gesetzen, die auf dem Umfang ihrer Gültigkeit beruhte: Je allgemeiner ein Gesetz anwendbar sei, desto weniger Faktoren könnten seine Wirkung beeinträchtigen und scheinbare Ausnahmen verursachen. Der Grad der Allgemeingültigkeit eines Gesetzes und damit sein Platz in der Hierarchie seien durch statistische Untersuchungen der Phänomene zu bestimmen, in denen sich das Gesetz manifestiere (Wundt 1908 [1883]: 138; siehe auch McElvenny 2023c).

Georg von der Gabelentz – der, wie sich zu Beginn dieses Kapitels zeigte, auch als Kritiker der Junggrammatiker auftrat – versuchte unabhängig davon, statistische Methoden in der historisch-vergleichenden Sprachwissenschaft anzuwenden, insbesondere um die Frage zu klären, ob es eine genealogische Verbindung zwischen dem Baskischen in Europa und den Berbersprachen in Nordafrika gebe. Die meisten Linguistinnen und Linguisten würden heute eine solche Verbindung zwischen diesen Sprachen nicht anerkennen – das Baskische wird gewöhnlich als Isolat und das Berberische als Untergruppe innerhalb der afroasiatischen Sprachfamilie betrachtet –, aber zu Gabelentz' Zeiten war diese Frage noch umstritten. In dem Bemühen, eine genealogische Verbindung zu belegen, erstellte Gabelentz (1893; 1894) Tabellen mit wahrscheinlichen Lautübereinstimmungen zwischen Baskisch und Berber. Diese Entsprechungen, so Gabelentz (1893: 606), seien nicht absolut, wie im Indogermanischen, sondern probabilistisch, da es sich um Sprachen „auf niederer Culturstufe" handele, die eine viel größere Variation in der Aussprache zuließen. Ein probabilistischer Nachweis sollte daher ausreichen, um die Beziehung herzustellen.

Mit diesem Argument griff Gabelentz auf die in der damaligen Sprachwissenschaft weit verbreiteten Klischees über die angeblich größere Variabilität der sogenannten ‚primitiven' Sprachen zurück, ein Thema, auf das wir in Abschnitt 14.3. zurückkommen (siehe auch McElvenny 2019b). Während die meisten heutigen Linguistinnen und Linguisten von Gabelentz' Argumenten unbeeindruckt wären, gibt es Elemente seines Konzepts der phonologischen Variation, die sich bewährt haben. Zu den vielen Lautwechseln, die Gabelentz beobachtete, gehören solche, die man heute als allophonische Variation bezeichnen würde (ein Konzept, das in Kapitel 9 eingeführt wird). Die meisten Linguistinnen und Linguisten würden jedoch heute die allophonische Variation als einen regulären Prozess in allen Sprachen anerkennen, während Gabelentz davon ausging, dass ‚primitive' Sprachen in Bezug auf den Grad der Variation, den sie zulassen, weniger eingeschränkt seien. Schuchardt seinerseits ließ sich von Gabelentz' Argumenten überhaupt nicht beeindrucken: Er lehnte Gabelentz' Arbeit als unverbesserlich dilettantisch ab und kritisierte ihn für seine offensichtliche Unkenntnis der grammatischen Prinzipien der untersuchten Sprachen, seinen leichtfertigen Umgang mit den linguistischen Daten und seine allgemeine Nachlässigkeit in der Methodik (siehe Schuchardt 1893; Hurch und Purgay 2019).

Schuchardt (1928 [1885]: 53–58) griff nicht nur die empirische Angemessenheit des Ansatzes der Junggrammatiker an, sondern stellte auch den zugrunde liegenden Apparat ihres Erklärungsmodells in Frage. Er warf den Junggrammatikern vor, einen allzu simplen Gegensatz zwischen physiologisch begründeten, ausnahmslosen Lautgesetzen und psychologisch begründeten, unberechenbaren Analogien aufzustellen. Die Junggrammatiker würden versuchen, jede offensichtliche Ausnahme von einem Lautgesetz zu erklären, indem sie eine Analogie aus dem Hut zauberten. Doch die Beziehungen zwischen dem regulären Lautwandel und der Analogie seien komplex und offen für zahlreiche unterschiedliche Analysen und Interpretationen.

Die Zusammenfassung, die Schuchardt von der junggrammatischen Theorie anbietet, mutet wie eine Karikatur an. Wie in den Abschnitten 6.2. und 6.3. gezeigt wurde, zeichneten die Junggrammatiker ein nuancierteres Bild von Sprache und ihrer Funktionsweise und räumten stets ein, dass die Prozesse in der realen Welt komplexer seien als die Idealisierungen, die sie vorlegten. Schuchardts Kritik mag allerdings zu Recht auf Probleme in der Praxis der Junggrammatiker hingewiesen haben, auf die Abkürzungen, die sie einschlugen, wenn es darum ging, ihre sorgfältig formulierte Theorie auf die tatsächliche Untersuchung von Sprachen anzuwenden (zu den Debatten um die Analogie siehe auch Morpurgo Davies 1998: 255–259).

Letztlich, so argumentiert Schuchardt (1928 [1885]: 80–83), sei die Auffassung der Junggrammatiker von Lautgesetzen wissenschaftlich leer. Die Junggrammatiker würden ihren Widersachern oft vorwerfen, sie sammelten nur isolierte Fakten, ohne kausale Prinzipien aufzustellen, die sie erklären, wie es die Lautgesetze angeblich täten. Schuchardt entgegnete jedoch, die Lautgesetze seien nur Beschreibungen von Flickenteppichen, die keinen Erklärungswert hätten. Das Beharren auf Lautgesetzen würge Diskussionen ab und hindere die Wissenschaft daran, tiefere Erklärungsprinzipien zu finden. Die Junggrammatiker hätten, so Schuchardt, ihre Gesetze hypostasiert: Sie hätten ihre Beschreibungen von beobachteten Regelmäßigkeiten in etwas verwandelt, was eine reale Existenz haben solle. Der Grund für den Erfolg der Junggrammatiker liege ganz einfach darin, dass es ihnen gelungen sei, ihren Ansatz zu einer mechanischen Methode zu destillieren, die ohne Nachdenken und Talent einfach angewendet werden könne:

> Das [...] so genannte ‚Mechanisieren der Methoden' reduziert die Anforderungen an selbständiges Denken auf ein Minimum und ermöglicht so die Teilnahme einer außerordentlichen Menge tatsächlich Unbefähigter an der ‚wissenschaftlichen' Arbeit. (Schuchardt 1928 [1885]: 83)

Als Alternative zu den hypostasierten Lautgesetzen und der unberechenbaren Analogie zog es Schuchardt (1928 [1885]: 63) vor, den Sprachwandel ähnlich wie die

Mode zu betrachten: Es handele sich um bewusste oder halbbewusste Nachahmung. Neuerungen in einer Sprache verbreiteten sich, weil die Menschen die Sprechweise der anderen nachahmten. Zur Untermauerung dieser These nannte er das Beispiel des stimmhaften uvularen Frikativs [ʁ] in Deutschland und Frankreich, der orthografisch gewöhnlich durch den Buchstaben ‚r' dargestellt wird. Eingehende Untersuchung zeigten, dass die Aussprache dieses Lautes als uvularer Frikativ „mehr und mehr in Mode kommt" (ebd.) und dabei die ältere Realisierung als stimmhafter alveolarer Vibrant [r] (gerolltes ‚r') in der Sprache vieler Menschen im gesamten französischen und deutschen Sprachraum verdrängt. Verfolgt man die Ausbreitung solcher Lautverschiebungen, so lässt sich außerdem feststellen, dass sie allmählich über einzelne Wörter hinweg verläuft, wie im nächsten Abschnitt genauer zu beobachten sein wird. Die Lautverschiebung von [r] zu [ʁ] hat nachweislich nicht plötzlich und einheitlich gemäß einem ‚blinden' Gesetz stattgefunden.

Schuchardts Beschreibung des Sprachwandels als eine Frage der Innovation und Ausbreitung erinnert an die Ideen von William Dwight Whitney (1827–1894), die in Abschnitt 5.2 untersucht wurden. Obwohl sich die Junggrammatiker – wie in Abschnitt 6.3. zu sehen war – auf Whitneys Arbeiten beriefen, um ihre eigenen Ansichten zu untermauern, blieb Whitney selbst gegenüber ihren Positionen eher skeptisch. Mit ähnlichen Argumenten wie Schuchardt wandte sich Whitney gegen den Gesetzesbegriff der Junggrammatiker: Der Terminus ‚Gesetz' solle Prinzipien vorbehalten sein, die universelle Gültigkeit hätten, meinte er, aber was man in Lautverschiebungen sehe, seien lediglich ‚Tendenzen' (siehe Alter 2005: Kap. 9). Doch Whitney brachte diese Argumente nur in einigen obskuren Vorträgen und in seiner privaten Korrespondenz mit Georg Curtius (1820–1885) vor, dem akademischen Altvorderen, der so sehr unter dem revolutionären Eifer der Junggrammatiker litt (wie wir in Abschnitt 6.2. gesehen haben). Die Zurückhaltung von Whitneys Kritik mag überraschen, wenn man die Intensität seiner Polemik gegen andere bedenkt. Man könnte vermuten, dass er seine jüngeren Junggrammatiker-Kollegen, die ihn und sein Werk so sehr schätzten, nicht kränken wollte.

7.2 Schmidt, Schuchardt und die Wellentheorie

Ein interessanter Aspekt von Hugo Schuchardts Illustration der Ausbreitung von Lautverschiebungen, die wir am Ende des vorherigen Abschnitts gesehen haben, besteht darin, dass sie die Durchlässigkeit von Sprachgrenzen offenbart. Die Ausbreitung von [ʁ] ist keine spontane Lautverschiebung innerhalb eines einzigen Dialekts, einer einzigen Sprache oder gar einer einzigen genealogischen Untergruppe. Es handelt sich um eine Veränderung, die sich über die verschiedenen Sprachen

Französisch und Deutsch erstreckt, die zwei separaten Zweigen des Indogermanischen, dem Romanischen bzw. dem Germanischen, angehören.

Die Unmöglichkeit, eindeutige Grenzen von Dialekten, Sprachen und sogar ganzen Sprachfamilien abzustecken, regte Schuchardt und andere gleichgesinnte Linguisten zu theoretischen Innovationen an. Die vom Stammbaummodell postulierte eindeutige Aufspaltung einer Ursprache in unabhängige Nachfolgedialekte ist in der freien Natur nicht zu finden. Stattdessen finden sich nur Fälle von sich überschneidenden Lautverschiebungen zwischen benachbarten Dialekten. Eine umfassende empirische Demonstration dieses Problems gelang in den 1870er Jahren mit der detaillierten Beschreibung des so genannten Rheinischen Fächers durch den deutschen Dialektologen Georg Wenker (1852–1911; siehe Putschke 2001).

Wenker verschickte Fragebögen an vertrauenswürdige Einheimische – vor allem an Lehrer – in Städten und Dörfern im Rheinland. In den Fragebögen wurde um Transkriptionen verschiedener Sätze in die lokalen Dialekte gebeten, die Wenker dann nutzte, um abweichende Aussprachen von Wörtern zu ermitteln. Als er die Fragebögen zusammenstellte und die Ergebnisse auf Karten darstellte, stellte Wenker (1877) fest, dass die hochdeutsche Lautverschiebung (besprochen in Abschnitt 2.4.) sich von Süden nach Norden staffelte: Die von den Lautgesetzen unterstellte klare Grenze zwischen süd- und norddeutschen Dialekten gab es in der Realität einfach nicht.

Südlich des Rheinlandes war die hochdeutsche Lautverschiebung abgeschlossen. In den Dialekten dieser Gebiete gab es Formen wie Hochdeutsch ‚Apfel', ‚das' und ‚auf'. Im mittleren Rheinland hatte sich diese Lautverschiebung bei den genannten Wörtern jedoch nicht vollzogen. Dort sagte man ‚Appel', ‚dat' und ‚op'. Aber in der gleichen Region sagte man ‚Dorf' und ‚mache'. Dies sind Formen, bei denen die erwartete Lautverschiebung stattgefunden hat. Doch weiter nördlich waren auch diese Wörter nicht von der Lautverschiebung betroffen. Dort lauteten die Formen ‚Dorp' und ‚make'. Eine Karte der Dialekte, die Wenker in seinem Werk *Das Rheinische Platt* von 1877 identifizierte und diese verschiedenen Stadien der hochdeutschen Lautverschiebung aufweisen, ist in Abbildung 7.1. wiedergegeben.

Die Durchlässigkeit der Dialektgrenzen hatte Schuchardt bereits 1870 in einer Vorlesung „Über die Klassifikation der romanischen Mundarten" angeführt, die er anlässlich seiner Habilitation in Leipzig hielt (Schuchardt 1928 [1870]). In diesem Vortrag wies Schuchardt auf das Phänomen der sich überschneidenden Dialektmerkmale hin. Wenn wir von der Mitte Italiens nach Frankreich wanderten und in jeder Kleinstadt und jedem Dorf auf dem Weg anhalten würden, so könnten wir feststellen, dass die Dialekte allmählich weniger Merkmale der italienischen und mehr der französischen Schriftsprache aufweisen. Aber an keiner Stelle gebe es eine klare Grenze, an der wir definitiv sagen könnten, dass auf dieser Seite Italienisch und auf der anderen Französisch gesprochen werde (ebd.: 167–169).

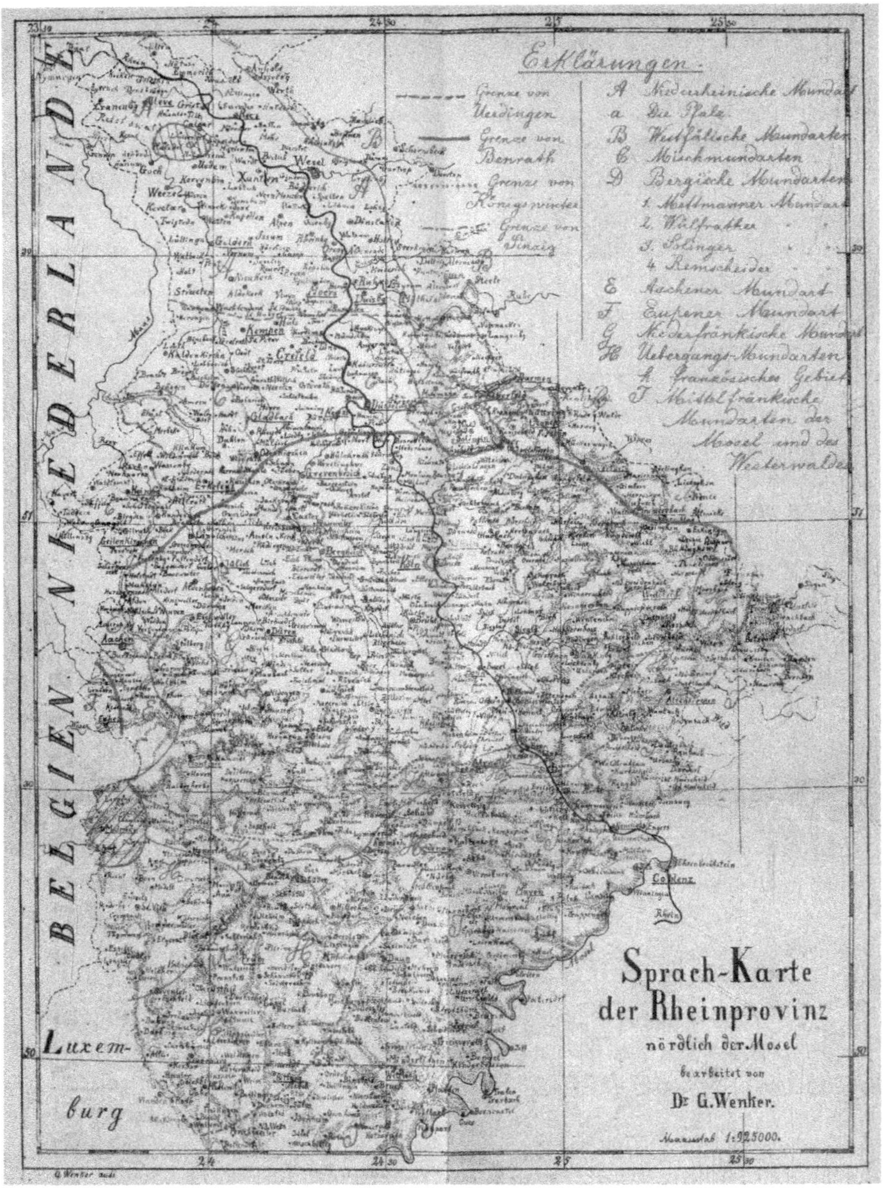

Abbildung 7.1. Karte der Dialekte im Rheinland aus Wenker (1877).

Das Problem, so Schuchardt (1928 [1870]: 172–180), bestehe darin, dass die Grundannahmen des Stammbaummodells nicht mit der Realität übereinstimmten. Es sei nicht so, dass man mit einer homogenen Sprachgemeinschaft beginne, die sich dann fein säuberlich in einzelne Gruppen aufspaltete. Vielmehr habe es innerhalb jeder Sprachgemeinschaft stets eine Vielfalt gegeben, und wenn sich die Gemeinschaft ausbreitete, teilte sie sich nicht fein säuberlich auf, sondern bestünde aus kleinen Gruppen, die weiterhin Kontakt miteinander hielten und sich gegenseitig in ihrer Sprechweise beeinflussten. Entgegen dem Stammbaummodell, bei dem Sprachwandel innerhalb autonomer Dialekte stattfindet, schlug Schuchardt (ebd.: 181–184) ein Alternativmodell vor, bei dem Veränderungen an einem Ort beginnen und auf die umliegenden Dialekte ausstrahlen. Dies bedeutet, dass Dialekte, die geografisch nahe beieinander liegen, im Allgemeinen mehr Merkmale gemeinsam haben als solche, die weiter voneinander entfernt sind.

Johannes Schmidt skizzierte in seinem 1872 erschienenen Buch *Die Verwandtschaftsverhältnisse der indogermanischen Sprachen* ähnliche Überlegungen auf Ebene der gesamten indogermanischen Sprachfamilie. Er stellte zum Beispiel fest, dass die Sprachen der slawischen und der indoiranischen Gruppe gemeinsame Merkmale aufwiesen, die sie mit anderen indogermanischen Sprachen nicht teilten. Alles andere, was wir über die slawischen und indoiranischen Sprachen wüssten, deute jedoch darauf hin, dass sie zu verschiedenen Zweigen der indoeuropäischen Sprachfamilie gehörten und daher keinen direkten gemeinsamen Vorfahren hätten, von dem sie diese gemeinsamen Merkmale geerbt haben könnten. Die Sprecherinnen und Sprecher dieser Sprachen hätten jedoch lange Zeit in benachbarten geografischen Regionen gelebt und seien während dieser Zeit in ständigem Kontakt miteinander gewesen. Ähnliches gelte für die keltischen und romanischen Sprachen – gemeinsame sprachliche Merkmale und ständiger Kontakt.

Um diese Ausbreitung von Veränderungen über geografische Regionen hinweg zu erklären, entwarf Schmidt das Bild stufenweiser Wellen von Veränderungen, die über Sprechergemeinschaften hinweggehen. Aus diesem Grund wird das von ihm vorgeschlagene Modell oft als ‚Wellentheorie' bezeichnet. Schmidt brachte seine Wellentheorie als Alternative zum traditionellen Stammbaummodell vor:

> Wollen wir nun die verwantschaftsverhältnisse der indogermanischen sprachen in einem bilde darstellen, welches die entstehung irer verschidenheiten veranschaulicht, so müssen wir die idee des stammbaumes gänzlich aufgeben. Ich möchte an seine stelle das bild der welle setzen, welche sich in concentrischen mit der entfernung vom mittelpunkte immer schwächer werdenden ringen ausbreitet. Dass unser sprachgebiet keinen kreis bildet, sondern höchstens einen kreissector, dass die ursprünglichste sprache nicht im mittelpunkte, sondern an dem einen ende des gebietes ligt, tut nichts zur sache. [...] Sprachgrenzen innerhalb dises gebietes gab es ursprünglich nicht, zwei von einander beliebig weit entfernte dia-

> lekte des selben A und X waren durch continuierliche varietäten B, C, D u. s. w. mit einander vermittelt (Schmidt 1872: 27–28)

Schmidt lieferte später eine Illustration dieses geistigen Bildes im zweiten Band seines Werks *Zur Geschichte des indogermanischen Vocalismus* (Schmidt 1871–1875) von 1875, die in Abbildung 7.2. wiedergegeben ist. Jedes Segment des Kreises soll eine andere prähistorische slawische Dialektgruppe darstellen, und jeder Radius im Kreis auf eine Lautverschiebung hinweisen, die sich über die benachbarten Dialektgruppen ausbreitete (zu Schmidts Bildsprache siehe auch Kaplan 2019).

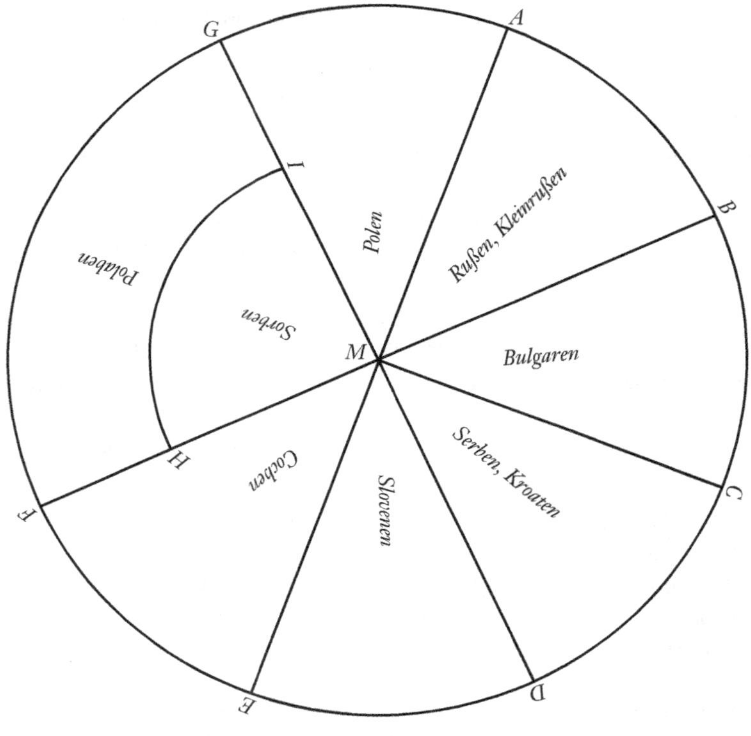

Abbildung 7.2. Schmidts (1875: 199) Diagramm des Wellenmodells.

Es könnte sehr wohl eine einzige indogermanische Ursprache gegeben haben, räumte Schmidt (1872: 29–30) ein, doch die wissenschaftlichen Werkzeuge, die seinerzeit zur Verfügung standen, würden es nicht erlauben, so weit in die Vergangenheit vorzudringen. Die so rekonstruierte indogermanische Ursprache sei nichts weiter als eine „wissenschaftliche fiction“ (ebd.: 31). Es bringe die Forschung voran, eine Rekonstruktion zu wagen, doch diese Rekonstruktion solle nicht mit einer realen historischen Einheit verwechselt werden. Junggrammatiker wie August Leskien (1876: xxi) und Karl Brugman (1884) erkannten ihrerseits die von Schmidt gestellte Herausforderung an, behaupteten aber, das Stammbaum- und das Wellenmodell seien komplementäre Theorien, die zusammen verwendet werden müssten, um die Geschichte von Sprachen freizulegen (siehe Jankowsky 2001: 1329–1330; Morpurgo Davies 1998: 284–287).

7.3 Karl Vossler und der Idealismus in der Sprachwissenschaft

Die Kritik an der junggrammatischen Lehre, die in den vorangegangenen Abschnitten referiert wurde, blieb mehr oder weniger innerhalb der üblichen erkenntnistheoretischen und methodologischen Grenzen der Linguistik. Es gab jedoch mehrere radikalere Kritiken an den Junggrammatikern, von denen die bemerkenswerteste vielleicht die des Romanisten Karl Vossler (1872–1949) ist. Ausgehend von zwei kurzen Büchern, *Positivismus und Idealismus in der Sprachwissenschaft* (1904) und *Sprache als Schöpfung und Entwicklung* (1905), stellte Vossler seine eigene Auffassung von ‚Idealismus‘ in der Sprachwissenschaft dem ‚Positivismus‘ der Junggrammatiker gegenüber, wie er es nannte.

Im Grunde genommen argumentierte Vossler, dass die Junggrammatiker mit ihren Lautgesetzen und Analogien eine sehr nützliche Methode zur Identifizierung und Nachverfolgung des Sprachwandels entwickelt hätten, dass sie dann aber den Fehler gemacht hätten, dies als Abschluss ihrer Aufgabe anzusehen. Die Junggrammatiker, so Vossler (1904: 1–5), seien dem ‚metaphysischen Positivismus‘ zum Opfer gefallen: Sie hätten – fälschlicherweise – angenommen, dass eine nützliche empirische Methode tiefere Erkenntnisse zur Erklärung der Ursachen des Sprachwandels liefere. Bei der Erklärung des Sprachwandels müsse man auf die ‚Vernunft‘ der Sprecher schauen und nicht versuchen, die Ursachen im Material der Sprache selbst zu finden: „Der Idealist sucht das Kausalitätsprinzip in der menschlichen Vernunft, der Positivist sucht es in den Dingen, in den Erscheinungen selbst“ (ebd.: 3).

Es lohnt sich, einen Moment innezuhalten und zu überlegen, was genau Vossler mit ‚Positivismus‘ meinte. Dieser Begriff wurde von dem französischen Philosophen Auguste Comte (1798–1857) in der ersten Hälfte des 19. Jahrhunderts geprägt, um die von ihm entwickelten philosophischen Lehren zu bezeichnen (siehe Bourdeau 2018). Comte betrachtete die empirischen Naturwissenschaften als Vorbild allen Erkennens. Bei der Untersuchung der menschlichen Welt der Gesellschaft und Kultur, so Comte, sollten wir den Ansatz der Naturwissenschaften nachahmen. Der Positivismus von Comte hatte eine unverkennbare Verwandtschaft mit dem wissenschaftlichen Materialismus, den wir in Abschnitt 4.2. kennen gelernt haben. Vossler (1904: 4) seinerseits scherte Positivismus und Materialismus über einen Kamm: „Nichts verträgt sich besser miteinander als Materialisten, Positivisten, Mystiker und Schwindler."

Doch Comte stand dem Materialismus in seinen verschiedenen Ausprägungen durchaus kritisch gegenüber: Er hielt den Materialismus für zu reduktiv in seinem Bestreben, das gesamte Leben und den Geist auf physikalische Prinzipien zu reduzieren. Trotz dieser Unterschiede hatten Comtes Positivismus und der wissenschaftliche Materialismus ein übergreifendes Bekenntnis zur naturwissenschaftlichen Denkweise gemein und fanden beim progressiven Publikum ähnlich großen Anklang. Positivismus und Materialismus teilten darüber hinaus das Schicksal, zu allgemeinen Schimpfwörtern umfunktioniert zu werden. In diesem Sinne verwendet Vossler den Begriff ‚Positivismus': Er bezieht sich nicht speziell auf den Positivismus Comtes oder eine andere klar definierte Lehre, sondern einfach auf das, was er als unreflektierte Anbetung der Naturwissenschaften seitens seiner Kollegen in der Linguistik betrachtete.

Der Begriff ‚Idealismus', den Vossler dem ‚Positivismus' gegenüberstellt, kommt ähnlich unspezifisch daher. Über das gesamte 19. Jahrhundert hinweg wurden viele verschiedene, aber verwandte Lehren als ‚idealistisch' bezeichnet. Der deutsche Idealismus wird klassischerweise mit der Philosophie von Persönlichkeiten wie Immanuel Kant (1724–1804) und G. W. F. Hegel (1770–1831) identifiziert, denen wir in den Abschnitten 3.2. und 4.3. begegnet sind, in Verbindung mit der ‚Anti-Semiotik' Wilhelm von Humboldts (1767–1835) und den romantischen und historistischen Bewegungen. Vossler selbst sah seinen Idealismus begründet im Werk Wilhelm von Humboldts, vermittelt durch den italienischen Philosophen Benedetto Croce (1866–1952).

Vossler vertrat die Auffassung, dass die menschliche Sprache letztlich das Ergebnis der Bemühungen des Einzelnen sei, sich auszudrücken, und als solches das Produkt individueller geistiger Tätigkeit. Das bedeutet, dass man bei der Erklärung des Sprachwandels nicht einfach nur auf Wörter und Wortformen schauen könne, wie es der Positivist tue, sondern dass man tiefer schürfen müsse, um die den Wörtern zugrundeliegenden Gedanken aufzudecken; das tue der Idealist. Anstatt zu versuchen, die Sprache in Laute, Wörter und Sätze zu zerlegen, gelte es einzelne Äußerungen zu untersuchen, vorzugsweise Ausdrücke in literarischen Texten, und zu fragen, warum eine Art, etwas zu sagen, einer anderen vorgezogen worden sei. Linguistik, so Vossler, sollte eigentlich nur Stilistik sein, die Untersuchung des Stils der einzelnen Sprechenden:

> Wenn aber das idealistische Kausalprinzip in der Sprachentwicklung tatsächliche Geltung hat, so müssen sämtliche Erscheinungen, die von den unteren Disziplinen, als da sind: Lautlehre, Flexionslehre, Wortbildung und Syntax, aufgezeichnet und beschrieben werden, ihre letzte, einzige und wahre Erklärung in der obersten Disziplin, d. h. der Stilistik finden. Die sogenannte Grammatik muss in die ästhetische Betrachtung der Sprache ganz und restlos aufgelöst werden. (Vossler 1904: 10)

Auf einer Ebene ist der von Vossler aufgestellte Gegensatz zwischen ‚Positivismus' und ‚Idealismus' in der Linguistik eine Fortsetzung der Debatten über den Platz der Linguistik unter den Naturwissenschaften und den Geisteswissenschaften, die in den vorangegangenen Kapiteln wiederholt zu beobachten waren. Diese Diskussionen beschränkten sich nicht auf die Linguistik, sondern betrafen auch die Geschichte, die Psychologie, die Ethnografie usw. Gegen Ende des 19. Jahrhunderts wurde die Abgrenzung zwischen Natur- und Geisteswissenschaften zu einem zentralen Thema in der deutschen Philosophie – im Abschnitt 11.2. wird näher auf dieses Thema eingegangen.

Aber dieser Konflikt zwischen ‚Positivismus' und ‚Idealismus' hat auch eine soziale Dimension. Der Positivismus, über den sich Vossler beklagte, die Besessenheit von der akribischen Ordnung und Klassifizierung von Fakten unter Ausschluss tieferer und spekulativerer Fragen, war in vielerlei Hinsicht zunehmend charakteristisch für die akademische Praxis in Deutschland von den 1870er bis zu den 1890er Jahren, der Blütezeit der junggrammatischen Schule. In dieser Zeit war die deutsche Wissenschaft insgesamt von einem Konservatismus geprägt, der durch das allgemeine politische Umfeld inspiriert war (siehe Ringer 1967; Amsterdamska 1987: 164–175; Maaß 2003).

Im Jahr 1871, nach dem überwältigenden Sieg über die Franzosen im Deutsch-Französischen Krieg, wurde Deutschland als politische Nation unter preußischer Vorherrschaft vereinigt – die sogenannte ‚Reichsgründung'. In den folgenden 20 Jahren regierte Otto von Bismarck (1815–1898) pragmatisch, aber mit harter Hand, und baute die Macht des deutschen Kaiserreichs systematisch aus, sowohl nach innen als auch nach außen. Die Wissenschaft in Bismarcks Deutschland spürte den Druck, sich der offiziellen Linie zu fügen. Sie konzentrierte sich zunehmend auf ihre Rolle als Erzieherin von Beamten für das Kaiserreich und Unterstützerin seiner Institutionen, wobei die Idealen der Romantik, die die Gründung der modernen deutschen Universitäten vor einigen Generationen beflügelten, in Gefahr gerieten. Die Sorge um die Professionalisierung und Technisierung des akademischen Lebens war einer der Faktoren, welche die Debatten über das Wesen von Bildung und Geisteswissenschaften antrieben, an denen sich Gelehrte und Intellektuelle beteiligten.

1890 wurde Bismarck nach gravierenden Meinungsverschiedenheiten mit dem neuen Kaiser Wilhelm II. aus dem Amt des Reichskanzlers gedrängt. Dies markierte den Beginn einer neuen Ära, die vor allem durch den virulenten Militarismus gekennzeichnet war, der schließlich den Ersten Weltkrieg auslöste. Wilhelms Regierungszeit war aber auch eine Zeit großer wirtschaftlicher Expansion und in vielerlei Hinsicht einer Liberalisierung der deutschen Gesellschaft und Politik, die sich auch in der Kunst und im akademischen Leben widerspiegelte. Vosslers idealistische Wende um die Mitte der wilhelminischen Periode mag als ein kleines Beispiel für diese Liberalisierung angesehen werden. Die Junggrammatiker hatten die akademische Sprachwissenschaft auf den Höhepunkt der Technisierung gebracht, dagegen versuchte Vossler in dem neuen, vergleichsweise liberalen Umfeld, etwas von der alten Romantik neu aufleben zu lassen.

7.4 Weiterführende Literatur

Die wichtigsten Sekundärquellen zur junggrammatischen Bewegung, die im letzten Kapitel empfohlen wurden, behandeln auch den Widerstand, dem sie ausgesetzt waren. Kapitel 9 von Anna Morpurgo Davies' (1998) *History of Linguistics: Nineteenth-Century Linguistics* führt gleichzeitig in die Arbeit der Junggrammatiker und die Kritik daran ein. Das abschließende Kapitel 10 des Buches behandelt die Wellentheorie. Olga Amsterdamskas (1987) *Schools of Thought: The development of linguistics from Bopp to Saussure* untersucht Karl Vosslers ‚idealistische' Kritik an den Junggrammatikern im Detail, siehe insbesondere Kapitel 6.

In deutscher Sprache behandelt Abschnitt 1.3. von Gerhard Helbigs (1989 [1970]) *Geschichte der neueren Sprachwissenschaft* Kritikpunkte aus verschiedenen Richtungen, denen sich die Junggrammatiker stellen mussten. Der Aufsatz von Wolfgang Putschke (2001) „Die Dialektologie, ihr Beitrag zur historischen Sprachwissenschaft im 19. Jahrhundert und ihre Kritik am junggrammatischen Programm" in Band II des Handbuchs Geschichte der Sprachwissenschaften bietet einen hervorragenden Überblick über die Herausforderungen, welche die Dialektologie für die junggrammatische Orthodoxie darstellte.

Für eine Diskussion über die zunehmende Bedeutung des statistischen Denkens für die Wissenschaften im 19. Jahrhundert siehe Theodore Porters (1986) *The Rise of Statistical Thinking, 1820–1900*. Die klassische Darstellung zur gegenseitigen Anerkennung und Unterstützung zwischen dem deutschen Staat und der deutschen Wissenschaft um die Jahrhundertwende – und ihren letztlichen Niedergang in der Weimarer Zeit – ist Fritz Ringers (1969) *The Decline of the German Mandarins: The German academic community, 1890–1933* (deutsche Übersetzung Ringer 1983 [1969]).

8 Sprache als System

Mit den zunehmenden Einwänden gegen die Arbeit der Junggrammatiker um die Wende vom 19. zum 20. Jahrhundert – die im vorigen Kapitel beleuchtet wurden – war die Zeit reif für eine weitere Revolution in der Linguistik. Diese Revolution fegte die junggrammatische Doktrin hinweg und führte an ihrer Stelle den Strukturalismus ein, ein Bündel von Theorien und Ansätzen, die nicht nur die Linguistik, sondern die gesamten Geistes- und Sozialwissenschaften beeinflussten. In diesem Kapitel lernen wir den wichtigsten Volkshelden des Strukturalismus kennen, den Genfer Sprachwissenschaftler Ferdinand de Saussure (1857–1913).

In der Vorstellungswelt der modernen Linguistik ist Saussure eine Kultfigur, der in der mythologisierenden Geschichtsschreibung manchmal nachgerühmt wird, die strukturalistische Revolution durch das Konzept von Sprachen als in sich kohärenten synchronen Systemen im Alleingang herbeigeführt zu haben. ‚Strukturalismus' ist jedoch ein Begriff, den Saussure selbst nie verwendet hat. Tatsächlich wurde Saussure zu Lebzeiten weithin als Junggrammatiker angesehen, und seine theoretischen und methodischen Durchbrüche wurden als Beiträge zur junggrammatischen Forschung verstanden. Erst im Rückblick – in dem polemisierenden, Vorangegangenes verdrängenden Narrativ der frühen Strukturalisten, nachgezeichnet in Kapitel 10 – wurde Saussure zum Revolutionär, der endgültig mit der junggrammatischen Vergangenheit brach und die strukturalistische Ära einleitete. Bevor jedoch die später um Saussure aufgebauten Narrative erforscht werden können, gilt es sein Werk in seinem unmittelbaren Kontext zu untersuchen. Dieser Aufgabe widmen sich die folgenden Abschnitte.

8.1 Ferdinand de Saussure, Junggrammatiker extraordinaire

Als Spross einer Genfer Adelsfamilie, deren Mitglieder sich über Generationen hinweg in den Wissenschaften und Künsten hervorgetan hatten, genoss Saussure eine sehr breit gefächerte Bildung und verfolgte bis zu seinen ersten Universitätsjahren in Genf eine Reihe unterschiedlicher wissenschaftlicher Interessen. Doch während seines Studiums begann sich sein Blick zu schärfen, und er beschloss, sich dem Studium der Sprache zu widmen. Zu dieser Zeit, Mitte der 1870er Jahre, war Leipzig das weltweite Zentrum der Sprachwissenschaft, und so machte sich Saussure 1876 auf nach Leipzig, um in Linguistik zu promovieren.

Wie in Abschnitt 6.1. geschildert, war 1876 ein schicksalhaftes Jahr für die Leipziger Sprachwissenschaft: In diesem Jahr rebellierte Karl Brugman (1849–1919) in der Zeitschrift von Georg Curtius (1820–1885), kritisierte die Arbeit seiner akade-

https://doi.org/10.1515/9783111618548-008

mischen Vorläufer und schlug radikale neue Rekonstruktionen der indogermanischen Ursprache vor, ein Moment, der allgemein als erster öffentlicher Auftritt der junggrammatischen Bewegung gilt. Saussure kam also gerade nach Leipzig, als die Junggrammatiker zu dem Angriff bliesen, der sie an die Spitze des Faches bringen sollte.

Wie jedoch der Saussure-Biograf John Joseph (2012: 184–199) argumentiert, hat sich Saussure nie wirklich für Leipzig und die dortige Wissenschaft erwärmt. Die ältere Generation, die vor allem durch Curtius repräsentiert wurde, fand er eher wenig inspirierend. Aber auch von den jüngeren Junggrammatikern wie Karl Brugman und Hermann Osthoff (1847–1909), deren Kurse er ebenfalls belegte, war er nicht beeindruckt. Saussure konnte sich des Eindrucks nicht erwehren, dass viele der Entdeckungen, die Junggrammatiker als große Durchbrüche feierten, offensichtliche Einsichten in die Geschichte des Indogermanischen waren, die er eigenständig in Genf erarbeitet hatte, bevor er in Leipzig mit den neuesten Strömungen der junggrammatischen Wissenschaft in Berührung gekommen war.

Eine Episode aus Saussures Zeit in Leipzig veranschaulicht diesen Punkt. Im Jahr 1879, noch als Doktorand, machte sich Saussure daran, sein erstes Buch zu veröffentlichen, *Mémoire sur le système primitif des voyelles dans les langues indo-européennes* (Abhandlung über das ursprüngliche Vokalsystem in den indogermanischen Sprachen; zum *Mémoire* siehe Joseph 2012: Kap. 7). In der Überzeugung, grundlegende Probleme der indogermanischen Linguistik gelöst zu haben – und vielleicht auch in der Sorge, dass ihm seine Leipziger Lehrer zuvorkommen würden –, schrieb Saussure in fieberhaftem Tempo und ließ jeden Abschnitt des Buches unmittelbar nach Fertigstellung drucken. Das Ergebnis ist ein etwas verwirrendes Werk, in dem Saussure seine Analysen im Laufe des Buches ändert. Spätere Kapitel des Buches modifizieren und korrigieren gelegentlich sogar Behauptungen aus früheren Kapiteln, die bereits gedruckt worden waren und daher nicht mehr überarbeitet werden konnten.

Das *Mémoire* bot eine radikal einfachere Rekonstruktion des Vokalsystems der indogermanischen Ursprache als sie zur damaligen Zeit allgemein angenommen wurde. Saussure argumentierte, dass die indogermanische Ursprache wahrscheinlich nur einen Grundvokal in betonten Silben aufwies, obwohl dieser Vokal in einigen Umgebungen eine phonetisch bedingte Variante hatte. Ursprünglich hätten die Sprechenden diese Varianten nicht bewusst wahrgenommen. Im Laufe der Zeit hätten sich die Varianten den Sprechenden jedoch eingeprägt und wären infolgedessen als Hinweis auf Bedeutungsunterschiede umgedeutet worden, zum Beispiel als Hinweis auf unterschiedliche Zeitformen von Verben. Neben dem Grundvokal in seinen Varianten postulierte Saussure auch Diphthonge im Urindogermanischen, die durch die Kombination des Vokals mit den von Saussure so genannten ‚sonanten Koeffizienten' (*coefficients sonantiques*) gebildet wurden, das heißt Lauten wie [m], [n], [l], [j] und [w], die sowohl als Silbenkern dienen als auch mit dem Grundvokal einen Diphthong bilden konnten.

Nach Saussures Auffassung sind die vielen verschiedenen Vokallaute, die man in den ältesten bezeugten indogermanischen Sprachen findet, durch die spätere Entwicklung der Varianten des Grundvokals und der Diphthonge entstanden. In einigen indogermanischen Sprachen seien die sonantischen Koeffizienten aus den Diphthongen verschwunden, zurück bliebe ein Hauptvokal, der in irgendeiner Weise modifiziert würde, etwa durch eine andere Qualität, Betonung oder Länge. In anderen Fällen handele es sich um den Vokal, der verschwunden sei, so dass nur der sonantische Koeffizient zurückbliebe, der als Silbenkern fungiere.

Außerhalb Deutschlands wurden die Rekonstruktionen, die Saussure in seinem *Mémoire* vorstellte, weithin als brillante neue Analyse der indogermanischen Ursprache gelobt. Innerhalb Deutschlands stieß Saussures Buch jedoch auf deutlich weniger Begeisterung. Seine junggrammatischen Lehrer in Leipzig waren der Meinung, das Werk liefere keine neuen Erkenntnisse, sondern wiederhole lediglich Punkte, auf die sie selbst schon vorher hingewiesen hätten. Der innovativste Aspekt von Saussures Analyse sei die Art und Weise, wie er die urindogermansichen Vokale im Sinne eines ‚Systems' rekonstruierte: Anstatt sich auf die Eigenschaften der einzelnen Vokallaute zu konzentrieren, stellte sich Saussure vor, wie alle Laute zu einem Ganzen zusammenpassen würden. Dieser Begriff des ‚Systems' wurde zu einer von Saussures charakteristischen Lehren und wird als einer seiner wichtigsten Beiträge zur Gründung des Strukturalismus angesehen.

Doch ein ähnlicher systemorientierter Ansatz war ein Merkmal der Rekonstruktionen, die Brugman (1876a; 1876b) drei Jahre zuvor in der Zeitschrift von Curtius im Eröffnungsgefecht der Junggrammatiker-Bewegung veröffentlicht hatte. In seinen Rekonstruktionen verwendete Brugman eine Art algebraische Notation, um die von ihm im Urindogermanischen vermuteten Vokale zu kennzeichnen, ohne ihre genauen Eigenschaften zu spezifizieren. In Brugmans Ansatz dienten diese nicht spezifizierten Symbole als Platzhalter in einem System, anstatt für konkrete Vokale zu stehen.

Saussure zitierte diese frühere junggrammatische Arbeit nicht, was zu der Kritik führte, er habe seine Quellen nicht angemessen belegt, und sogar zu dem viel schwerwiegenderen Vorwurf, er habe möglicherweise seine Lehrer plagiiert. Im Rückblick auf diesen Streit wenden die Verteidiger von Saussure ein, dass kein Plagiat beabsichtigt gewesen sei: Saussure habe lediglich die von seinen Lehrern zuerst veröffentlichten Analysen und Beispiele als Allgemeingut des Faches behandelt.

Die Vorteile dieser Art des Systemdenkens wurden später empirisch untermauert. Saussure hatte direkte Belege für die meisten der sonantischen Koeffizienten, die er für das urindogermanische Vokalsystem rekonstruierte, aber er stellte auch die Hypothese auf, dass es zwei zusätzliche sonantische Koeffizienten gebe, für die in keiner der bezeugten indogermanischen Sprachen direkte Belege existierten. Im Jahr 1880, ein Jahr nach der Veröffentlichung von Saussures *Mémoire*, postulierte der dänische Sprachwissenschaftler Hermann Möller (1850–1923), dass die beiden hypothetischen sonantische Koeffizienten in Saussures System den so genannten Kehlkopfkonsonanten – Lauten wie [h] oder dem Glottisschlag – entsprechen könnten, die Möller im Urindogermanischen annahm (siehe Möller 1880).

Die aufregendste Wendung in der Geschichte kam nach 1911, als endlich Inschriften in der altanatolischen Sprache Hethitisch entziffert wurden. Es wurde klar, dass das Hethitische eine indogermanische Sprache war und dass sie einige ungewöhnliche Laute aufwies, die in anderen indogermanischen Sprachen nicht vorkommen. 1927 wies der polnische Sprachwissenschaftler Jerzy Kuryłowicz (1895–1978) nach, dass die Verteilung dieser ungewöhnlichen Laute im Hethitischen den von Möller vorgeschlagenen Kehlkopflauten entsprach, die Möller mit den hypothetischen sonantischen Koeffizienten von Saussure in Verbindung gebracht hatte.

Die zur Legende gewordene Nacherzählung dieser Geschichte lautet, dass Saussure das Vorhandensein von Kehlkopflauten in der indogermanischen Ursprache ‚errechnet' habe, so wie Astronomen die Planetenbahnen errechnen würden: auf Basis seiner Analyse schlussfolgerte Saussure, dass es die Kehlkopflaute geben muss, seine Schlussfolgerungen seien dann später durch konkrete Beweise aus dem Hethitischen bestätigt worden. In Wahrheit wurde Möllers Hypothese, die er mit Saussures System verband, empirisch bestätigt. Dennoch zeigt sich, dass diese neue Betonung der Analyse von Sprachen als Systemen das Prognosevermögen der Linguistik erhöhte. Die Fähigkeit, exakte Ergebnisse zu errechnen, wird häufig als Maßstab für die Validität der ‚harten' Wissenschaften herangezogen: Das überraschende Auftauchen empirischer Beweise für die Existenz einer hypothetischen Struktur hat daher das Ansehen der Linguistik als seriöse Wissenschaft erheblich gesteigert.

Die Konzeption von Sprachen als Systemen blieb ein grundlegender Aspekt in Saussures Denken, den er in späteren Werken weiter ausarbeitete und in seinem *Cours de linguistique générale* (*Grundfragen der allgemeinen Sprachwissenschaft*) klassisch formulierte. Diese Schrift beleuchten wir im nächsten Abschnitt.

8.2 Der *Cours de linguistique générale*

Nachdem er 1880 an der Universität Leipzig mit einer Arbeit über den Genitivus absolutus in Sanskrit promoviert worden war – ein Thema, das nichts mit seinem berühmt-berüchtigten *Mémoire* zu tun hatte – lehrte Saussure ein Jahrzehnt lang in Paris, bis er 1891 eine Professur in seiner Heimatstadt Genf erhielt. In Erinnerung bleibt Saussure heute vor allem wegen seiner Lehrtätigkeit in Genf. Im Jahr 1907 und dann wieder in den akademischen Jahren 1908 bis 1909 und 1910 bis 1911 bot Saussure Vorlesungen über allgemeine Sprachwissenschaft an. Aus dieser Vorlesungsreihe ist ein kurzes Buch mit dem Titel *Cours de linguistique générale* überliefert, das erstmals 1916, drei Jahre nach Saussures Tod, veröffentlicht wurde (hier zitiert nach der zweiten überarbeiteten Auflage, Saussure 1922 [1916]). Dieser Text wird weithin als die grundlegende Schrift des Strukturalismus in Ehren gehalten.

Entscheidend ist, dass Saussure die veröffentlichte Fassung des *Cours* nicht selbst zu Papier gebracht hat. Sie beruht vielmehr auf Notizen, die Saussure zur Vorbereitung seiner Vorlesungen gemacht hatte, ergänzt durch Anmerkungen von Studenten, die seine Vorlesungen besuchten. Diese verschiedenen Quellen wurden von zwei jüngeren Kollegen Saussures in Genf, Charles Bally (1865–1947) und Albert Sechehaye (1870–1946), in Buchform gebracht. In der zweiten Hälfte seiner Laufbahn veröffentlichte Saussure so gut wie nichts mehr, sondern überarbeitete seine Manuskripte ständig in dem Bemühen, eine perfekte Darstellung seiner Ideen zu erreichen. Es lässt sich vermuten, dass seine Zurückhaltung in späteren Jahren eine Reaktion auf die Rückschläge war, denen er sich in jungen Jahren ausgesetzt sah, als er sein *Mémoire* überstürzt in den Druck gegeben hatte, das dann, wie im vorigen Abschnitt festgestellt, eher gemischt aufgenommen wurde.

Saussures *Cours* ist ein kurzer, suggestiver Text, der viel Raum für Interpretation und Konkretisierung der darin vorgestellten Ideen lässt. In Anbetracht der Art und Weise, wie er verfasst wurde – posthum von zwei Kollegen aus Vorlesungsnotizen zusammengestellt – ist er auch eine Schrift, die angefochten werden kann. Es lässt sich stets darüber streiten, ob es sich dabei wirklich um das handelt, was Saussure gesagt hat: In der Tat gibt es eine Fülle konkurrierender Interpretationen der saussureschen Lehre. Ungeachtet der Einzelheiten von Saussures *Cours* lässt sich anführen, dass er eine Reihe eleganter begrifflicher Unterscheidungen enthält, die Teil der allgemeinen Grundlagen linguistischer Wissenschaft geworden sind und weiterhin eine Rolle dabei spielen, wie Linguistinnen und Linguisten heute über Sprache denken. Der weitere Verlauf dieses Abschnitts präsentiert einen kurzen Abriss des *Cours* und einige der darin vorgestellten Schlüsselideen.

Die vielleicht grundlegendste Unterscheidung, die im *Cours* eingeführt wird und auf der ein Großteil seines begrifflichen Apparats aufbaut, ist die zwischen *la langue* und *la parole* (siehe Saussure 1922 [1916]: 36–39). Diese Begriffe werden in der deutschsprachigen Linguistik im Allgemeinen in ihrer französischen Originalform verwendet, aber eine grobe Übersetzung wäre ‚das Sprachsystem' und ‚die Rede' (so werden die Begriffe in Saussure 2013 [1916] übersetzt; siehe z.B. ebd.: 87). Im Wesentlichen bezeichnet *la langue* das abstrakte Regelsystem einer Sprache, zu dem alle Mitglieder einer Sprachgemeinschaft Zugang haben: Es ist das Gemeingut, das es ihnen ermöglicht, miteinander zu kommunizieren. *La parole* hingegen ist die Anwendung von *la langue* in konkreten Fällen, um Äußerungen zu erzeugen. Saussure spricht auch von der allgemeinen Sprachfähigkeit, die alle Menschen besitzen und die es ihnen ermöglicht, sich einer bestimmten Sprache zu bedienen. In diesem Zusammenhang spricht er oft von der *faculté de langage*, macht aber keine konsequente, systematische Unterscheidung: Gelegentlich verwendet er *la langue* für Sprache im Allgemeinen, als ein Attribut aller Menschen.

Im *Cours* konzentriert sich Saussure vor allem auf die Erforschung des Wesens von *la langue* und hat vergleichsweise wenig über *la parole* zu sagen. Es ist umstritten, ob Saussure der Meinung war, dass sich die wissenschaftliche Erforschung von Sprache nur mit *la langue* befassen sollte, oder ob auch *la parole* für eine solche Untersuchung in Frage kam. Unabhängig von Saussures Intentionen können wir sagen, dass es sein Konzept von *la langue* ist, das den größten Einfluss auf die spätere Linguistik hatte: Die meisten Linguistinnen und Linguisten haben ihre Aufgabe darin gesehen, *la langue* und ihre Funktionsweise zu untersuchen, wobei diese unterschiedlich aufgefasst wurde.

Die konstituierenden Elemente von *la langue* sind Zeichen. Ein saussuresches Zeichen (*signe*) hat zwei Seiten, den Signifikanten (*signifiant*) und das Signifikat (*signifié*). Der Signifikant ist das psychische Lautbild des Zeichens und das Signifikat das im Zeichen enthaltene Konzept oder Vorstellung (siehe Saussure 1922 [1916]: 97–100). Saussure stellt seine Konzeption des Zeichens dem Gedanken einer Nomenklatur gegenüber. In einer Nomenklatur sind Wörter lediglich Etiketten, die bereits existierende Konzepte benennen. Das saussuresche Zeichen hingegen existiert nur in der Verbindung von Laut und Konzept; die beiden Seiten, der Signifikant und das Signifikat, können nicht unabhängig voneinander existieren. Er veranschaulicht sein Zeichenmodell mit dem in Abbildung 8.1. wiedergegebenen Diagramm.

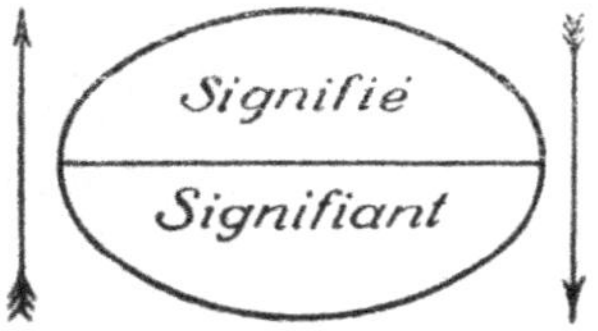

Abbildung 8.1. Das Zeichen nach Saussure (1922 [1916]: 158).

Die saussureschen Zeichen werden im System einer Sprache durch ihren jeweiligen ‚Wert' (*valeur*) voneinander unterschieden, ein weiterer der im *Cours* eingeführten Schlüsselbegriffe. Saussure (1922 [1916]: 159) erklärte, „[…] Sprache [*la langue*] [ist] ein System […], dessen Einheiten solidarisch sind und in dem der Wert der einen sich aus dem Vorhandensein der anderen ergibt […]" (deutsche Übersetzung in

Saussure 2013 [1916]: 249). Das Prinzip ist, dass die Grenzen des Signifikanten und des Signifikats – die beiden Seiten des Zeichens – durch ihre Unterschiede zu allen anderen Signifikanten und Signifikaten im System von *la langue* definiert werden.

Im Falle der Signifikate existiere keine einfache Sache in der Welt, die durch das Wort benannt werde. Saussure (ebd.: 160) verwendet das Beispiel des französischen Wortes *mouton* im Vergleich zum englischen Wort *sheep*. Wenn jemand auf Französisch *mouton* sagt, könnte er sich auf ein lebendes Schaf oder auf dessen Fleisch beziehen. Wenn er hingegen auf Englisch *sheep* sagt, kann er nur das lebende Tier meinen. Im Englischen müsste er ein anderes Wort, wie beispielsweise *mutton*, verwenden, um sich auf das Fleisch zu beziehen. Der Punkt ist, dass die unterschiedlichen begrifflichen Grenzen dieser beiden Wörter im Französischen und im Englischen – *mouton* und *sheep* – Teil der jeweiligen Sprachsysteme sind und keine in der Welt gegebenen Fakten.

Auf der Seite der Signifikanten erwähnt Saussure (1922 [1916]: 164–165) das Beispiel des Lautes, der im Französischen mit dem Buchstaben ‚r' geschrieben wird. Dieser Laut könne auf verschiedene Weise ausgesprochen werden und werde dennoch als derselbe Laut erkannt. Das französische Wort *roi* ‚König' könne beispielsweise mit einem uvularen Frikativ als [ʁ] oder mit einem alveolaren Vibrant als [r] oder sogar als velarer Frikativ [x] ausgesprochen werden und werde dennoch als derselbe Laut erkannt, solange er sich vom [m]-Laut in *moi* ‚ich' oder dem [d] in *doigt* ‚Finger' unterscheide. Der Variationsspielraum bei der Aussprache von Lauten hänge jedoch von der jeweiligen Sprache ab. Während das ‚r' im Französischen als velarer Frikativ ausgesprochen werden könne, sei dies im Deutschen nicht möglich. Im Deutschen werde das ‚r' in der Regel wie im Französischen als uvularer Frikativ ausgesprochen, der velare Frikativ jedoch sei ein völlig anderer Laut, der in der Regel mit den Buchstaben ‚ch' geschrieben werde. Diese Laute haben im Französischen und im Deutschen unterschiedliche Werte, das heißt sie nehmen im System der jeweiligen Sprache einen anderen Platz ein. Der sich gegenseitig abgrenzende Charakter der Zeichen wird von Saussure mit dem Diagramm in Abbildung 8.2. veranschaulicht.

Abbildung 8.2. Saussures (1922 [1916]: 159) Veranschaulichung des ‚Wertes', des sich gegenseitig abgrenzenden Charakters von Zeichen.

‚Wert' ist ein rein negativer Begriff: Der Platz eines jeden Elements im System seiner jeweiligen Sprache wird durch das bestimmt, was es nicht ist. Es gibt keine positive Korrelation zwischen einem Element im System und einem Absoluten in der Außenwelt, wie etwa einem bestimmten Laut oder einer bestimmten ‚Bedeutung'. Ein spezifisches Zeichen, das in der Einheit eines bestimmten Signifikanten und Signifikats besteht, ist jedoch ein positiver Begriff und eher konkret als abstrakt. Dieses Prinzip wird im *Cours* folgendermaßen beschrieben:

> […] in der Sprache [*dans la langue*] gibt es nur Unterschiede *ohne positive Einheiten*. Gleichgültig, ob man das Signifikat oder den Signifikanten nimmt, die Sprache enthält weder Ideen noch Laute, die hinsichtlich des sprachlichen Systems vorgegeben wären, sondern nur inhaltliche und lautliche Unterschiede, die sich aus diesem System ergeben. […] Aber die Aussage, in der Sprache sei alles negativ, trifft nur zu, wenn man das Signifikat und den Signifikanten je für sich betrachtet: Sobald man das Zeichen in seiner Ganzheit in den Blick nimmt, steht man etwas gegenüber, das auf seine Weise positiver Natur ist. […] Obwohl das Signifikat und der Signifikant, jede Komponente für sich genommen, rein differentiell und negativ sind, ist ihre Kombination ein positives Faktum […] (Saussure 1922 [1916]: 166; deutsche Übersetzung Saussure 2013 [1916]: 259; Hervorhebung im Original)

Eine wichtige Eigenschaft des Systems von *la langue* besteht darin, dass es zu einem bestimmten Zeitpunkt existiert. Das heißt, dass die relative Anordnung aller Teile des Systems – die Werte jedes Teils des Systems – nur zu einem bestimmten Zeitpunkt gilt. Die Veränderung eines einzelnen Wertes durch Veränderung des Lautes oder der Bedeutung führt demnach zu einer Neukonfiguration des gesamten Systems und damit zu einer neuen *langue* (Saussure 1922 [1916]: 124–127). Um den Zustand einer Sprache zu einem bestimmten Zeitpunkt zu erfassen, müsse man eine ‚synchrone' (*synchronique*) Linguistik betreiben, um den von Saussure eingeführten Begriff zu verwenden, der schnell Verbreitung fand.

Sobald man eine Reihe von synchronen Sprachzuständen beschrieben habe, könne man diese vergleichen, um Veränderungen im Laufe der Zeit zu erkennen, und betreibe somit ‚diachrone' (*diachronique*) Linguistik, ebenfalls ein von Saussure eingeführter Begriff. Bei Saussure geht die synchrone Linguistik der diachronen Linguistik voraus. Diese Position scheint die traditionelle Ausrichtung des Faches umzukehren, von der vorwiegend historischen Sichtweise des 19. Jahrhunderts – mit ihrem überwältigenden Interesse am Sprachwandel – hin zur Konzentration auf die Beschreibung spezifischer synchroner Sprachzustände seit der Ära des Strukturalismus.

Saussures Wertbegriff ist Teil seiner umfassenderen Lehre von der ‚Arbitrarität' (d. h. Willkürlichkeit, Beliebigkeit) des Zeichens, dem Gedanken, dass Zeichen völlig autark und durch nichts in der äußeren Welt bestimmt seien. Selbst Lautmalerei (Onomatopöie), so Saussure (1922 [1916]: 100–102), der klassische Fall von

Wörtern, die nicht arbiträr zu sein scheinen, sondern durch den Klang der Sache, die sie benennen, motiviert seien, erweise sich bei näherer Betrachtung als trügerisch. Wirklich lautmalerische Formen seien stets bis zu einem gewissen Grad konventionell, da sie dem Lautsystem der Sprache unterworfen sind. Aber selbst diese wirklich lautmalerischen Fälle seien sehr selten: Die meisten Formen, die lautmalerisch zu sein scheinen, seien genauso arbiträr wie jedes andere Wort in der Sprache. Um das Beispiel aus dem *Cours* wiederzugeben: Das französische Wort für Peitsche, *fouet*, mag scheinbar den Klang einer Peitsche imitieren, doch sehe man sich die Etymologie dieses Wortes an, werde klar, dass es sich nur um einen Zufall handele. *Fouet* habe sich durch regelmäßigen Lautwandel aus dem lateinischen *fāgus* ‚Buche' entwickelt, da historisch gesehen Streifen aus Buchenholz als Peitschen verwendet wurden.

Saussure (1922 [1916]: 180–184) räumte jedoch ein, dass verschiedene Aspekte der Sprache in unterschiedlichem Maße motiviert sein können. Demnach sei beispielsweise das Wort *vingt* ‚zwanzig' völlig arbiträr, während das Wort *dix-neuf* ‚neunzehn' nicht ganz so arbiträr sei, da es sich aus erkennbaren Teilen zusammensetze, nämlich *dix* ‚zehn' und *neuf* ‚neun': also zehn plus neun. Seine Konstruktion sei Teil eines regelmäßigen Musters, das auch in anderen Wörtern mit einer verwandten Bedeutung vorkomme, wie zum Beispiel *vingt-neuf* ‚neunundzwanzig'. Dieses Prinzip gelte auch für grammatische Aspekte einer Sprache, wie zum Beispiel die Flexion: Die Pluralform im englischen *ships* folge einem gemeinsamen Muster mit Wörtern wie *flags, birds, books* usw., obwohl es auch weniger motivierte Formen gebe wie die Plurale *men* und *sheep*, die nicht mit dem gewöhnlichen übereinstimmen.

Der zentrale Gedanke, der sich aus den diversen Unterscheidungen ergibt, die Saussure in seinem *Cours de linguistique générale* darlegt, ist die Vorstellung von *la langue* als einem synchronen System arbiträrer Werte. Dabei handelt es sich um ein Konzept, das für den späteren Strukturalismus grundlegend ist. Aber auch wenn Saussure die klassische Formulierung dieses Gedankens geliefert hat, schuf er ihn nicht aus dem Nichts. Im vorigen Abschnitt haben wir zum Beispiel gesehen, dass das systemorientierte Denken, das Saussures *langue* zugrunde liegt, bereits in den Arbeiten seiner junggrammatischen Lehrer vorhanden war. Im nächsten Abschnitt gilt es einer Reihe weiterer Quellen nachzugehen, aus denen Saussure seine Inspiration bezog.

8.3 Saussures Quellen

Viele der charakteristischen Lehren von Saussures *Cours* – die von späteren Linguistinnen und Linguisten als revolutionäre Neuerungen gepriesen wurden – mögen aus den vorangegangenen Kapiteln eigentlich recht vertraut erscheinen. Die Arbitrarität des Zeichens, das Wesen von Sprachen als Systeme und sogar die Betonung von Synchronie haben allesamt klare Vorläufer in Saussures intellektuellem Umfeld.

Wie in Abschnitt 3.2. dargelegt war der arbiträre Charakter sprachlicher Zeichen ein wichtiges Thema in der Philosophie der Aufklärungszeit und hatte Wurzeln, die bis in die Antike zurückreichen. Saussures Biograf John Joseph (2012: 88–89) zeigt, dass Saussure diese Ideen während seiner Schulzeit in Genf kennenlernte. Obwohl die meisten Linguisten im 19. Jahrhundert unter dem Einfluss der deutschen Sprachphilosophie standen und sich von der traditionellen willkürlichen Konzeption des Zeichens entfernten, gab es diejenigen wie William Dwight Whitney (1827–1894), die eifrig versuchten, diese Konzeption wieder in die Linguistik einzuführen, wie sich in Abschnitt 5.2. beobachten ließ. Saussure (1922 [1916]: 26, 110) zitierte Whitney im *Cours* tatsächlich wohlwollend in Bezug auf die Arbitrarität des Zeichens, und in einer privaten Notiz, die er 1894 kritzelte, kommentierte er, Whitney zeige, „dass Sprache nichts anderes als ein besonderer Fall des Zeichens ist" (zitiert in Joseph 2012: 89).

Whitney war nicht der einzige, der in Gegnerschaft zur deutschen Sprachphilosophie ältere Vorstellungen von Sprache wiederbelebte. Michel Bréal (1832–1915) – Saussures älterer Kollege in Paris, auf den in Abschnitt 11.3. erneut Bezug genommen wird – propagierte in der zweiten Hälfte des 19. Jahrhunderts in seinen Schriften eine ähnliche Konzeption des Zeichens. Bréals Forschungen gipfelten in seinem 1897 erschienenen Buch *Essai de sémantique* (Essay über Semantik), dem Werk, das den Begriff ‚Semantik' als Bezeichnung für das Fachgebiet etablierte, das sich mit Bedeutung beschäftigt. In diesem Buch skizzierte Bréal eine Reihe von Gesetzen, die den Bedeutungswandel in der Sprache bestimmen. Die Arbitrarität der sprachlichen Zeichen war eines der grundlegenden Prinzipien, auf denen seine Gesetze beruhten, ein Prinzip, das er gegen die materialistische Linguistik von August Schleicher vorbrachte (siehe Abschnitt 4.2.):

> Unsere Vorväter aus Condillacs Schule [...] waren weniger weit von der Wahrheit entfernt, als sie in einfacher und ehrlicher Weise sagten, dass Worte Zeichen sind. [...] Worte sind Zeichen: Sie haben nicht mehr Existenz als die Signale der optischen Telegrafie oder als die Punkte und Striche (. –) der Morse-Telegrafie. Zu sagen, Sprache sei ein Organismus, ist nichts anderes, als die Sachen zu verdunkeln und eine Saat des Irrtums in den Köpfen der Menschen zu säen. (Bréal 1897: 277)

Um die unmittelbaren Vorläufer von Saussures Konzentration auf die synchronen Systeme von Sprachen zu finden, muss der Blick nicht weiter als bis zu den Junggrammatikern schweifen. Wie in Abschnitt 8.1. festzustellen war, bestand der methodische Durchbruch, auf dem Saussures Rekonstruktion des Vokalsystems der indogermanischen Ursprache in seinem *Mémoire* von 1879 gründete, gerade darin, dass er die Laute der Sprache im systematischen Zusammenhang betrachtete. Brugman hatte einen ähnlichen systemorientierten Ansatz bereits in früheren Arbeiten verwendet, deren Plagiierung Saussure vorgeworfen wurde.

Saussure und seine junggrammischen Lehrer hatten auch der indischen linguistischen Tradition um Pāṇini einiges zu verdanken (siehe Abschnitt 2.3.). Obwohl Saussures Analysen im *Mémoire* manche der von Pāṇini überlieferten Regeln der Sanskrit-Grammatik überwunden hatten, wäre Saussure nicht zu seinen Einsichten gekommen, wenn er Pāṇinis System und den ihm zugrundeliegenden abstrakten Ansatz nicht schon verinnerlicht hätte (vgl. Joseph 2012: 83–84).

Tatsächlich zieht sich die Anerkennung des systemischen Charakters von Sprachen durch die gesamte Forschung des 19. Jahrhunderts. Wie in Abschnitt 3.1. erörtert wurde, ist dies eine der wichtigsten Erkenntnisse, die in der damals gängigen metaphorischen Beschreibung von Sprachen als ‚Organismen' enthalten sind. Es gab Linguisten – beispielsweise Schleicher, wie in dem obigen Zitat von Bréal zu sehen –, die diese Metapher wörtlich nahmen und argumentierten, dass Sprachen wirklich biologische Organismen seien, eine Ansicht, für die er heftig kritisiert wurde, unter anderem von Saussure (1922 [1916]: 317). Dennoch behielt Saussure den nicht-biologischen Gebrauch von ‚Organismus' (*organisme*) im *Cours* bei und verwendete ihn als Synonym für ‚System' (*système*; z.B. ebd.: 40–42; siehe auch Kohrt und Kucharczik 2001).

Mitte des 20. Jahrhunderts machte der Romanist Eugenio Coseriu (1921–2002) geltend, dass Schlüsselelemente von Saussures *Cours* von dem deutschen Sinologen und allgemeinen Sprachwissenschaftler Georg von der Gabelentz (1840–1893) – der in Kapitel 7 vorgestellt wurde – in seinem 1891 erschienenen Hauptwerk *Die Sprachwissenschaft* vorweggenommen worden seien. Coseriu (1967) versuchte, mehrere Schlüsselbegriffe aus Saussures *Cours* mit ähnlichen deutschen Begriffen in Gabelentz' *Sprachwissenschaft* gleichzusetzen, insbesondere die Kernbegriffe von Saussures *langage* und Gabelentz' ‚Sprachvermögen', *langue* und ‚Einzelsprache' sowie *parole* und ‚Rede'. Darüber hinaus bemerkte Coseriu, wie Gabelentz' Beschreibung der Linguistik als Wissenschaft, ihre interne Unterteilung und ihr Platz unter den anderen Wissenschaften sich in den nun klassischen Definitionen des *Cours* wiederzufinden schienen (eine Ansicht, die auch Morpurgo Davies 1998: 299–300 äußerte).

Der Linguistikhistoriker Konrad Koerner (1939–2022) wandte gegen Coserius Argumentation von Gabelentz' Priorität ein, dass die Sichtweisen, die Gabelentz und Saussure zu teilen scheinen, im zeitgenössischen wissenschaftlichen Umfeld bis zu einem gewissen Grad Allgemeingut waren (Koerner 1978 [1974]). Darüber hinaus machten es die verfügbaren textlichen und biografischen Belege schwierig, einen direkten Einfluss von Gabelentz auf Saussure zu behaupten. Eine viel plausiblere direkte Quelle für Saussure seien nach Koerner (2008) das Buch *Prinzipien der Sprachgeschichte* des Junggrammatikers Hermann Paul (1846–1921), das in Abschnitt 6.3. ausführlich untersucht wurde.

Trotz seiner bekannten These, dass die einzige wissenschaftliche Betrachtung der Sprache die geschichtliche sei (Paul 1920 [1880]: 20), stellte Paul auch klar, dass eine solche geschichtliche Forschung auf einer ‚Beschreibung von Zuständen' beruhen müsse. Das heißt, auf Beschreibungen der aufeinanderfolgenden synchronen Stadien, die eine Sprache im Laufe ihrer Geschichte durchlaufen hat. Diese Zustände hätten einen ‚organischen' Charakter – ‚organisch' in dem Sinne, dass sie ein System bildeten. In einer Passage, die bereits in der zweiten Auflage seiner *Prinzipien* von 1886 enthalten ist, schreibt Paul:

> Der Beschreibung von Zuständen wird er [der Sprachforscher] nicht entraten können, da er es mit grossen Komplexen von gleichzeitig neben einander liegenden Elementen zu tun hat. Soll aber diese Beschreibung eine wirklich brauchbare Unterlage für die historische Betrachtung werden, so muss sie sich an die realen Objekte halten, d. h. an die eben geschilderten psychischen Organismen. (Paul 1920 [1880]: 29; Hervorhebung im Original)

Es gibt jedoch einen wichtigen Unterschied im metaphysischen Status, den Paul und Saussure diesen Sprachzuständen zugestehen. Zur Erinnerung: Paul glaubte nicht an die Existenz einer Sprache als solche. In der Linguistik untersuche man den ‚Sprachusus', aber der sei nur eine künstliche Abstraktion, die für Analysezwecke geschaffen werde. Saussure hingegen bezeichnete *la langue* als einen ‚sozialen Tatbestand' oder eine ‚soziale Tatsache' (*fait social*; z.B. 1922 [1916]: 21, 112). Dieser Begriff wurde von dem französischen Soziologen Émile Durkheim (1858–1917) eingeführt, um Entitäten zu beschreiben, die in der Gesellschaft eine unabhängige Existenz haben, die über die Ebene der einzelnen Personen hinausgeht. In der Wahl seiner Terminologie zeigt sich, dass Saussure bereit war, die reale Existenz abstrakter Entitäten in Betracht zu ziehen, ein Ansatz, der für Paul und die anderen Junggrammatiker, welche die Abstraktionen der Völkerpsychologie so vehement bekämpft hatten, ein Gräuel war.

Saussure war zweifellos ein sehr origineller und fundierter Sprachwissenschaftler, jedoch nicht das einsame Genie, zu dem ihn einige Bewundererinnen und Bewunderer späterer Generationen stilisierten. Man mag der Einschätzung von Leonard Bloomfield (1887–1949) zustimmen, einem führenden amerikanischen Linguisten der strukturalistischen Ära, der in Kapitel 16 vorgestellt wird. In seiner Rezension der zweiten Auflage von Saussures *Cours* kam Bloomfield zu dem Schluss:

> Der Wert des *Cours* liegt in der klaren und schlüssigen Darstellung der Grundprinzipien. Das meiste von dem, was der Autor sagt, liegt seit langem ‚in der Luft' und ist hier und da fragmentarisch ausgedrückt worden; die Systematisierung ist seine eigene. (Bloomfield 1924: 318)

8.4 Weiterführende Literatur

Als legendäre Figur, der oft die theoretischen Grundlagen des Strukturalismus und damit eines Großteils der Linguistik und vieler anderer Geisteswissenschaften des 20. Jahrhunderts zugeschrieben werden, ist Saussure Gegenstand einer sehr umfangreichen Sekundärliteratur von unterschiedlicher Qualität. Der beste Ausgangspunkt dürfte John Josephs (2012) *Saussure* sein, eine umfassende Biografie, die Saussures Leben, Werk und Denken in einer einzigen Erzählung zusammenfasst. Eine Zusammenfassung der wichtigsten Aspekte von Saussures Leben und Werk findet sich in John Josephs (2017) Artikel „Ferdinand de Saussure" in der Online-Enzyklopädie *Oxford Research Encyclopedia of Linguistics*.

In deutscher Sprache umreißen Kapitel 2 von Gerhard Helbigs (1989 [1970]) *Geschichte der neueren Sprachwissenschaft* sowie Kapitel 3 von Brigitte Bartschats (1996) *Methoden der Sprachwissenschaft* die Hauptpunkte des saussureschen Gedankenguts. Ludwig Jägers (2010) *Ferdinand de Saussure zur Einführung* bietet einen Überblick über das Leben und Werk Saussures und versucht dabei, den ‚authentischen' Saussure – d. h. Saussure ohne die Herausgeber des *Cours*, Charles Bally und Albert Sechehaye – zu rekonstruieren.

Der *Cours de linguistique générale*, der erstmals 1916 posthum veröffentlicht wurde, ist auch heute noch gut lesbar, auch wenn er in einigen Teilen undurchsichtig sein mag. Es gibt zahlreiche Ausgaben dieses Textes, aber die zuverlässigste Version ist wohl die 2. Auflage von 1922. Für deutschsprachige Leser empfiehlt sich die zweisprachige von Peter Wunderli herausgegebene Ausgabe des *Cours* (Saussure 2013 [1916]), die eine deutsche Übersetzung sowie eine ausführliche Einleitung und Anmerkungen enthält.

9 Das Phonem

Ein grundlegender Begriff, der in einem Großteil der linguistischen Theorie und Analyse des 20. Jahrhunderts eine zentrale Stellung einnimmt, ist das ‚Phonem'. Dieses Kapitel zeichnet die Entstehung des Phonembegriffs in den letzten Jahrzehnten des 19. Jahrhunderts nach und zeigt, wie die sukzessiven Entwicklungen, die er durchlief, die breiteren Trends in der Linguistik um die Jahrhundertwende widerspiegeln.

Noch vor dem Einstieg in die historische Diskussion lohnt es, kurz darauf einzugehen, was ‚Phonem' für die meisten gegenwärtigen Linguistinnen und Linguisten bedeutet. Auch heute ist das Phonem weiterhin ein wichtiger Begriff in der Linguistik, und die phonemische Analyse gehört zu den ersten Themen, die in jeder Einführung gelehrt werden. Der Kerngedanke hinter dem Phonem lautet, dass es zwar eine riesige Menge von Lauten gibt, die der menschliche Mund artikulieren und das menschliche Ohr wahrnehmen kann, dass aber jede Sprache nur eine begrenzte Anzahl dieser Laute benutzt, um Wörter zu unterscheiden. Noch bedeutender ist, dass die in einer Sprache verwendeten Laute in einer Weise variieren, die sowohl regelmäßig ist, in dem Sinne, dass sich Regeln formulieren lassen, die diese Variation beschreiben, als auch arbiträr, da die Variation nicht direkt durch äußere Fakten der Artikulation oder der auditiven Wahrnehmung bestimmt wird, sondern einfach eine Tatsache der Struktur des Lautsystems der jeweiligen Sprache darstellt.

So lässt sich zum Beispiel sagen, dass es im Hochdeutschen zwei Phoneme gibt, /p/ und /b/, die normalerweise mit den Buchstaben ‚p' und ‚b' geschrieben werden. Es handelt sich um unterschiedliche Phoneme, weil sie sich voneinander unterscheiden und zur Differenzierung von Wörtern verwendet werden können. Der einzige Lautunterschied zwischen den deutschen Wörtern ‚pesen' (z.B. ‚zum Bahnhof pesen') und ‚Besen' (z.B. ‚mit dem Besen kehren') ist das erste Phonem der jeweiligen Wörter, /p/ und /b/. Phonetisch gesehen ist das Phonem /p/ stimmlos, das heißt es wird ohne Vibration der Stimmlippen erzeugt, während /b/ stimmhaft ist, das heißt es wird mit Vibration der Stimmlippen artikuliert. Das Phonem /p/ wird jedoch nicht immer auf die gleiche Weise ausgesprochen. Wenn man mit sehr korrekter hochdeutscher Aussprache ‚pesen' sagt, wird das /p/ aspiriert – das heißt mit einem Lufthauch ausgestoßen; symbolisiert als [p^h] –, aber wenn man ‚Spesen' (z.B. ‚die Spesen abrechnen') sagt, wird es nicht aspiriert: [p].

Dies ist ein durchgängiges Muster im Lautsystem des Hochdeutschen (aber nicht in allen deutschen Dialekten). Wenn ein stimmloser Verschlusslaut auf /ʃ/ am Wortanfang folgt, ist der Verschlusslaut immer unaspiriert. Unaspiriertes [p] und aspiriertes [p^h] kontrastieren im Hochdeutschen nie miteinander, um Wörter zu unterscheiden. Aus diesem Grund lässt sich sagen, dass es sich um zwei verschie-

https://doi.org/10.1515/9783111618548-009

dene Realisierungen eines einzigen Phonems handelt. Heutzutage werden solche Varianten von Linguistinnen und Linguisten gewöhnlich als ‚Allophone' bezeichnet. Diese Variation ist Teil der weitgehend unbewussten Struktur des Hochdeutschen: Die meisten deutschen Muttersprachlerinnen und Muttersprachler, die keinen Grundkurs in Linguistik belegt haben, würden wahrscheinlich diesen beständigen Unterschied in der Aussprache nicht einmal merken.

Dieses Muster im hochdeutschen Lautsystem ist jedoch kein universelles Faktum menschlicher Sprache. In einer Sprache wie Hindi zum Beispiel gibt es einen Kontrast zwischen aspirierten und unaspirierten stimmlosen Verschlusslauten, so dass [p] und [p^h] zwei getrennte Phoneme darstellen, /p/ und /p^h/ – so werden die Wörter /pal/ ‚Moment' und /p^hal/ ‚Obst' auf Hindi unterschieden. In der Tat existiert in Hindi auch ein aspiriertes stimmhaftes /b^h/, das mit dem nicht aspirierten stimmhaften /b/ kontrastiert, zum Beispiel /ba:p/ ‚Vater' und /b^ha:p/ ‚Dampf'. Dieses [b^h] ist ein Laut, der im Hochdeutschen überhaupt nicht vorkommt. In Hindi existieren also vier verschiedene Phoneme in einem phonetischen Raum, aus dem das Hochdeutsche nur zwei Phoneme unterscheidet.

Die heutige Konzeption des Phonems ist nicht plötzlich entstanden. In den folgenden Abschnitten wird ein Überblick über den allmählichen Prozess gegeben, der sich über mehrere Jahrzehnte erstreckte und in dem der Phonembegriff die Merkmale annahm, die ihn heute definieren.

9.1 Die ersten Schritte zur Theoretisierung

Trotz seines technischen Aussehens, das durch seine pseudogriechische Form vermittelt wird, war der Begriff ‚Phonem' lange Zeit im Umlauf, bevor er mit einer klaren theoretischen Vorstellung verbunden wurde. Dem Linguistikhistoriker Joachim Mugdan (1985; 2011; 2014; 1996: 282–306) zufolge ist der Begriff erstmals in den Schriften des französischen Linguisten Antoni Dufriche-Desgenettes (1804–1878) belegt und fand in den Diskussionen und Veröffentlichungen der Société de Linguistique de Paris in den 1870er Jahren einige Verbreitung. In diesen Diskussionen wurde der Begriff ‚Phonem' einfach zur Bezeichnung von Lauten in der Sprache verwendet, ohne dass eine ausdrückliche Definition erfolgte. Aber erst von diesem Punkt aus wurde der Begriff aufgegriffen und mit theoretischem Inhalt gefüllt.

Die ersten Schritte zur Theoretisierung vollzogen sich mit der Verwendung des Terminus durch Ferdinand de Saussure (1857–1913) in seinem *Mémoire* von 1879, das in Abschnitt 8.1. vorgestellt wurde. In diesem Werk, auf den sich sein Ruf zu Lebzeiten weitgehend gründete, legte Saussure eine brillante Rekonstruktion des urindogermanischen Vokalsystems vor. Der große methodische Durchbruch Saussures bestand darin, die rekonstruierten Vokale als abstrakte Einheiten in einem System und nicht als konkrete Laute zu behandeln. Eine Bezeichnung, die Saussure für diese rekonstruierten Formen verwendete, war *phonème*, vielleicht weil dieser Begriff als suggestiver Neologismus existierte, jedoch noch nicht mit einer bestimmten theoretischen Position in Verbindung gebracht wurde. Der Begriff erlaubte es Saussure, darauf hinzuweisen, dass er über eine Art hypothetisches Konstrukt sprach, ohne genau zu spezifizieren, um was es sich handelte.

Saussures Analyse im *Mémoire* inspirierte viele weitere Wissenschaftler, die zu dieser Zeit arbeiteten, insbesondere zwei polnische Sprachwissenschaftler: Jan Baudouin de Courtenay (1845–1929) und seinen Schüler Mikołaj Kruszewski (1851–1887). Baudouin de Courtenay und Kruszewski waren beide polnischer Abstammung, aber Untertanen des russischen Zaren. In der Zeit, in der sie zusammenarbeiteten, in den 1870er und 1880er Jahren, existierte kein polnischer Staat: Das Land war Ende des 18. Jahrhunderts zwischen Russland, Preußen und Österreich aufgeteilt worden und erlangte erst am Ende des Ersten Weltkriegs seine Unabhängigkeit zurück. Baudouin de Courtenay und Kruszewski stammten beide aus polnischen Gebieten, die dem Russischen Reich einverleibt worden waren. Sie arbeiteten gemeinsam tief in diesem Reich, an der Universität Kazan, in der Hauptstadt der russischen Region Tartarstan, wo Baudouin von 1875 bis 1883 als Professor lehrte. Baudouin de Courtenay stammte übrigens aus dem französischen Adel, obwohl seine Familie seit mehreren Generationen in Polen ansässig war: daher sein bemerkenswerter gallischer Nachname.

In seinen Vorlesungen in den 1870er Jahren erkannte Baudouin de Courtenay zwei Perspektiven auf die Sprachlaute an: Laute ließen sich unter artikulatorischen und akustischen Gesichtspunkten untersuchen, oder sie ließen sich als psychische Einheiten behandeln, die Bedeutung tragen und Formen in der Sprache unterscheiden. Er stellte fest, dass aus psychologischer Sicht die Laute jeder Sprache ein System bildeten, das dieser Sprache eigen sei, ähnlich wie die Töne einer Tonleiter (siehe Jakosbon 1971 [1960]: 400). In seinem „Vorlesungsprogramm für 1876 bis 1877“, einem Lehrplan für seinen Universitätskurs, schrieb Baudouin:

> Physiologisch identische Laute verschiedener Sprachen haben einen unterschiedlichen Wert, der von (ihrem Platz innerhalb) des gesamten Lautsystems und ihrer Beziehung zu anderen Lauten abhängt. [...] Vergleich mit den Tönen der Musik. (Baudouin de Courtenay 1972 [1877]: 94)

Diese Ausführung Baudouins mutet sehr nach einer Formulierung der zentralen Einsicht der heutigen Phonemtheorie an, nach der jede Sprache ihr eigenes arbiträres Lautsystem aufweist, das konkrete Laute auf unterschiedliche Weise konfiguriert. Doch gilt es aufzupassen, dass hier nicht zu viel hineininterpretiert wird. Diese

Aussage erscheint in dem Abschnitt von Baudouins Kurs, welcher der historisch-vergleichenden Rekonstruktion gewidmet ist, und lässt sich am besten im Kontext der damals aktuellsten junggrammatischen Forschung verstehen, die ebenfalls eine Unterscheidung zwischen physiologischen und psychologischen Aspekten des Lautwandels trifft – wie in den Abschnitten 6.2. und 6.3. erörtert – und die bereits algebraische Platzhalter zur Darstellung hypothetischer Laute in rekonstruierten Lautsystemen verwendet. Aus Abschnitt 8.1. sei daran erinnert, dass Saussure bei Erscheinen seines *Mémoire* von seinen junggrammatischen Lehrern des Plagiats bezichtigt wurde. Unabhängig von der Stichhaltigkeit dieser spezifischen Vorwürfe können wir mit Sicherheit sagen, dass systemorientiertes Denken in der Sprachwissenschaft der 1870er Jahre weit verbreitet war.

Außerdem hat Baudouin de Courtenay den Terminus ‚Phonem' in diesen Vorlesungen nicht benutzt. Von den beiden polnischen Linguisten war es Kruszewski, der den Begriff erstmals in seiner 1881 veröffentlichten Magisterarbeit verwendete. Das Thema von Kruszewskis Arbeit betraf das, was er ‚Lautabwechslungen' nannte, also die regelmäßige Alternationen von Lauten in einer Sprache. Kruszewskis Lautalternationen gingen jedoch weit über die allophonische Variation hinaus, wie sie in der Einleitung zu diesem Kapitel besprochen wurde: Seine Alternationen vermischten synchrone und diachrone Abwägungen und waren nicht rein phonologischer Natur, sondern schlossen auch morphologische Alternationen ein.

In seiner Dissertation von 1881 verwendet Kruszewski in deutscher Übersetzung den Begriff ‚Phonem' (russisch: фонема), um die psychische Lauteinheit zu bezeichnen, die im Gegensatz zu dem tatsächlich erzeugten physischen Laut betrachtet wird, und folgt damit der Unterscheidung zwischen dem Psychischen und dem Physischen, die Baudouin de Courtenay bereits machte. Nach Baudouin de Courtenays späterer Aussage (siehe Jakobson 1971: 405) wurde Kruszewski von der Verwendung dieses Begriffs durch Saussure in seinem *Mémoire* dazu angeregt, diese psychische Einheit als ‚Phonem' zu bezeichnen.

Ab den 1880er Jahren begann auch Baudouin den Begriff ‚Phonem' zu benutzen, um das „psychische Aequivalent des Sprachlauts" zu bezeichnen (Baudouin de Courtenay 1895: 9). So wird das ‚Phonem' in seinem 1895 erschienenen Buch *Versuch einer Theorie phonetischer Alternationen* definiert. Doch der genaue Begriff, den Baudouin mit dem Terminus Phonem verband, war noch nicht identisch mit unserer heutigen Vorstellung. Insbesondere war das Phonem bei Baudouin weiterhin mit morphologischen Faktoren verbunden. Zu Beginn der 1880er Jahre führte Baudouin einen weiteren Fachausdruck ein, den er nach dem Vorbild des Phonems prägte: ‚Morphem'. In seinem Buch von 1895 definiert Baudouin ‚Morphem' als jeden „mit dem selbstständigen psychischen Leben versehene und von diesem Standpunkte […] aus weiter unteilbare[n] Wortteil. Dieser Begriff umfasst also W u r z e l […], alle möglichen A f f i x e, […] als Exponenten syntaktischer Beziehungen dienende Endungen, u.s.w." (Baudouin de Courtenay 1895: 10; Hervorhebung im Original). Trotz seiner etwas altertümlichen Begrifflichkeiten meint Baudouin mehr oder weniger das, was heutzutage unter dem Begriff ‚Morphem' verstanden wird: die kleinste bedeutungstragende Spracheinheit.

Saussure nahm die Arbeiten von Baudouin und Kruszewski und ihre begrifflichen und terminologischen Innovationen zur Kenntnis. Dies geht aus Notizen hervor, die Saussure an sich selbst gerichtet hat und die in seinen privaten Unterlagen erhalten geblieben sind. *Phonème* ist ein Fachausdruck, den Saussure (1922 [1916]) in seinem *Cours de linguiquistique générale* – vorgestellt in Abschnitt 8.2. – wieder aufgriff, wo er ihn zur Bezeichnung der abstrakten Einheiten einsetzte, in die Sprechende den Redestrom unterteilen (siehe Joseph 2012: 495–500). In der veröffentlichten Version des *Cours* ist zu lesen:

> [D]as Phonem ist die Summe der auditiven Eindrücke und der Artikulationsbewegungen, der gehörten und der gesprochenen Einheit, denn die eine bedingt die andere. (Saussure 1922 [1916]: 65; deutsche Übersetzung Saussure 2013 [1916]: 123)

Nach Saussures Definition im *Cours* ist das Phonem etwas, das mit der Produktion und Wahrnehmung von Sprache zu tun hat. Aus diesem Grund betrachtete Saussure das Phonem – etwas überraschend – als eine Entität, die zu *la parole* und nicht zu *la langue* gehört. Überraschend deswegen, weil Schlüsselelemente unseres heutigen Phonembegriffs in gewisser Weise in Saussures Vorstellung von *la langue* eingebaut sind. Erinnert sei dabei an Saussures (1922 [1916]: 166) Aussage aus Abschnitt 8.2., nach der es „in einer Sprache [*dans la langue*] nur Unterschiede *ohne positive Einheiten*" gebe. Die Unterschiede – ob in der Bedeutung oder in den Lautbildern – seien inhärente Merkmale von *la langue*. Saussure hielt also an der Idee fest, dass die bedeutenden Unterschiede, die ein Lautbild von einem anderen unterscheiden, Teil des abstrakten und arbiträren Systems einer Sprache seien, aber er verwendete in diesem Zusammenhang nicht den Ausdruck ‚Phonem'.

Zu Beginn des 20. Jahrhunderts wurde der Terminus ‚Phonem' bereits in verschiedenen Bedeutungen gebraucht, von denen jedoch keine genau dem Begriff des Phonems entspricht, wie er in der heutigen Linguistik allgemein verstanden wird. Die wichtigsten Schritte zur Theoretisierung des Begriffs basierten auf den Arbeiten von Baudouin de Courtenay und Kruszewski in Russland und wurden zurück in die deutsch- und französischsprachige Wissenschaft integriert. Wie aus dem nächsten Abschnitt hervorgehen wird, existiert jedoch noch eine weitere Forschungsrichtung, die zur Entwicklung des modernen Phonembegriffs beigetragen hat: die Entwicklung von Lautschriften.

9.2 Phonetische Alphabete

In seiner Diskussion über ‚Phoneme' als Elemente von *la parole*, die am Ende des letzten Abschnitts beleuchtet wurde, stellte Saussure fest, dass Phoneme die Schrifteinheiten seien, in die ein perfekt funktionierendes Alphabet Wörter zerlege. Er führte das frühe griechische Alphabet – das er zweifellos idealisierte – als bestes Beispiel für dieses Prinzip an. In den frühesten Stadien des griechischen Alphabets, so Saussure (1922 [1916]: 39), werde jeder einfache Laut immer durch ein einziges grafisches Zeichen dargestellt, und jedes grafische Zeichen stehe immer für denselben einfachen Laut.

Saussures Ausführung beinhaltet eine wichtige Erkenntnis: Das Alphabet stelle im Wesentlichen eine vortheoretische phonemische Analyse der von ihm verschriftlichten Sprache dar. Dies ist jedoch ein Ideal, das in der Praxis selten verwirklicht wird. Wenn Alphabete an zuvor schriftlose Sprachen angepasst werden, gibt es oft Laute, die sich der einfachen Umschrift mit den verfügbaren Buchstaben entziehen. Dieses Problem ist im Fall des lateinischen Alphabets deutlich zu beobachten, das angepasst wurde, um Sprachen aus der ganzen Welt zu transkribieren und zu orthografieren. Wenn neue, vom lateinischen Alphabet nicht vorgesehene Laute auftauchen, werden in der Regel keine neuen Buchstaben zur Darstellung dieser Laute geschaffen, sondern diakritische Zeichen hinzugefügt oder vorhandene Buchstaben zu Digrafen kombiniert. Die Diskrepanz zwischen Laut und Schreibung wird häufig durch konservative oder etymologisch orientierte Orthografien verstärkt, die das Prinzip ‚ein Buchstabe für einen Laut' weiter beeinträchtigen. Die Art und Weise, wie ein leicht modifiziertes lateinisches Alphabet für das heutige Englisch verwendet wird, veranschaulicht all diese Probleme.

Dennoch scheint das Alphabet die dem Phonem zugrunde liegenden Prinzipien zu verkörpern. Man könnte sogar sagen, dass die moderne Vorstellung des Phonems lediglich eine bewusste Theoretisierung des Alphabets darstellt, wie es seit mehreren tausend Jahren verwendet wurde. In der Tat erhielt die Entwicklung des Phonembegriffs einen bedeutenden Impuls durch die Bemühungen, das lateinische Alphabet systematisch an die Verschriftlichung von Sprachen in der ganzen Welt anzupassen, um es zu einem philosophisch fundierten Universalalphabet zu machen. Europäische Entdecker, Philologen und christliche Missionare hatten das lateinische Alphabet jahrhundertelang mehr oder weniger ad hoc verwendet, um Wörter aus den Sprachen zu transkribieren, auf die sie in der ganzen Welt stießen. Vor allem die Missionare versuchten häufig, Orthografien für die Sprachen zu entwickeln, mit denen sie arbeiteten, um eine Grundlage für die Übersetzung der Bibel und anderer christlicher Texte zu schaffen.

Philologen und andere akademische Sprachforscher forderten zunehmend einen systematischeren Ansatz. Ein bemerkenswerter Schritt in diese Richtung war die Veranstaltung „Alphabetical Conferences“, organisiert 1854 in London vom preußischen Botschafter in England und Amateur-Ägyptologen Christian Karl Josias Bunsen (1791–1869; siehe Bunsen 1854: 377–488). Auf dieser Tagung stellte der deutsche Ägyptologe Karl Richard Lepsius (1810–1884) sein ‚Standardalphabet‘ vor, dessen Grundzüge 1855 in einer deutschen und einer englischen Ausgabe veröffentlicht wurden. Lepsius’ Alphabet fand in verschiedenen Versionen weite Verbreitung in philologischen Werken des 19. Jahrhunderts. Es wurde von der Church Missionary Society, der wichtigsten anglikanischen Missionsorganisation, unterstützt, die den Druck und die Verbreitung späterer Ausgaben von Lepsius’ Buch bezahlte: Auf der Titelseite der englischen Ausgabe von 1863 heißt es stolz: „recommended for adoption by the Church Missionary Society“. Friedrich Max Müller (1823–1900) – in Abschnitt 5.1. als Widersacher von William Dwight Whitney eingeführt – war ein weiterer eifriger Teilnehmer an den Alphabetical Conferences, wo er sein eigenes System vorstellte. Whitney seinerseits wurde vom Bureau of American Ethnology der US-Regierung beauftragt, ein Alphabet zur Verschriftlichung amerikanischer Sprachen zu entwerfen (siehe McElvenny 2019b: 39).

Das 19. Jahrhundert erlebte auch große Fortschritte in der Phonetik, der wissenschaftlichen Untersuchung der artikulatorischen und wahrnehmungsbezogenen Grundlagen von Sprachlauten. Während diese Fortschritte die verschiedenen Anpassungen des lateinischen Alphabets beeinflussten, die in dieser Zeit vorgeschlagen wurden, versuchten viele Phonetiker, sich von dem schwierigen kulturellen Erbe des lateinischen Alphabets mit seinen willkürlichen und unsystematischen Formen zu befreien und völlig neue Schriften zu entwickeln, die den Prinzipien der phonetischen Wissenschaft entsprachen. Die vielleicht berühmteste phonetische Schrift dieser Epoche, die auf schriftlichen Formen a priori aufbaut, ist die ‚Visible Speech‘ von Alexander Melville Bell (1819–1905), dem Vater von Alexander Graham Bell (1847–1922), der als Erfinder des Telefons gilt. Die Symbole der ‚Visible Speech‘ von Alexander Melville Bell (1867) – die in Abbildung 9.1. zu sehen sind – sollten die Position der Artikulationsorgane bei der Erzeugung der einzelnen Laute darstellen.

Das bereits früher im Jahrhundert von Isaac Pitman (1813–1897) entwickelte System der Kurzschrift, das in journalistischer Praxis, in Sekretariaten und anderen Bereichen bis ins 20. Jahrhundert hinein zur raschen Sprachtranskription eingesetzt wurde, hatte ähnliche Ambitionen in Bezug auf wissenschaftliche Genauigkeit bei der Darstellung phonetischer Details (siehe Pitman 1840 [1837]). Diese Systeme wurden verschiedentlich als Initiativen zur Rechtschreibreform – d. h. als Ersatz für die bestehenden nationalen Orthografien – sowie als Mittel zum Unterrichten von Fremdsprachen, zur Unterstützung gehörloser Kinder beim Erwerb der gesprochenen Sprache und als universelle Lautschriften vorgestellt.

Die International Phonetic Association (IPA), heute die bedeutendste internationale Fachgesellschaft der Phonetikerinnen und Phonetiker, wurde 1886 in Paris von einer Gruppe von Sprachlehrern gegründet, die vor allem an der Anwendung neuer phonetischer Methoden für den Unterricht moderner Sprachen interessiert waren. Die Gesellschaft hieß zunächst „Phonetic Teachers' Association", und ihre Zeitschrift trug ursprünglich den Titel *The Phonetic Teacher*; einige Jahre später nahm die Zeitschrift den französischen Titel *Le Maître Phonétique* an (siehe Ashby und Tabain 2020; MacMahon 1986).

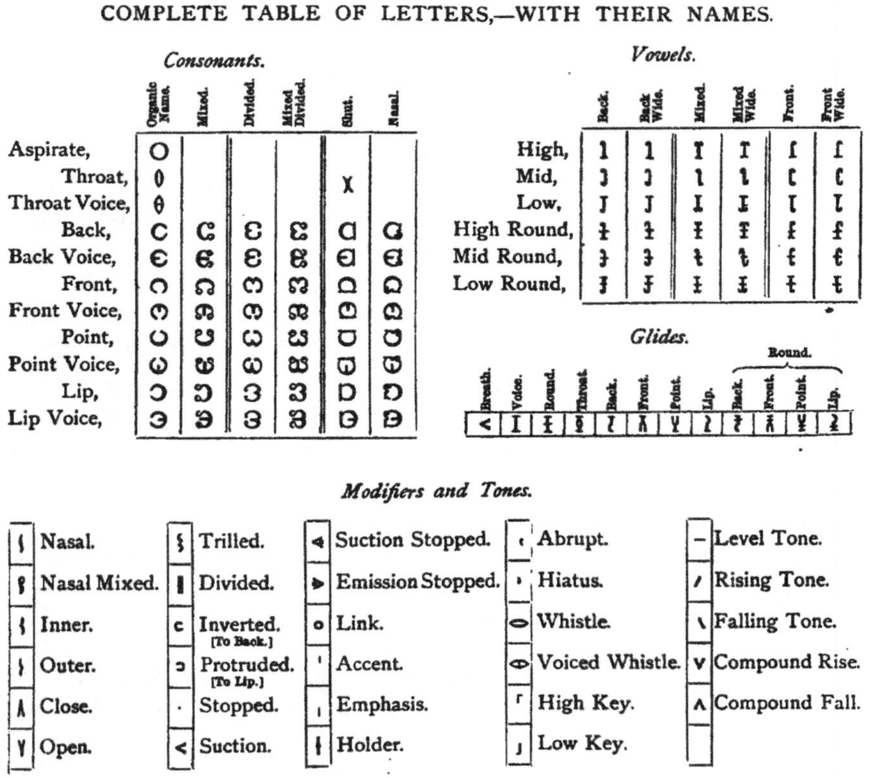

Abbildung 9.1. Die Buchstaben von Alexander Melville Bells (1867: 37) Visible Speech.

Die Gründer der Phonetic Teachers' Association gehörten zur so genannten ‚Reformbewegung' im Sprachunterricht, die sich um das Manifest *Der Sprachunterricht muss umkehren!* von Wilhelm Viëtor (1850–1918) aus dem Jahr 1882 scharte. Viëtor forderte einen radikalen Richtungswechsel im modernen Sprachunterricht, weg vom Auswendiglernen grammatischer Regeln und Vokabeln, hin zum Erlernen von Sprachen durch tatsächlichen Gebrauch. Ein zentraler Punkt in Viëtors Vorschlag war die neue Betonung des Hörverstehens und der korrekten Aussprache, die durch eine angemessene Lautschrift unterstützt werden sollte.

Die treibende Kraft hinter der Gründung der Phonetic Teachers' Association war der französische Phonetiker Paul Passy (1859–1940) in Zusammenarbeit mit einer Reihe von gleichgesinnten Kollegen, insbesondere dem englischen Phonetiker Henry Sweet (1845–1912). In seinem 1877 erschienenen *Handbook of Phonetics* stellte Sweet seine Lautschrift ‚Romic' vor. Wie der Name schon besagt, basierte Sweets Romic-Schreibung auf dem römischen/lateinischen Alphabet, eine Wahl, die er traf, weil die Buchstaben, ungeachtet ihrer theoretischen Mängel, ihren praktischen Wert über Jahrtausende hinweg bewiesen hatten (siehe Sweet 1877: 173). Das Romic-Alphabet folgte vielen der Konventionen, die von den bestehenden, auf lateinischen Buchstaben basierenden Systemen festgelegt worden waren, und floss direkt in das Internationale Phonetische Alphabet ein, das später von der International Phonetic Association veröffentlicht wurde und – nach vielen Überarbeitungs- und Reformschritten – bis heute verwendet wird.

Sweet bot sein Alphabet in zwei Formen an: ‚Narrow Romic' und ‚Broad Romic'. Mit ‚Narrow Romic' konnten alle geringfügigen Unterschiede in der Artikulation der Sprachen der Welt dargestellt werden, während ‚Broad Romic' als praktische Alternative zum Schreiben einer einzigen Sprache angelegt war. Sweet betonte den praktischen Charakter des Broad Romic, da er hoffte, dass es bei der Reform der englischen Rechtschreibung Verwendung finden würde. Sein Buch trägt den Untertitel „including a popular exposition of the principle of spelling reform" („einschließlich einer verständlichen Darstellung des Prinzips der Rechtschreibreform") und enthält einen umfangreichen Anhang, in dem gezeigt wird, wie die Romic-Schreibung die bestehende englische Orthografie ersetzen könnte. Zur Einführung des Broad Romic schrieb Sweet:

> Bei der Behandlung der Beziehungen zwischen den Lauten, ohne in die kleinsten Einzelheiten zu gehen, und bei der Angabe von Passagen beliebiger Länge in phonetischer Schrift, und besonders bei der Behandlung einer begrenzten Anzahl von Lauten, wie bei der Behandlung einer einzigen Sprache, ist es notwendig, ein Alphabet zu haben, das nur jene breiteren Unterscheidungen von Lauten angibt, die tatsächlich den Bedeutungsunterscheidungen in der Sprache entsprechen, und sie durch Buchstaben angibt, die leicht zu schreiben und zu merken sind. (Sweet 1877: 103)

Broad Romic bringt somit einen zentralen Gedanken des klassischen Phonembegriffs auf den Punkt, nämlich dass der entscheidende Faktor bei der Identifizierung von Phonemen darin besteht, ob es einen phonetischen Kontrast gibt, der dazu dient, ein Wort von einem anderen zu unterscheiden: „jene breiteren Unterscheidungen von Lauten, die tatsächlich den Bedeutungsunterschieden in der Sprache entsprechen". Passy ging bei seinen eigenen Bemühungen um eine Lautschrift im Wesentlichen nach demselben Prinzip vor. In seinem 1887 erschienenen Werk *Les sons du français, leur formation, leur combinaison, leur représentation* (Die Laute des Französischen: Ihre Bildung, ihre Verbindung, ihre Darstellung) schrieb Passy: „[W]ir werden zwei Laute unterscheiden, wenn sie zur Unterscheidung zweier Wörter dienen oder dienen können; wir werden sie zusammenführen, wenn ihre Unterscheidung vom Standpunkt der Bedeutung aus nutzlos wäre" (Passy 1887: 51).

Joachim Mugdan (1985: 146) argumentiert, dass diese Forschungsrichtung zur ‚breiten' Lautschrift letztlich zur Formulierung des Begriffs Phonem als phonologische Einheit geführt habe, die Wörter unterscheiden kann und die aus einigen nicht-signifikanten phonetischen Varianten besteht. Mugdan verortet den ersten Beleg für diese Formulierung in einem Aufsatz des russischen Linguisten Lev Ščerba (1880–1944) aus dem Jahr 1912, der schrieb:

> Als Phonem bezeichnet man die kürzeste allgemeine phonetische Vorstellung in einer gegebenen Sprache, die sich mit Bedeutungsvorstellungen assoziieren und Wörter differenzieren kann und sich in der Rede ohne Entstellung des phonetischen Bestands eines Wortes hervorheben läßt. (Ščerba 1912: 14, zitiert nach Mugdan 1996: 298)

Ščerba war ein Schüler von Baudouin de Courtenay aus einer späteren Phase von Baudouins Karriere, nachdem dieser Professor in St. Petersburg geworden war, und als solcher der direkte Erbe von Baudouins und Kruszewskis Arbeit über Alternationen. Ščerba stand auch in engem Kontakt mit Passy. Mugdan vertritt die Auffassung, dass die Konvergenz der Alternationsanalyse von Baudouin de Courtenay und Kruszewski und der von ihnen eingeführten Terminologie mit der Theorie der alphabetischen Prinzipien in Lautschriften zum modernen Begriff des Phonems führte. Diese Vorstellung sollte bald zum Kernstück der strukturalistischen Konzeptualisierung und Analyse von Sprache werden, wie im nächsten Kapitel gezeigt wird.

9.3 Weiterführende Literatur

Die gründlichste Untersuchung der Geschichte des Phonembegriffs bietet Joachim Mugdan (1985; 2011; 2014) in einer Reihe von Arbeiten, die er von den 1980er bis Mitte der 2010er Jahre veröffentlichte. Der erste dieser Aufsätze ist der vollständigste, sein 1985 in der Zeitschrift *Lingua Posnaniensis* veröffentlichter Artikel „The origin of a phoneme: farewell to a myth". Auf Deutsch stellt Mugdan die Geschichte im großen Zusammenhang in seinem „Die Anfänge der Phonologie" im Band 5 von *Geschichte der Sprachtheorie* (Mugdan 1996) dar. Eine ältere aber sehr einflussreiche Zusammenfassung der Geschichte des Phonembegriffs ist die von Daniel Jones (1957) in seinem Aufsatz „The History and Meaning of the Term ‚Phoneme'". Jones war maßgeblich an der Entwicklung und Verbreitung des Phonembegriffs in die britische Linguistik beteiligt, seine historische Perspektive ist also nicht unparteilich.

Eine klassische Darstellung der Beiträge von Baudouin de Courtenay und Kruszewski zur phonologischen Theorie findet sich in Roman Jakobsons (1971) Aufsatz „The Kazan' School of Polish linguistics and its place in the international development of phonology". So wie bei Daniel Jones ist die Schilderung Jakobsons' nicht unparteilich: Wie aus dem nächsten Kapitel hervorgeht, war Jakobson nicht nur ein Linguistikhistoriker, sondern auch eine Schlüsselfigur bei der Entwicklung und Verbreitung des Strukturalismus. Diese Doppelrolle führt zu einem gewissen Maß an Mythenbildung in seiner Geschichtsschreibung; seine historiografischen Schriften sollten daher mit einer gewissen Vorsicht behandelt werden.

Der Artikel von Mugdan (2021) über Baudouin de Courtenay in den *Oxford Bibliographies of Linguistics* bietet die aktuellste Zusammenfassung der Forschung zu Baudouin und der Kazaner Schule. Eine ältere Zusammenfassung in deutscher Sprache ist in Kapitel 2 von Brigitte Bartschats (1996) *Methoden der Sprachwissenschaft* zu finden.

Für eine kurze Geschichte der International Phonetic Association siehe Michael MacMahons (1986) Aufsatz „The International Phonetic Association: The first 100 years", im *Journal of the International Phonetic Association*. Für eine Untersuchung der Interaktion zwischen linguistischer Theorie und kolonialer Ideologie bei der Erfindung von Schriftsystemen durch europäische Gelehrte im 19. Jahrhundert siehe meinen Aufsatz aus dem Jahr 2019 „Alternating sounds and the formal franchise in phonology" im Band *Form and Formalism in Linguistics* (McElvenny 2019b).

10 Der Strukturalismus der Prager Schule

In diesem Kapitel stößt die Darstellung ins klassische Zeitalter des sprachwissenschaftlichen Strukturalismus vor. Der Begriff ‚Strukturalismus' spielte in den Geistes- und Sozialwissenschaften des 20. Jahrhunderts eine herausragende Rolle, insbesondere in der französischsprachigen Welt, wo strukturalistische Ideen als allgemeiner Hintergrund für viele Arbeiten in Bereichen wie Anthropologie, Soziologie und Literaturwissenschaft dienten. Die verschiedenen Formen des Strukturalismus, die bis zur Mitte des 20. Jahrhunderts auftauchten, hatten zwar alle ihren eigenen Charakter, doch ihr allgemein anerkannter Ursprung lag in methodologischen und erkenntnistheoretischen Innovationen, die aus der Linguistik herrührten.

Der russische Linguist Roman Jakobson (1896–1982) ist eine der zentralen Figuren in diesem Zusammenhang, nicht nur wegen seiner bahnbrechenden Beiträge zum sprachwissenschaftlichen Strukturalismus, sondern auch wegen des von ihm bewirkten gegenseitigen geistigen Austausches von Wissenschaftlerinnen und Wissenschaftlern in ganz Europa und Nordamerika sowie in verschiedenen akademischen Disziplinen. Ursprünglich aus Moskau stammend, führte er ein Wanderleben mit wichtigen Stationen in Prag, New York und Boston. Seine eigene Arbeit beschränkte sich nicht auf die Linguistik, sondern umfasste auch die Literaturwissenschaft, und er stand in engem Kontakt mit Wissenschaftlerinnen und Wissenschaftlern aus der Anthropologie und Kybernetik.

In den Schriften Jakobsons ist die erste Verwendung des Ausdrucks ‚Strukturalismus' in spezifisch sprachwissenschaftlichem Sinn belegt. Zur damaligen Zeit war ‚Strukturalismus' bereits geläufig als Bezeichnung für die Theorien des angloamerikanischen Psychologen Edward B. Titchener (1867–1927; z. B. Angell 1907), eines Schülers von Wilhelm Wundt (1832–1920), der im vorliegenden Buch an mehreren Stellen vorkommt. Es gibt jedoch keine direkten Verbindungen zwischen Titcheners Psychologie und Jakobsons linguistischem Strukturalismus. Vielmehr stützten sich sowohl Titcheners als auch Jakobsons Arbeiten auf gemeinsame Elemente im intellektuellen Umfeld der damaligen Zeit. Es sei hinzugefügt, dass Titchener selbst den Terminus ‚Strukturalismus' nicht verwendete; er bezeichnete seine Arbeit gewöhnlich als ‚strukturelle Psychologie' (z. B. Titchener 1893; 1909).

Jakobson entwickelte seine wichtigsten strukturalistischen Ideen während seiner Tätigkeit in Prag, wo er ein Kernmitglied des Prager Linguistenkreises war und eng mit dem russischen Linguisten Nikolai Trubetzkoy (1890–1938) zusammenarbeitete. Trubetzkoy war Professor für slawische Philologie in Wien und ein korrespondierendes Mitglied des Prager Kreises. Der Prager Kreis selbst bestand aus einer Gruppe von Sprachwissenschaftlern, die sich um den tschechischen Linguis-

https://doi.org/10.1515/9783111618548-010

ten Vilém Mathesius (1882–1945) formte, Professor für englische Philologie an der Karls-Universität in Prag.

Der Prager Kreis zählte zu den akademischen Diskussionsgruppen jener Art, die das intellektuelle Leben im Mitteleuropa der 1920er Jahre prägten. Ein anderer berühmterer ‚Kreis', mit dem man ihn vergleichen könnte, ist der Wiener Kreis, aus dem der logische Positivismus hervorging, eine der Grundlagen der analytischen Philosophie (der Wiener Kreis wird in Abschnitt 16.3. entsprechend beleuchtet). Der Wiener Kreis, der Prager Kreis und andere ähnliche Kreise dieser Zeit dienten als Foren für akademische Debatten, obwohl jeder Kreis in der Regel eine Parteilinie entwickelte, die in einem Manifest niedergelegt wurde. Diese Kreise standen generell auch untereinander in Kontakt und tauschten Ideen aus. In den folgenden Abschnitten werden wir den Charakter des Prager Kreises und seine Arbeit untersuchen und beleuchten, wie seine Formulierung des ‚Strukturalismus' den weiteren Verlauf der Sprach- und Geisteswissenschaften im 20. Jahrhundert prägte.

10.1 Strukturalismus und Phonologie

1928 markierte das Jahr, in dem sich die gemeinsame Position des Prager Linguistenkreises herausbildete. In diesem Jahr begannen die Mitglieder des Kreises mit der Ausarbeitung einer Reihe von ‚Thesen' – im Wesentlichen ein Manifest –, die auf dem Ersten Internationalen Slawistenkongress im darauffolgenden Jahr in Prag vorgestellt wurden (siehe Durnovo et al. 1929). Im Zusammenhang mit diesem öffentlichen Auftritt des Prager Kreises veröffentlichte Roman Jakobson in einer tschechischen Zeitung einen Artikel, in dem er das Programm des Kreises darstellte. In diesem Artikel verwendet er zum ersten Mal den Begriff ‚Strukturalismus' in einem spezifisch linguistischen Sinn. Jakobson schrieb:

> Wollte man die Leitidee der heutigen Wissenschaft in ihren verschiedensten Erscheinungsformen zusammenfassen, so könnte man kaum eine passendere Bezeichnung als *Strukturalismus* finden. Jede Gruppe von Phänomenen, die von der zeitgenössischen Wissenschaft untersucht wird, wird nicht als mechanische Anhäufung, sondern als strukturelles Ganzes behandelt, und die grundlegende Aufgabe besteht darin, die inneren, statischen oder entwicklungsbedingten Gesetze dieses Systems aufzudecken. (Jakobson 2012 [1929]: 231, zitiert nach Jakobson 1971 [1929]: 711; Hervorhebung im Original)

Das Hauptanliegen des Strukturalismus besteht daher nach Jakobson in der Erfassung und Erklärung des „strukturellen Ganzen" der Sprachen mit dem Ziel, die „inneren [...] Gesetze dieses Systems" aufzudecken. Die ‚Thesen' des Prager Kreises (Durnovo et al. 1929) führen diesen Punkt weiter aus und bekräftigen, dass der beste Weg, das Sprachsystem zu erfassen, darin bestehe, es in seiner synchronen

Funktion als Ausdrucksmittel zu untersuchen, das einem bestimmten kommunikativen Zweck diene.

Der methodologische Prototyp, der die in diesen programmatischen Texten vertretene Auffassung von Sprache und Sprachforschung verkörpert, war der von Jakobson und seinem Kollegen Nikolai Trubetzkoy aus dem Prager Kreis entwickelte Ansatz der phonologischen Forschung. Ein beiläufiges Detail, über das Jindřich Toman (1995: 144) in seiner Geschichte des Prager Kreises berichtet, veranschaulicht die Schlüsselrolle, welche die Phonologie von Jakobson und Trubetzkoy für den Kreis spielte: Der Hinweis auf das Passwort für das Bankkonto des Kreises, gekritzelt auf das Sparbuch, lautete „Das Hauptgebiet“, d. h. das Hauptgebiet der wissenschaftlichen Interessen des Kreises. Die Lösung dieses Rätsels war „das Fachgebiet, das durch N. S. T[rubetzkoy]s Namen repräsentiert wird“ – Phonologie.

Das Kernstück der Phonologie von Jakobson und Trubetzkoy war die phonemische Analyse. Wie aus dem vorigen Kapitel hervorging, entstand der Begriff des Phonems als abstrakte Einheit, die das phonologische System einer Sprache definiert, weitgehend in der Schule, die sich um den polnischen Linguisten Jan Baudouin de Courtenay (1845–1929) bildete, der an verschiedenen Standorten im Russischen Reich lehrte. Jakobson und Trubetzkoy waren zwar keine Schüler von Baudouin de Courtenay, doch kannten sie die von ihm begründete Tradition. Sowohl Jakobson als auch Trubetzkoy stammten aus Moskau und hatten dort vor ihrer Emigration den Großteil ihrer Ausbildung erhalten. Beide verließen Russland in den frühen 1920er Jahren, als die Bolschewiki in der Zeit nach der Oktoberrevolution an die Macht kamen. Trubetzkoys Gründe, das Land zu verlassen, lagen auf der Hand: Er war eigentlich Fürst Trubetzkoy, ein Mitglied des Hochadels, und daher bereitete es ihm große Schwierigkeiten, sich mit der Revolution abzufinden. Jakobson hingegen hatte ein zwiespältigeres Verhältnis zur Revolution: Er war zunächst begeistert von der Erneuerung, die sie versprach, wurde aber bald von den Bolschewiki desillusioniert.

Obwohl beide Wissenschaftler Russland verließen, blieben sie in der konzeptionellen Welt verankert, in der sie herangereift waren, und beide fühlten sich weiterhin Russland als Idee verpflichtet. Wie der Linguistikhistoriker Patrick Sériot (2014; 2023) gezeigt hat, waren Jakobson und Trubetzkoy dem ‚Eurasismus‘ zutiefst verbunden, der Vorstellung, dass das Russische Reich – und sein Nachfolgestaat, die Sowjetunion – eine natürliche kulturelle, sprachliche und politische Einheit bildete. Trubetzkoy drückte es so aus:

> Eurasien stellt ein integrales Ganzes dar, sowohl geografisch als auch anthropologisch. [...] Aufgrund seiner Natur ist Eurasien historisch dazu bestimmt, eine einzige staatliche Einheit zu bilden. (Trubetzkoy 1991 [1925]: 165)

Jakobsons und Trubetzkoys Eurasismus fand in ihren sprachwissenschaftlichen Arbeiten seinen Ausdruck im Begriff des ‚Sprachbundes'. Als ein überladenes diffusionistisches Modell, das mit der in Abschnitt 7.2. beleuchteten Wellentheorie verwandt ist, beschreibt der Sprachbund von Jakobson und Trubetzkoy die Situation, in der eine Gruppe von geografisch zusammenhängenden Sprachen typologisch konvergiert, auch wenn sie unterschiedliche genealogische Ursprünge haben mögen. Die Sprachen des Russischen Reiches, so argumentieren sie, gehörten zwar zu verschiedenen Sprachfamilien, seien aber zu einem einzigen organischen Typus verschmolzen.

Jakobson und Trubetzkoy griffen den Terminus und die Konzeption des Phonems auf, wie es sich in der russischen Linguistik zu Beginn des 20. Jahrhunderts entwickelt hatte, und führten es in neue Richtungen. Die klassische Definition des Phonems, wie es von Jakobson und Trubetzkoy verstanden wurde, findet sich in Trubetzkoys 1939 erschienenem Buch *Grundzüge der Phonologie*, das gemeinhin als sein Hauptwerk gilt. Trubetzkoy schrieb:

> Phonologische Einheiten, die sich vom Standpunkt der betreffenden Sprache nicht in noch kürzere aufeinanderfolgende phonologische Einheiten zerlegen lassen, nennen wir Phoneme. Somit ist das Phonem die kleinste phonologische Einheit der gegebenen Sprache. Die bezeichnende Seite eines jeden Wortes im Sprachgebilde läßt sich in Phoneme zerlegen, als eine bestimmte Reihe von Phonemen darstellen. (Trubetzkoy 1939: 34)

Hier wiederholt Trubetzkoy die Schlüsselelemente des Phonembegriffs, wie er von Lev Ščerba (1880–1944; siehe Abschnitt 9.2.) definiert wurde: Das Phonem sei die kleinste Einheit auf der Seite des Signifikanten, die dazu diene, ein Wort von einem anderen zu unterscheiden. In der Tat zitiert Trubetzkoy in einer Fußnote Ščerbas Definition des Phonems.

Trubetzkoy ging jedoch noch einen Schritt weiter und betrachtete die Beschaffenheit des Phonems selbst. Das Phonem, so fügte er hinzu, sei ein Bündel von phonologisch unterschiedlichen Eigenschaften (Trubetzkoy 1939: 35–36). Es gebe phonetische Unterschiede im Lautsystem jeder Sprache, die bedeutsam seien, und andere, die nicht bedeutsam seien. Wie in der Einleitung zu Kapitel 9 gezeigt wurde, ist zum Beispiel die Aspiration bei stimmlosen Verschlusslauten ein Unterschied mit durchgängigem Muster, der im Lautsystem des Hochdeutschen vorkommt, doch stellt dies keinen Unterschied dar, durch den sich ein Wort von einem anderen differenzieren lässt. Im Hochdeutschen dient nur das Vorhandensein oder das Fehlen von Stimmhaftigkeit zur Unterscheidung von Verschlusslauten an derselben Artikulationsstelle. Stimmhaftigkeit ist die ‚phonologisch relevante Eigenschaft', wie Trubetzkoy (ebd.) es ausdrückt, die das hochdeutsche Phonem /p/ vom Phonem /b/ unterscheidet.

Trubetzkoys Beschreibung dieses Unterschieds als die ‚phonologisch relevanten Eigenschaften' offenbart eine weitere Neuerung seiner Phonemkonzeption. Für Trubetzkoy sind Phoneme nicht so sehr Bausteine, aus denen sich Wörter zusammensetzen, sondern vielmehr ‚distinktive Merkmale' oder signifikante Elemente, in welchen die ‚Gestalt' des Wortes analysiert werden kann. Er veranschaulichte diesen Ansatz mit einer Analogie zwischen der Analyse eines Wortes in Phoneme und der Analyse einer Melodie in die Töne, aus denen sie zusammengesetzt ist:

> Und daher läßt sich sagen, daß jeder Wortkörper sich in Phoneme restlos zerlegen läßt, daß er aus Phonemen besteht – ebenso wie man etwa sagen darf, daß eine in der Dur-Tonleiter komponierte Melodie aus den Tönen dieser Tonleiter besteht (obgleich jede Melodie außer den Tönen sicher noch immer etwas enthält, was sie zu einer bestimmten individuellen musikalischen Gestalt macht). (Trubetzkoy 1939: 35)

Die Art und Weise, in der Phoneme nicht als Bestandteile von Wörtern, sondern als Produkte der Analyse konzeptualisiert werden, verrät viel über das intellektuelle Umfeld, in dem Trubetzkoy und Jakobson ihre phonologische Theorie entwickelten. Weitere bezeichnende Hinweise sind die Verwendung des Begriffs ‚Gestalt' und die Analogie zu einer musikalischen Melodie und ihren Tönen. In ihrer Konzeptualisierung des Phonems waren Trubetzkoy und Jakobson den zeitgenössischen Arbeiten der Gestaltpsychologie sehr verpflichtet. Auf diesen Einfluss und den breiteren Hintergrund ihres Strukturalismus gilt es im nächsten Abschnitt einzugehen.

10.2 Die Ursprünge des Strukturalismus

Obwohl Jakobson und seine Kollegen vom Prager Kreis dem Strukturalismus seinen Namen gaben, behaupteten sie nie, ihn erfunden zu haben. Der große Denker, dem sie die Einsichten zuschrieben, die ihren Ansatz beflügelten, war Ferdinand de Saussure (1857–1913), genauer gesagt der Saussure des *Cours de linguistique générale* (Saussure 1922 [1916]), der in Abschnitt 8.2. ausführlich untersucht wurde. Doch Saussure diente nicht als einzige Inspirationsquelle für Jakobson und seine Kollegen. In der Tat unterschieden sich die Lehren des Prager Kreises in vielerlei Hinsicht von denen Saussures und widersprachen sogar seinen Ideen.

Auch wenn Saussure in den „Thèses" des Prager Kreises von 1929 nicht namentlich erwähnt wird, ist der Text selbst um die zentralen theoretischen Säulen des *Cours* herum aufgebaut: die Dichotomien von Synchronie und Diachronie, von *langue* und *parole* sowie die Vorstellung vom Wert. Zwei ähnliche Manifeste aus dem Jahr zuvor, beide maßgeblich von Jakobson verfasst, beziehen sich ausdrücklich auf Saussure: In einem Aufsatz über die formalistische Literaturanalyse von Juri Tynjanow (1894–1943) und Jakobson wird Saussure zur Unterstützung des darin skizzierten Programms herangezogen (Tynjanow und Jakobson 1928); und in der „Proposition", die Jakobson, Trubetzkoy und ihr Kollege Serge Karcevsky (1884–1955) auf dem Ersten Internationalen Linguisten-Kongress vorstellten, wird ein Ansatz für die phonologische Forschung skizziert, der sich an Saussure orientiert (Jakobson et al. 1971 [1928]).

In der Tat war es Karcevsky, einer der Mitverfasser dieses zweiten Textes, der Jakobson höchstwahrscheinlich mit Saussure vertraut machte. Karcevsky hatte von 1905 bis 1917 in Genf studiert, und obwohl er nie Saussures Vorlesungen über allgemeine Sprachwissenschaft in ihren verschiedenen Varianten besucht hatte, belegte er andere Seminare bei Saussure und kannte mit Sicherheit Saussures Ideen zur allgemeinen Sprachwissenschaft. Als er 1917 nach Moskau zurückkehrte, brachte Karcevsky ein Exemplar der veröffentlichten Version von Saussures *Cours* mit, das im Moskauer Linguistenkreis, einer weiteren von Jakobson gegründeten intellektuellen Diskussionsgruppe des frühen 20. Jahrhunderts, eifrig gelesen wurde (siehe Joseph 2001: 1885).

Während seiner gesamten Laufbahn berief sich Jakobson immer wieder auf die Inspiration, die er angeblich von Saussure erhalten hatte, obwohl es andere Vorläufer gibt, die einen direkteren Einfluss auf seine Ideen und Methoden gehabt zu haben scheinen. Wie wir im vorigen Kapitel festgestellt haben, geht der Begriff des Phonems, der für seine und Trubetzkoys Phonologie von zentraler Bedeutung war, viel stärker auf die Arbeit von Baudouin de Courtenay und seiner Schule zurück. In der Tat gibt es Aspekte, bei denen Jakobsons und Trubetzkoys Behandlung des Phonems mit der saussureschen Theorie unvereinbar ist. Aus Abschnitt 8.2. sei an Saussures (1922 [1916]: 166) Behauptung erinnert, dass „[...] es in der Sprache nur Unterschiede *ohne positive Einheiten*" gebe. Für Saussure sind Signifikanten und Signifikate nur durch ihre Unterschiede zueinander definiert: Die Formen, in denen Signifikanten realisiert werden, und die Dinge in der Welt, auf die sich die Signifikate beziehen, seien für die Analyse des linguistischen Systems völlig irrelevant. Wie jedoch im vorigen Abschnitt zu sehen war, haben Jakobson und Trubetzkoy untersucht, wie die Unterschiede zwischen Phonemen durch ‚distinktive Merkmale' wie Artikulationsstelle und -art realisiert werden.

Nachdem sie ihre Aufmerksamkeit auf die phonologische Substanz der Wörter gerichtet hatten, machten Jakobson und Trubetzkoy die weitere Entdeckung, dass nicht alle distinktiven Merkmale gleich sind. Im Deutschen beispielsweise ist die Stimmhaftigkeit ein Merkmal, das zur Unterscheidung vieler Konsonanten dient, wie zum Beispiel /d/ und /t/, zwei Phoneme, die sich nur dadurch voneinander unterscheiden, dass das erste stimmhaft und das zweite stimmlos ist. Der Stimmhaftigkeitskontrast zwischen diesen Phonemen wird jedoch aufgehoben oder neutralisiert, wenn sie am Ende eines Wortes stehen. Die Wörter ‚Rad' und ‚Rat' werden identisch ausgesprochen: [ʁaːt]. Man weiß jedoch, dass es einen grundlegenden

Unterschied zwischen dem /d/ von ‚Rad' und dem /t/ von ‚Rat' gibt, denn wenn diese Phoneme nicht am Wortende stehen, bleibt der Kontrast erhalten: Die Pluralform ‚Räder' wird [ʁɛːdɐ] ausgesprochen, der Plural ‚Räte' [ʁɛːtə]. Vor dem Hintergrund dieses Phänomens argumentierten Jakobson und Trubetzkoy, dass von /d/ und /t/ im Deutschen /d/ die ‚merkmaltragende' bzw. ‚merkmalhafte' Form sei (im Gegensatz zur ‚merkmallosen' Form), weil es sich durch ein Merkmal auszeichnete, das neutralisiert werden könne. Jakobson untersuchte die Merkmalhaftigkeit aus der Perspektive der Typologie und des Spracherwerbs und kam zu dem Schluss, dass merkmalhafte Formen in gewisser Weise immer eine zusätzliche Belastung für die Sprechenden darstellten. Merkmalhafte Laute seien zum Beispiel sprachübergreifend seltener und würden von Kindern eher später gelernt (siehe Jakobson 1971 [1939]; Joseph et al. 2001: 19–26).

Aus dem vorigen Abschnitt sei daran erinnert, dass Jakobson (1971 [1929]: 711), als er den ‚Strukturalismus' unter diesem Namen einführte, dessen zentrale Aufgabe darin sah, das ‚strukturelle Ganze' von Sprachen zu erfassen, das er den ‚mechanischen Anhäufungen' gegenüberstellte. Der Vorwurf, Sprachen als mechanische, atomistische Phänomene zu behandeln, wurde typischerweise den Junggrammatikern gemacht, die in der Generation vor Jakobson die führende Schule der Sprachwissenschaft bildeten (und die in Kapitel 6 vorgestellt wurden). Obwohl Jakobson (1971 [1929]) die Junggrammatiker in diesem Text nicht namentlich erwähnte, war er in anderen um diese Zeit verfassten Schriften (z. B. Jakobson et al. 1928) expliziter in Bezug auf seine Zielsetzung. Die Überwindung dieser angeblich atomistischen Sichtweise war eine der Errungenschaften, die Saussure zugeschrieben wurden, obwohl man, wie aus Abschnitt 8.1. hervorging, zu seinen Lebzeiten Saussures methodologische Durchbrüche, die durch seine Auffassung von Sprache als System ermöglicht wurden, weithin als Beiträge zur junggrammatischen Wissenschaft ansah.

Wichtig ist, sich nicht zu eng auf Saussure zu konzentrieren. Die allgemeinen Prinzipien des Strukturalismus des Prager Kreises und der Tenor der Argumente dafür sind Teil des allgemeinen intellektuellen Klimas dieser Zeit. Jakobson (1971 [1929]: 711) selbst bezeichnete den Strukturalismus als die „Leitidee der heutigen Wissenschaft in ihren verschiedensten Erscheinungsformen". Das war keineswegs übertrieben, und Jakobson stand mit dieser Behauptung nicht allein. Als Beispiel sei hier der deutsche Neukantianer Ernst Cassirer (1874–1945) genannt, der später Jakobsons totalisierendem Anspruch auf den Strukturalismus als Leitidee der heutigen Wissenschaft beipflichtete (siehe Cassirer 1945). Der Holismus und das systemorientierte Denken, die Jakobsons Strukturalismus kennzeichneten, und der polemische Gegensatz zu atomistischem und mechanischem Denken waren keine Besonderheit der Sprachwissenschaft in dieser Zeit, sondern waren in allen Künsten und Wissenschaften anzutreffen.

Dieser holistische Trend fand sich im deutschsprachigen Raum besonders ausgeprägt in der Biologie, Medizin und Psychologie, wo er oft – aber nicht zwangsläufig – mit einem konservativen, traditionalistischen Weltbild einherging. Aufgrund des hohen Ansehens der deutschen Wissenschaft zur damaligen Zeit waren solche Positionen auch international verbreitet. Lorraine Daston und Peter Galison erörtern in ihrem 2007 erschienenen Buch *Objektivity* die erkenntnistheoretischen Ausprägungen solcher systemorientierten Vorstellungen unter dem Begriff der ‚strukturellen Objektivität'. Sie heben hervor, wie um die Wende vom 19. zum 20. Jahrhundert Forscher, die sich mit so unterschiedlichen Themen wie der Wissenschaft der Farbwahrnehmung, den Grundlagen der Geometrie und Arithmetik und dem Wesen von Raum und Zeit beschäftigten, zu der Auffassung gelangten, dass wir die Welt nicht in ihrer materiellen Substanz kennen können, sondern dass es sich bei allem, was wir wissen, lediglich um die Beziehungen zwischen den Dingen in der Welt handelt. Unsere Wahrnehmungsfähigkeiten ermöglichten es uns, ein gemeinsames Bild der Beziehungen zwischen den Dingen in der Welt zu machen, und das sei es, was uns objektives Wissen gewähre.

Solches Gedankengut war weit verbreitet, doch einer der bedeutendsten Forschungsstränge, der direkten Einfluss auf Jakobson, Trubetzkoy und den übrigen Prager Kreis hatte, war die Gestaltpsychologie, die ebenfalls in den ersten Jahrzehnten des 20. Jahrhunderts aufkam. Es gab verschiedene Schulen der Gestaltpsychologie, jede mit ihren eigenen Schwerpunkten, doch sie alle einte die Überzeugung, dass menschliche Kognition grundsätzlich ganzheitlich sei. Der Kernbereich der Gestaltforschung war die Psychologie der Wahrnehmung. Die Gestaltpsychologen führten Experimente durch, die zeigen sollten, wie wir ein Phänomen, das uns in der Welt begegnet, zunächst als Ganzes wahrnehmen und es erst dann in Teile zerlegen. Die Gestaltpsychologen stellten ihre Arbeit im Allgemeinen in Gegensatz zu derjenigen des Philosophen und Psychologen Wilhelm Wundt (1832–1920). Wundt erkannte zwar die Gestaltprozesse an, zog es aber dennoch vor, die Wahrnehmung aus atomistischen Sinnesdaten aufzubauen.

In seinen Schriften führte Jakobson wiederholt den Einfluss der Gestaltpsychologie auf seine eigenen Ideen an. Im vorangegangenen Abschnitt war zu beobachten, dass Trubetzkoy (1939: 35) die Terminologie der Gestalttheorie verwendete, als er Phoneme als ‚Gestalten' bezeichnete. Der immer wiederkehrende Vergleich phonologischer Systeme von Sprachen mit musikalischen Melodien und Tonarten, den sowohl Baudouin de Courtenay als auch Trubetzkoy bemühten – wie im vorigen Abschnitt und in Abschnitt 9.1. gezeigt –, stellt eine weitere Verbindung zwischen Strukturalismus und Gestalttheorie dar. Christian von Ehrenfels (1859–1932), Professor für Philosophie in Prag von 1896 bis 1929 und ein Lehrer vieler Gestaltpsychologen der ersten Generation, hob in seinem Aufsatz „Über Gestaltqualitäten" von 1890 die Tatsache hervor, dass eine musikalische Melodie in verschiedene Tonarten transponiert werden könne und dennoch als dieselbe Melodie erkannt werde (Ehrenfels 1890: 262). Eine Melodie bestehe also nicht in den genauen Tönen, die gespielt würden, sondern in den Beziehungen zwischen den Tönen. Die stets wiederkehrende Analogie von Phonemen in einem phonologischen System zu Tönen in einer Melodie oder einer Tonleiter unterstreicht genau dasselbe Prinzip.

Auch die Avantgarde-Kunst vollzog in dieser Zeit eine Wendung, die in das strukturalistische Denken einfloss. Jakobson verwies gerne auf die kubistische Bewegung in der bildenden Kunst, deren abstrakte Bilder oft das dargestellte Motiv in seine Elemente zerlegte und sie gleichzeitig aus verschiedenen Blickwinkeln zeigt. Im Bereich der Sprache war Jakobson eng mit der literarischen Bewegung des russischen Futurismus und seinem Genre *Zaum'* – oder ‚transrationale' Poesie – verbunden, die sich von der grammatischen Sprache und sogar von Wörtern mit einer eindeutigen Bedeutung lossagte und stattdessen neue Wortformen schuf, die auf Lautmalerei und Lautsymbolik basierten (siehe Waugh und Monville-Burston 2002: vi–xi).

Die theoretischen und methodologischen Neuerungen des Strukturalismus der Prager Schule – und sogar die Rhetorik, mit der sie vorgetragen wurden – entsprachen dem allgemeinen intellektuellen Klima, das zu dieser Zeit herrschte. Es gab eine generelle Hinwendung zu ganzheitlichem und systemorientiertem Denken, das in der Regel in polemischer Opposition zum vermeintlichen Atomismus der vorangegangenen Generationen dargestellt wurde. Aus diesem Milieu heraus gewann der Strukturalismus an Bedeutung und breitete sich bald von der Linguistik auf viele andere Geistes- und Sozialwissenschaften aus.

10.3 Die Verbreitung des Strukturalismus

Jakobson war nicht nur eine treibende Kraft bei der Herausbildung des Strukturalismus innerhalb des Prager Kreises, sondern sorgte auch für dessen Verbreitung innerhalb der Sprachwissenschaft und über weitere Fachgebiete hinweg. Mit Ausbruch des Zweiten Weltkriegs im Jahr 1939 verließ Jakobson die Tschechoslowakei und schließlich Europa und ging 1941 nach Amerika. In dieser Zeit der Turbulenzen kam er mit zahlreichen anderen Wissenschaftlern in Kontakt – von denen viele ebenfalls vertrieben worden waren – und inspirierte sie mit dem strukturalistischen Geist.

Jakobsons erste Station nach Verlassen der Tschechoslowakei war Dänemark, ein Land, das sich zu Beginn des Krieges für neutral erklärt hatte. In Dänemark verbrachte Jakobson einige Monate in engem Kontakt mit dem Kopenhagener Linguistenkreis um Louis Hjelmslev (1899–1965). Der Kopenhagener Kreis war 1931 nach dem Vorbild des Prager Kreises gegründet worden, und seine Mitglieder verstanden ihre Arbeit als eine Variante des Strukturalismus, die mit derjenigen des Prager Kreises verwandt war. Der Kopenhagener Kreis erlangte Bekanntheit durch die Theorie der ‚Glossematik', die vor allem von Hjelmslev in Zusammenarbeit mit Hans Jørgen Uldall (1907–1957) entwickelt wurde. Die Glossematik ist sehr abstrakt und zielt darauf ab, eine axiomatisierte, formale Darstellung von Sprache zu liefern. Obwohl die Kernprinzipien der Glossematik bereits in den 1930er Jahren formuliert worden waren, fand die Theorie erst nach dem Zweiten Weltkrieg breitere Rezeption (siehe Rischel 2001; Thomas 2011: 201–206; Bartschat 1996: Kap. 5; Helbig 1989 [1970]: 60–72).

Als NS-Deutschland Skandinavien schrittweise besetzte, suchte Jakobson Zuflucht außerhalb Europas und reiste 1941 per Schiff nach New York. In New York wurde er Teil der pulsierenden Szene emigrierter Intellektueller, die sich in der Stadt versammelt hatten. Er lehrte an der École Libre des Hautes Études, wo er mit seinen Vorlesungen über Linguistik und Strukturanalyse ein großes Publikum anzog. Die École Libre war eine frankophone Exiluniversität, betrieben von der New School for Social Research und vorwiegend von der Rockefeller Foundation finanziert, einer privaten philanthropischen Stiftung, die von der Rockefeller-Familie Anfang des 20. Jahrhunderts gegründet worden war.

Ein aufmerksamer Zuhörer bei Jakobsons Vorlesungen in New York war ein weiterer Exilwissenschaftler, der französische Anthropologe Claude Lévi-Strauss (1908–2009), der Jakobsons Methoden des linguistischen Strukturalismus an die Ethnografie anpasste. In seiner Dissertation, die er 1948 in Paris verteidigte und 1949 unter dem Titel *Les structures élémentaires de la parenté* (*Die elementaren Strukturen der Verwandtschaft*) veröffentlichte, wandte Lévi-Strauss die Strukturanalyse auf das klassische ethnografische Thema der Verwandtschaft an. In den folgenden Jahren dehnte Lévi-Strauss seinen Strukturalismus auf die gesamte Anthropologie aus, ein Unterfangen, das 1958 in seiner *Anthropologie structurale* (*Strukturale Anthropologie*) gipfelte. Das Beispiel von Lévi-Strauss wurde von französischen Gelehrten in Psychologie, Literaturwissenschaft und Historiografie nachgeahmt, so dass der Strukturalismus in der einen oder anderen Form zur theoretischen Grundlage der frankophonen Geistes- und Sozialwissenschaften wurde, mit spürbarem internationalem Einfluss (siehe Dosse 1996 [1991]; 1996 [1992]).

Nach dem Zweiten Weltkrieg blieb Jakobson in den Vereinigten Staaten und wurde schließlich Professor an der Harvard University. In dieser Funktion entwickelte und verbreitete er seine Art des Strukturalismus in Amerika weiter. Seine Ideen vermischten sich bis zu einem gewissen Grad mit der bestehenden amerikanischen Sprachwissenschaft, vertreten durch Persönlichkeiten wie Franz Boas (1858–1942), Boas' Schüler Edward Sapir (1884–1939) und Leonard Bloomfield (1887–1949). Eine gebührende Einführung von Boas, Sapir und Bloomfield bieten die Kapitel 14,

15 und 16, in denen die Bewegung des ‚amerikanischen Strukturalismus' behandelt wird.

Jakobson blieb bis zu seinem Tod im Jahr 1982 aktiv und lehrte viele Generationen von Linguistinnen und Linguisten sowie Gelehrten in benachbarten Gebieten. Ein prominenter Schützling Jakobsons in diesen Jahren – wenngleich nicht direkt ein Schüler Jakobsons – war Noam Chomsky (geb. 1928), der in den 1950er Jahren die generative Grammatik einführte, die in der zweiten Hälfte des 20. Jahrhunderts international zur führenden Schule der Linguistik wurde (dieser Erzählstrang wird gegen Ende des Abschnitts 16.4. kurz wiederaufgenommen). Chomskys institutionelles Zuhause war das Massachusetts Institute of Technology (MIT), nur wenige Kilometer von der Harvard University entfernt. Gemeinsam mit Morris Halle (1923–2018), einem weiteren Schüler Jakobsons, brachte Chomsky das Seminar für Linguistik am MIT in seine jetzige Gestalt.

10.4 Weiterführende Literatur

Die beste historiografische Darstellung des Prager Linguistenkreises, welche die Geistes- und Kulturgeschichte dieser Zeit mit den Biografien der Mitglieder des Kreises verbindet, ist Jindřich Tomans (1995) *The Magic of Common Language*. In deutscher Sprache bieten Kapitel 4 von Brigitte Bartschats (1996) *Methoden der Sprachwissenschaft* und Abschnit 3.1. von Gerhard Helbigs (1989 [1970]) *Geschichte der neueren Sprachwissenschaft* einen Überblick über die Prager Schule und deren Forschung. Eine ausführliche Darstellung von Roman Jakobsons Beiträgen zur Sprach- und Literaturwissenschaft findet sich in der Einleitung von Linda Waugh und Monique Monville-Burston zur überarbeiteten (2002) dritten Auflage von Band I von Jakobsons *Selected Writings: Phonological Studies*. Jörn Albrechts (2006 [1988]) *Europäischer Strukturalismus* stellt die Entwicklung und Verbreitung des Strukturalismus in die Linguistik und benachbarte Wissenschaften vor und untersucht die Probleme und Kontroversen dieser Forschungsrichtung.

Eine Darstellung der Verbreitung des Strukturalismus von der Linguistik in andere Geistes- und Sozialwissenschaften findet sich in John Josephs (2001) Artikel „The exportation of structuralist ideas from linguistics to other fields: an overview" in Band II des *Handbuchs Geschichte der Sprachwissenschaften*. Zur Schlüsselrolle, die dieser exportierte Strukturalismus in der französischen Wissenschaft Mitte des 20. Jahrhunderts einnahm, und zu seinem letztlichen Niedergang, siehe François Dosse (1991; 1992) in seinem zweibändigen Werk *Histoire du structuralisme*, das in deutscher Übersetzung unter dem Titel *Geschichte des Strukturalismus* (Dosse 1996 [1991]; 1997 [1992]) vorliegt.

Der Stellenwert des Holismus im deutschen und weiteren europäischen Denken, der die Entwicklung des Strukturalismus beeinflusst hat, wird in Anne Harringtons (1996) *Reenchanted Science* hervorragend untersucht. Die klassische Darstellung der Geschichte der Gestaltpsychologie, eines weiteren wichtigen Einflusses auf die Entwicklung des Strukturalismus, bietet Mitchell Ashs (1995) *Gestalt psychology in German culture, 1890–1967*.

11 Die Anfänge des Funktionalismus

Die folgenden drei Kapitel widmen sich einem Aspekt der Sprachforschung, der oft an den Rand der Linguistik gedrängt wurde: der Untersuchung von Bedeutung in der Sprache. Das erste dieser Kapitel zeichnet zunächst die Anfänge eines Bündels von Ansätzen nach, die gewöhnlich unter dem Begriff ‚Funktionalismus' zusammengefasst werden. Funktionalistische Ansätze in der Linguistik kamen in den 1920er Jahren zu voller Blüte, doch um zu verstehen, wie der klassische Funktionalismus Gestalt annahm, gilt es zunächst bis zur Hochphase der Junggrammatiker gegen Ende des 19. Jahrhunderts zurückzublicken. Die Schlüsselfigur, deren Arbeit in diesem Kapitel erkundet wird, ist Philipp Wegener (1848–1916).

Aus soziologischer Sicht handelt es sich bei Wegener um eine etwas ungewöhnliche Persönlichkeit in der bisherigen Geschichte, denn er war kein Professor, sondern Gymnasiallehrer. Obwohl Wegener promoviert war, verfolgte er keine Universitätskarriere und leistete seine wissenschaftlichen Beiträge von der institutionellen Peripherie aus. Dennoch wurden seine Ideen von den Junggrammatikern aufgegriffen und dienten den nachfolgenden Generationen als Inspirationsquelle.

Wegeners Hauptwerk war ein kurzes Buch, das 1885 unter dem Titel *Untersuchungen über die Grundfragen des Sprachlebens* erschien. In dieser Schrift stellte er eine Theorie über das Wesen von Sprache vor, die seinen Zeitgenossen radikal neu erschien. Im Gegensatz zu der damals herrschenden Meinung vertrat Wegener die Auffassung, dass der Zweck von Sprache nicht so sehr darin bestehe, Ideen im Kopf zu reflektieren oder anderen zu vermitteln, sondern dass Sprache vor allem eine Form des Handelns sei, ein Mittel, Menschen zu beeinflussen. Um zu verstehen, was Wegener genau meinte und warum dies so radikal erschien, muss zunächst der Kontext betrachtet werden, in dem er seine Ansichten vertrat.

11.1 Philipp Wegener und Sprache als Handlung

Anknüpfend an Kapitel 5 sei daran erinnert, dass die Linguistik zur Mitte des 19. Jahrhunderts einen großen Wandel in der Auffassung von Sprache erlebte, der vor allem auf die polemischen Bemühungen des amerikanischen Sanskritisten und allgemeinen Sprachwissenschaftlers William Dwight Whitney (1827–1894) zurückzuführen war. In den 1860er und 70er Jahren zog Whitney zu Felde gegen das, was er als metaphysische Exzesse der führenden Linguisten jener Zeit ansah. Er lehnte die so genannte ‚physische' Theorie von August Schleicher (1821–1868) ab, die Sprache als ‚Symptom' der Tätigkeiten des Gehirns betrachtete, ebenso wie die ‚psychologische' Theorie von Heymann Steinthal (1823–1899), der im Rahmen der

https://doi.org/10.1515/9783111618548-011

Völkerpsychologie jede Sprache als Ausdruck eines Volksgeistes ansah. Im Gegensatz zu solchen Ansichten vertrat Whitney die Auffassung, dass Sprache eine ‚Institution' sei. Demnach ist jede Sprache ein menschliches Produkt, eine Ressource, die wir mit anderen Mitgliedern der Sprachgemeinschaft teilen, die wir aufgreifen und einsetzen, um zu vermitteln, was wir sagen wollen. Für Whitney ist Sprache nicht in erster Linie ein Fenster zur menschlichen Biologie oder dem menschlichen Verstand, sondern lediglich ein kulturelles Artefakt, die akkumulierte kooperative Arbeit der Sprachgemeinschaft.

Whitneys Ansicht entsprach der Wende zum Realismus und Pragmatik in der Linguistik gegen Ende des 19. Jahrhunderts. In Abschnitt 6.3. war zu beobachten, dass die Junggrammatiker Whitneys Ideen positiv aufnahmen, gleichzeitig aber auch Steinthals Beiträge auf diesem Gebiet anerkannten. Sie lobten Steinthal dafür, dass er die Wechselwirkung zwischen Psychologie und Sprache hervorhob, obwohl sie nur an seiner Individualpsychologie interessiert waren und nicht an seinen Ausführungen über einen gemeinsamen Volksgeist. Diese Spannung in der junggrammatischen Wissenschaft wird vielleicht am deutlichsten in Hermann Pauls *Principien der Sprachgeschichte*, der so genannten ‚Bibel der Junggrammatiker'. In der ersten Auflage von 1880 widmete Paul der Widerlegung von Lazarus' und Steinthals Vorstellung eines Volksgeistes im Rahmen der Völkerpsychologie erheblichen Raum, aber er drückte auch seine Wertschätzung für Steinthals Individualpsychologie aus, der er dann nacheiferte.

Die Details von Steinthals psychologischer Theorie schwankten im Laufe der Jahrzehnte, in denen sie entwickelt wurde, aber im Allgemeinen lässt sich sagen, dass Steinthal eine sprachliche Äußerung als Externalisierung interner psychischer Vorstellungen des sprechenden Menschen betrachtete. Am deutlichsten wird dieses Bild in seinem *Abriss der Sprachwissenschaft* von 1871 gezeichnet. Wie zahlreiche Psychologietheoretiker dieser Zeit adaptierte Steinthal die Vorstellungsmechanik, der Johann Friedrich Herbart (1776–1841) in den ersten Jahren des 19. Jahrhunderts den Weg bereitet hatte. Herbarts Mechanik stellte sich den menschlichen Geist als eine Art Raum vor, der mit geistigen ‚Vorstellungen' gefüllt sei, die umherschweben und miteinander ‚assoziieren', um komplexere Vorstellungen zu bilden.

In Steinthals Version der Vorstellungsmechanik kodieren die Formen in der Sprache die internen Vorstellungen im Kopf und ermöglichen es uns, sie an eine andere Person zu senden, die sie dann entschlüsseln kann. Allerdings kennt Steinthals Konzeption manche Feinheiten. Wie aus Abschnitt 3.5. hervorging, war Steinthal ein Anhänger Wilhelm von Humboldts (1767–1835), und wie Humboldt hielt er Sprache nicht lediglich für ein passives Medium. Vielmehr stellte er sich eine dialektische Beziehung zwischen Sprache und Denken vor: Im Prozess der Artikulation von Gedanken interagierten die zugrunde liegenden Vorstellungen mit den sprachlichen Formen, so dass sie sich gegenseitig formten. Die Art und Weise, in der sich Sprache und Denken gegenseitig beeinflussten, sei die primäre Manifestation des angeblichen Volksgeistes, der in der Völkerpsychologie untersucht wird.

Während Hermann Paul und seine junggrammatischen Kollegen sich von der Idee eines Volksgeistes – wie ihn die Versionen der Völkerpsychologie von Steinthal und Lazarus und später von Wundt formulierten – distanzierten, machten sie sich die Vorstellungsmechanik und die Konzeption der Sprache als Mittel zur Kodierung und Übertragung geistiger Vorstellungen zu eigen. Angesichts der einflussreichen Position der Junggrammatiker zur damaligen Zeit wurde ihre Ansicht mehr oder weniger zur Standardauffassung in der Mainstream-Linguistik. In diesem intellektuellen Umfeld präsentierte Wegener 1885 seine alternative Auffassung der Sprache.

Entgegen der Auffassung, dass Sprache im Wesentlichen ein Medium sei, mit dem vollständig geformte Gedanken von einer Person an eine andere übermittelt würden, vertrat Wegener die Ansicht, dass Sprache im Grunde eine Art von Handlung darstelle: Die Sprache sei Mittel für die Sprecherin oder den Sprecher, die Aufmerksamkeit von anderen zu erlangen und zu lenken. Um dies zu veranschaulichen, beschrieb Wegener (1885: 12–15) seine Beobachtungen beim Spracherwerb von Kindern. Er wies darauf hin, dass die ersten Äußerungen eines Kindes Rufe wie ‚Mama' und ‚Fläschchen' seien: Dies sind laut Wegener spontane Anweisungen an die Betreuungsperson, dem Kind zur Hilfe zu kommen und ein aktuelles Problem zu lösen. Die Betreuungsperson sei für diese Rufe empfänglich und werde durch ein allgemeines Gefühl der Sympathie dazu veranlasst, darauf zu reagieren. Die grundlegendste Form der Sprache sei demnach also der an die unmittelbare Situation gebundene Imperativ.

Allmählich, so Wegener weiter (ebd.: 14–19), entwickle das Kind die Fähigkeit, sich von der Gegenwart abzulösen und sich die Zukunft vorzustellen bzw. an die Vergangenheit zu erinnern. Es werde Objekte benennen, die es gerne halten möchte, wie zum Beipsiel seine Puppe, und damit ein Streben nach der Zukunft ausdrücken; oder es könne ‚stoßen' oder ‚Tür' oder ‚Stein' sagen und damit eine vergangene Erfahrung des Umfallens erzählen. Das Kind werde in der Lage sein, diese minimalen Äußerungen mit verschiedenen Stimmlagen zu modulieren, um deutlich zu machen, ob es sie als Imperativ, als Ausdruck eines Wunsches oder als Übermittlung von Informationen meine.

Aber auch wenn sich unsere Sprache über die elementarsten Rufe nach sofortiger Aufmerksamkeit und Hilfe hinaus entwickle, behalte sie stets ihren imperativen Charakter. Der einzige Grund, warum wir sprechen, so Wegener, sei die Wirkung auf die Zuhörenden: „Der Zweck unseres Sprechens ist stets der, den Willen oder die Erkenntniss einer Person so zu beeinflussen, wie es dem Sprechenden als wertvoll erscheint" (Wegener 1885: 67; Hervorhebung im Original). Dieser Zweck werde bei Befehlen, Bitten und Forderungen deutlich, aber er gelte, so Wegener (ebd.: 65–67), auch für alle anderen Verwendungen der Sprache, selbst wenn wir eine Aussage machten oder eine Frage stellten. Wenn wir eine Aussage machten, beabsichtigten wir die Zuhörenden auf unseren Standpunkt aufmerksam zu machen. Eine Frage zu stellen sei wiederum eine Art Aufforderung an die Zuhörenden, Informationen zu liefern. Auch das lockere Plaudern hat nach Wegener das Ziel, andere zu beeinflussen, um eine gute Beziehung zu ihnen zu pflegen oder ihnen zu beeindrucken. Für Wegener ist der Dialog der primäre Gebrauch der Sprache: In der Sprache gehe es um das Hin und Her zwischen den Gesprächsteilnehmenden, wobei jede und jeder die anderen beeinflusse. Es drehe sich nicht in erster Linie um den monologischen Ausdruck von Vorstellungen.

Neben der Betonung des aktiven Charakters von Sprache kommentierte Wegener auch die Bedeutung des Kontexts für den Sprachgebrauch. Wegener (1885: 19–27) wies darauf hin, dass Zuhörende nur dann verstehen können, was Sprechende sagen, wenn beide Zugang zu einer gemeinsamen ‚Situation' oder einem gemeinsamen Kontext haben. Sobald der gemeinsame Kontext gesichert sei, könne die Sprecherin oder der Sprecher ihn kommentieren, sei es, um neue Informationen darüber zu geben, sei es, um die Zuhörenden zu einer bestimmten Handlung aufzufordern, oder Ähnliches. Die ‚Situation', in der sich Sprechende und Zuhörende befänden, sei nicht nur die unmittelbare Wahrnehmungssituation – d. h. die Zeit und der Ort, an denen sie sich physisch aufhielten –, sondern auch eine gemeinsame Vergangenheit, die Sprechende und Zuhörende durch Erinnerungen an gemeinsame Erfahrungen hätten.

Die Art und Weise, wie Sprechende und Zuhörende die Wörter verstehen, hängt demnach auch von ihrem Hintergrund ab, den Wegener als ihre ‚Situation des Bewusstseins' bezeichnet. Diese würden durch den Beruf, die Interessen, die Erziehung und so weiter bestimmt. Wegener (1885: 22–23) stellt fest, dass die meisten Menschen bei dem Satz „Die Bretter sind frisch gestrichen" an die Bretter an einem Haus denken würden. Wenn aber ein Schauspieler sagt: „Die Bretter, die die Welt bedeuten", dann werde man zweifellos annehmen, dass er die Bodenbretter einer Bühne meint. Wegener fragt auch, welchen Vorstellungsinhalt ein Franzose mit dem Wort *Prussien* verbinden würde (ebd.: 25). Zum damaligen Zeitpunkt, 1885, waren Frankreich und Preußen noch immer Todfeinde: Etwas mehr als ein Jahrzehnt zuvor hatte Preußen Frankreich gedemütigt und durch seinen Sieg im Deutsch-Französischen Krieg seine Vorherrschaft in Mitteleuropa begründet. Die Vorstellungen, die einem Franzosen beim Wort ‚Preuße' in den Sinn kämen, seien vermutlich ganz andere als diejenigen, die ein durchschnittlicher Preuße damit assoziiere.

Wie in den nächsten beiden Kapiteln zu sehen sein wird, wurden diese Schlüsselmerkmale von Wegeners Theorie – Sprache als Handlung und die Analyse der

Sprechsituation – später von einer Reihe von Wissenschaftlern aufgegriffen und weiterentwickelt, so dass sie die Grundlage für funktionale Sprachtheorien bilden.

11.2 Wegeners Quellen

Auch wenn Wegeners Theorie von Sprache als Handlung sich von den vorherrschenden Auffassungen in seinem unmittelbaren intellektuellen Umfeld zu unterscheiden schien, war sie nicht völlig neu. Wir werden uns aus Abschnitt 3.2. daran erinnern, dass die sensualistischen Theorien der Aufklärung über den Ursprung der Sprache die Anfänge des Sprechens in den Appellen der Sprechenden an die Zuhörenden sahen und sich darüber hinaus vorstellten, dass die Zuhörenden aufgrund einer inhärenten Empathiefähigkeit gezwungen seien, auf diese Appelle zu reagieren. Wegeners Position scheint ein Wiederaufgreifen dieser früheren Ideen zu sein. Allein wegen des überwältigenden Einflusses der deutschen Sprachphilosophie in der Nachfolge von Herder, Humboldt und gleichgesinnten Denkern wurden diese früheren Ansichten in der Mainstream-Linguistik verdrängt, was Wegeners Ideen so neu erscheinen ließ.

Es gibt auch jüngere Vorläufer von Wegeners Ideen, die außerhalb des deutschen Mainstreams, aber immer noch innerhalb der damaligen akademischen Sprachwissenschaft entstanden. Als einer der markantesten Vorläufer muss wohl die Arbeit des französischen Linguisten Michel Bréal (1832–1915) gelten, der in Abschnitt 8.3. erstmals auftauchte. Bréal gehörte derselben Generation an wie William Dwight Whitney, und so wie Whitney der wichtigste Vertreter der historisch-vergleichenden Sprachwissenschaft in Amerika war, vertrat Bréal diese neue deutsche Wissenschaft in Frankreich. Bréal war eigentlich in Deutschland geboren worden, in der Grenzprovinz Pfalz, die damals zum Königreich Bayern gehörte. Er wuchs jedoch in Frankreich auf, obwohl er in den späten 1850er Jahren zwei Jahre lang an der Universität zu Berlin studierte.

Wie Whitney stand Bréal einigen Entwicklungen der deutschen Linguistik zur Mitte des 19. Jahrhunderts sehr kritisch gegenüber, insbesondere den materialistischen Arbeiten von Schleicher. Wie Whitney plädierte auch Bréal für eine alternative Konzeption von Sprache, die Sprache in erster Linie als eine menschliche Tätigkeit betrachtet. Bréal war sehr stark in die Hauptrichtung der damaligen Linguistik eingebettet: Ganz im Sinne des restlichen Fachgebiets galt sein zentrales Interesse der Untersuchung des historischen Sprachwandels, insbesondere der Veränderung von Wortbedeutungen. Er prägte den Begriff ‚Semantik' (*sémantique*), um dieses Vorhaben zu benennen, ein Gebiet, dessen ultimatives Ziel nach seinem Verständnis darin bestand, die vermeintlichen Gesetze des Bedeutungswandels zu entdecken. Der Terminus ‚Semantik' hat sich in der Linguistik, der Philosophie und verwandten Disziplinen als Standardbezeichnung für die Teilbereiche etabliert, die sich mit der Erforschung von Bedeutung befassen.

Die große Synthese von Bréals Arbeiten auf diesem Gebiet stellt seine Monografie *Essai de sémantique* (Essay der Semantik) von 1897 dar, obwohl er die wichtigsten Aspekte seiner Theorie bereits in den Jahrzehnten zuvor präsentiert hatte, insbesondere in Vorlesungen, die er am Collège de France hielt, wo er eine Professur innehatte. Die erste dieser Vorlesungen aus dem Jahr 1866 lautete „De la forme et de la fonction des mots" (Über die Form und Funktion von Wörtern), die zweite aus dem Jahr 1868 „Les Idées latentes du langage" (Latente Ideen in der Sprache). Bréals zentrale Aussage in diesen beiden Vorlesungen lautet, dass die Bedeutung nicht in den Wörtern selbst liege, sondern dass die Wörter uns anregten, in eine bestimmte Richtung zu denken. Unsere Wörter enthalten demnach nicht so sehr Bedeutung, sondern rufen sie hervor. Um sich erfolgreich austauschen zu können, müssten Menschen den Sinn ihrer Wörter ständig an den Kontext anpassen. Dabei müssten sie mehrere Faktoren berücksichtigen: ihre Deutung der Absichten ihrer Gesprächspartnerinnen und -partner, die aktuelle Gesprächssituation und ihr gemeinsames Hintergrundwissen über die Welt (siehe Nerlich und Clarke 1996: 243–245).

Bréals Feststellung, dass Wörter nur durch Gebrauch im Kontext zu ihrer Bedeutung kommen, erinnert an Wegeners Erörterung von Situationen. Tatsächlich hob ein zeitgenössischer Rezensent von Wegeners *Untersuchungen*, Frank Ziemer (1886), die Ähnlichkeiten zwischen den Ansichten Wegeners und Bréals (und anderer Wissenschaftler) hervor und beschuldigte Wegener implizit des Plagiats. Wegener seinerseits behauptete, nichts von Bréal und dessen Arbeiten gewusst zu haben. Es ist jedoch unwahrscheinlich, dass Wegener von Bréals Arbeit keine Kenntnis hatte, da Bréal zu dieser Zeit weithin bekannt war. Belegt ist, dass Wegener andere Texte gelesen hat, in denen Bréal zitiert wurde, und somit mit seinen Ideen in Berührung gekommen war, wenn auch nur aus zweiter Hand (siehe Knobloch 1991: xxxv).

Der dänische Philologe Johan Nicolai Madvig (1806–1886) ist eine weitere Persönlichkeit, die oft in Genealogien des Funktionalismus erwähnt wird (siehe Jespersen 1922: 84–85; Knobloch 1991: xvii, xxxii; Nerlich und Clarke 1996: 155–160). Schon in den 1840er Jahren entwickelte Madvig eine Sprachauffassung, welche die Rolle der Sprache als Mittel zur zwischenmenschlichen Verständigung und Kooperation betonte. Madvig schrieb jedoch auf Dänisch, einer Sprache mit begrenzter internationaler Reichweite. Erst 1875, als er seine Texte in deutscher Übersetzung im Sammelband *Kleine philologische Schriften* veröffentlichte, wurde seine Ideen international bekannt.

Die Junggrammatiker lasen, rezensierten und zitierten Madvigs *Kleine philologische Schriften*. Obwohl er es selbst nie zitierte, ist es sehr wahrscheinlich, dass auch Wegener das Buch kannte. Aber zum Zeitpunkt als Madvigs Schriften endlich international rezipiert wurden, wurde die pragmatische Wende in der Linguistik schon von Whitney, Bréal und anderen Gleichgesinnten vollzogen. Wie in der Causa Rasmus Rask (1787–1832; siehe Abschnitt 2.4), ebenfalls ein vergessener dänischer Philologe, ist es so, dass man den Beitrag Madvigs zur pragmatischen Wende in der Linguistik nicht würdigen kann, ohne einen Prioritätenstreit zu schlichten.

Es gibt mehrere andere mögliche Vorläufer von Wegeners Situationsbegriff außerhalb der Linguistik. Der Linguistikhistoriker Clemens Knobloch (1991: xxxii–xxxiii) weist darauf hin, dass auch Lazarus, der zusammen mit Steinthal die Völkerpsychologie entwickelte, die Rolle des Kontexts für das Verständnis von Sprache thematisierte. In seinem Buch *Geist und Sprache* bemerkte Lazarus (1884 [1856–1867]), dass es oft eine ‚Incongruenz' zwischen Geist und Sprache gebe: Ein bestimmtes Wort könne in den Köpfen der Sprechenden und der Zuhörenden ganz unterschiedliche Vorstellungen hervorrufen. Nur im spezifischen Kontext eines bestimmten Gesprächs sei es möglich, den beabsichtigten Sinn zu erkennen. Außerdem sei es für Sprechende und Zuhörende leichter, zu ähnlichen Vorstellungen zu gelangen, wenn sie Elemente ihres Hintergrunds, ihres Geschmacks, ihrer Meinung etc. teilten.

Die Schwierigkeit, die Umstände und das Denken der Verfasserin oder des Verfassers eines alten Textes wiederherzustellen und neu aufleben zu lassen, war stets ein Schlüsselproblem der Hermeneutik gewesen. Die Hermeneutik befasste sich traditionell mit der Aufgabe der Bibelauslegung, der Erschließung des Sinns der heiligen Schriften. Im Laufe des 19. Jahrhunderts – mit dem Aufkommen des Historismus in seinen verschiedenen Ausprägungen, wie in Abschnitt 2.4. besprochen – wurden hermeneutische Ideen und Methoden auf die Interpretation historischer Quellen und anderer antiker Dokumente von philologischem Interesse ausgedehnt.

In den 1880er Jahren erhielt die Hermeneutik durch den deutschen Philosophen Wilhelm Dilthey (1833–1911) neuen Auftrieb. Er versuchte, die hermeneutische Methode, wie er sie verstand, zur Grundlage der Geisteswissenschaften im Gegensatz zu den Naturwissenschaften zu machen. Angesichts des steigenden Ansehens der Naturwissenschaften in dieser Zeit sahen sich Dilthey und andere gleichgesinnte Philosophen veranlasst, die Geisteswissenschaften als eine valide Form der Forschung zu verteidigen. Dieses Ringen ist in vielerlei Hinsicht eine Fortsetzung der Debatten um den Materialismus zur Mitte des Jahrhunderts, die in Abschnitt 4.2. untersucht wurden und bei denen es in ähnlicher Weise um das Vordringen der Naturwissenschaften in den Bereich des Geistes und der Kultur ging.

Dilthey vertrat die Position, dass die Geisteswissenschaften eine besondere hermeneutische Methode aufwiesen, die sie von den Naturwissenschaften unterscheide. Während das Ziel der Naturwissenschaften darin bestehe, die Phänomene der natürlichen Welt zu ‚erklären', versuchten die Geisteswissenschaften, die innere Erfahrung des menschlichen Bewusstseins zu ‚verstehen'. Was genau Dilthey mit ‚verstehen' meinte, ist umstritten, aber zumindest so viel ist klar: Dilthey war der Ansicht, dass Verstehen in diesem Sinne bedeute, den Geisteszustand der Menschen, die wir studieren, zu rekonstruieren, was wir nur mit einer gewissen Kenntnis über die physische und kulturelle Welt, in der sie lebten, tun könnten.

Ein ähnlicher Gegensatz zwischen Verstehen und Erklären als wichtigstem methodologischen Unterschied zwischen den Geistes- und den Naturwissenschaften war bereits in den 1850er Jahren von dem deutschen Historiker Johann Gustav Droysen (1808–1884) geltend gemacht worden. Als Verfechter des Historismus wandte sich Droysen gegen positivistische Historiker, die versuchten, ‚Gesetze' der Geschichte zu entdecken (siehe Beiser 2011: Kap. 7–8). Diltheys philosophische Hermeneutik wurde ab den 1880er Jahren zu einem gängigen Bezugspunkt in der Wissenschaftsphilosophie, und es gibt allen Grund zu der Annahme, dass Wegener mit diesen Debatten vertraut gewesen sein muss. Wegener stützte sich daher bei der Formulierung seiner Vorstellungen von Sprache als Handlung in einem bestimmten Kontext auf eine Reihe von nahen und weiter entfernten Quellen.

11.3 Wegener und die Syntax

Obwohl er seine Auffassung von Sprache als Handeln im Kontext als Alternative zu den damals vorherrschenden Ansichten vertrat, wurden Wegeners Vorschläge nicht als Affront gegen die herrschende Meinung rezipiert, sondern fanden bei seinen Zeitgenossen, insbesondere bei den Junggrammatikern, großen Anklang. Nirgendwo wird diese begeisterte Aufnahme deutlicher als in späteren Ausgaben von Hermann Pauls *Principien der Sprachgeschichte*, der Bibel der Junggrammatiker.

Betrachtet man die aufeinanderfolgenden Ausgaben von Pauls *Principien*, so stellt man fest, dass Paul viele Ideen Wegeners mit Enthusiasmus aufgreift. In der zweiten Auflage von 1886, ein Jahr nach dem Erscheinen von Wegeners *Untersuchungen*, führte Paul eine Unterscheidung zwischen dem, was er als ‚usuelle' und ‚okkasionelle' Bedeutung bezeichnete, ein (siehe Kap. 4 der Auflage von 1886 und aller folgenden Auflagen). Nach Pauls Verständnis ist die ‚usuelle' Bedeutung die Gesamtheit der Vorstellungen, die Sprechende und Zuhörende mit einem bestimmten Wort verbinden, während die ‚okkasionelle' Bedeutung eine eingeschränkte Menge von Vorstellungen ist, die an die spezifische Situation des Sprechens gebunden sind. Paul bezog diese Begriffe in seine Darstellung des historischen Bedeutungswandels ein und argumentierte, dass sich die usuelle Bedeutung eines Wortes verschieben könne, wenn das Wort in verschiedenen Sprechsituationen wiederholt mit einer bestimmten okkasionellen Bedeutung verwendet werde. Die häufig auftretende okkasionelle Bedeutung etabliere sich dann allmählich, verdränge die alte usuelle Bedeutung und schaffe eine neue.

Trotz Pauls Begeisterung für Wegeners Ideen scheint er allerdings der Meinung gewesen zu sein, dass Wegeners Arbeit für die eigentliche Linguistik nur von geringer Relevanz sei. In einer kurzen Besprechung von Wegeners *Untersuchungen* bemerkte Paul (1885), dass Wegener zwar viel über die Natur der Kommunikation zu sagen habe, dass seine Schriften jedoch nur wenig mit der tatsächlichen Aufgabe der Linguistik zu tun hätten, die sich mit dem historischen Sprachwandel befassen solle (siehe Knobloch 1991: xxxii). Dieser Vorwurf ist nicht ganz gerecht: Wegener nahm eine linguistische Analyse vor, und zwar auf dem Gebiet der Syntax, indem er die beiden linguistischen Kategorien des ‚logischen Subjekts' und des ‚logischen Prädikats' vorschlug.

Wegeners logisches Subjekt und Prädikat sind von den traditionellen grammatischen Begriffen Subjekt und Prädikat abgeleitet, stellen aber unterschiedliche Kategorien dar. In einem Satz fallen das logische und das grammatische Subjekt und Prädikat oft zusammen, aber nicht immer – und sie gehören zu unterschiedlichen Analysebereichen. Das grammatische Subjekt ist demnach der Teil des Satzes, der im Deutschen – und in den meisten indogermanischen Sprachen – im Nominativ steht und mit dem das finite Verb in Person und Numerus übereinstimmen muss, während das grammatische Prädikat aus dem Verb und seinen Ergänzungen besteht. Das grammatische Subjekt und Prädikat sind laut Wegener also Satzglieder, die sich durch formale Eigenschaften definieren.

Das logische Subjekt und das logische Prädikat hingegen seien funktionale Kategorien, definiert durch ihre Rolle in der Kommunikation. Nach Wegeners (1885: 29–34) Definition stellt das logische Subjekt den Teil des Satzes dar, der das Gesagte in der aktuellen Situation verankert, während das logische Prädikat das ‚Neue', ‚Interessante' oder ‚Wertvolle' der Mitteilung, das die Sprecherin oder der Sprecher in dieser Situation beitragen möchte, ausdrückt. Wenn wir zum Beispiel jemanden mit den Worten „Das ist Herr Müller" vorstellen, ist das logische Subjekt „das", ein deiktischer Ausdruck, der angibt, wer in der gegenwärtigen Situation gemeint ist, während „... ist Herr Müller" das logische Prädikat ist; es vermittelt die neue Information, die wir ausdrücken möchten: dass die vorgestellte Person Herr Müller ist.

Wegener untersuchte, wie diese funktionalen Kategorien des logischen Subjekts und Prädikats im Deutschen und anderen europäischen Sprachen typischerweise realisiert werden. Nach Wegener ist das grundlegendste sprachliche Mittel zur Markierung des logischen Prädikats die Betonung: Der betonte Teil des Satzes wird als logisches Prädikat interpretiert. Wenn wir sagen: *„Die [Völker]schlacht bei Leipzig* ist am 18. Oktober geschlagen" – wobei der kursiv gedruckte Teil des Satzes beim Sprechen betont wird –, dann ist der gemeinsame Ausgangspunkt das Datum

18. Oktober und die neue Information lautet, dass an diesem Datum die Völkerschlacht bei Leipzig stattfand und nicht eine andere Schlacht. Wenn wir dagegen sagen, „Die [Völker]schlacht bei Leipzig ist *am 18. Oktober* geschlagen", ist das Thema des Satzes die Völkerschlacht bei Leipzig und die neue Information ist das Datum, an dem sie sich ereignete, der 18. Oktober.

Wegener (1885: 31) wies darauf hin, dass moderne europäische Volkssprachen wie das Deutsche, Französische und Englische eine Reihe ausgeklügelter grammatischer Konstruktionen entwickelt haben, um das logische Prädikat explizit zu markieren, als syntaktische Ergänzung zu den grundlegenden Mitteln der Betonung und Intonation. Zu den Beispielen, die er anführt, gehört das, was wir heute als Satzspaltung bezeichnen würden, wenn wir im Deutschen sagen: *„Sein Bruder* war es, mit dem er kam", oder „Es war *Nacht*, als er zurückkehrte".

Die von Wegener vorgebrachte Erörterung über das logische Subjekt und Prädikat knüpfte an eine bestehende Tradition der syntaktischen Analyse im 19. Jahrhundert an. Eine Reihe von Wissenschaftlern hatte sich bereits mit der Frage beschäftigt, wie Informationen im Satz verpackt werden, und Analysen vorgeschlagen, um die traditionelle grammatische Unterscheidung zwischen Subjekt und Prädikat zu dekonstruieren. Es gibt vor allem zwei Vorläufer, deren Ideen in Wegeners Formulierungen eingeflossen zu sein scheinen: der französische Linguist Henri Weil (1818–1909) und der deutsche Linguist Georg von der Gabelentz (1840–1893), der bereits in Kapitel 7 eingeführt wurde.

In seiner 1844 erschienenen Studie *De l'ordre des mots dans les langues anciennes compares aux langues modernes* (Über die Ordnung der Wörter in den alten Sprachen im Vergleich zu den modernen Sprachen) legte Weil den Grundstein für einen beträchtlichen Teil der späteren syntaktischen Analyse im 19. Jahrhundert, indem er die komplexen Wechselwirkungen zwischen Wortstellung, grammatischem Subjekt und Prädikat und den Funktionsrollen feststellte, die sie im Satz spielen. In Artikeln, die 1869 und 1871 in Steinthals *Zeitschrift für Völkerpsychologie und Sprachwissenschaft* veröffentlicht wurden (zu dieser Zeitschrift siehe Abschnitt 3.4.), verfeinerte Gabelentz bestehende Arbeiten dieser Art, um Sätze in das zu analysieren, was er als ‚psychologisches' Subjekt und Prädikat bezeichnete. Obwohl sich Gabelentz und Wegener in vielen Details ihrer Analysen unterscheiden, stimmen ihre jeweiligen Vorstellungen von ‚psychologischem' oder ‚logischem' Subjekt und Prädikat insofern recht gut überein, als es beiden darum geht, wie Sätze strukturiert sind, um einen gemeinsamen Kontext herzustellen und neue Informationen zu präsentieren.

Die syntaktischen Manifestationen der Informationsorganisation im Satz waren ein weiteres neues Thema, das Paul ab der zweiten Auflage seiner *Prinzipien* behandelte und in alle nachfolgenden Auflagen aufnahm, wobei er sich unter anderem auf Wegener berief (siehe Paul 1820 [1880]: Kap. 6). Die Erforschung der

Informationsstruktur, wie sie später genannt wurde, war einer der Hauptbereiche, in denen die funktionale Linguistik in den folgenden Generationen ausgearbeitet wurde, insbesondere in Arbeiten von Persönlichkeiten wie dem Begründer des Prager Kreises Vilém Mathesius (1882–1945; siehe Mathesius 1975 [1961]: 79–85) sowie Michael Halliday (1925–2018; siehe Halliday 1985), einem Schüler der Londoner Schule, die sich um John Rupert Firth (1890–1960) formte. Im nächsten Kapitel werden Firth und seine Arbeit vorgestellt.

11.4 Weiterführende Literatur

Clemens Knoblochs (1991) Einleitung zum Nachdruck Philipp Wegeners *Untersuchungen über die Grundfragen des Sprachlebens* bietet einen knappen und aufschlussreichen Abriss von Wegeners Leben und Werk im historischen Kontext. Brigitte Nerlichs (1990) *Change in Language* untersucht die pragmatische Wende in der linguistischen Forschung in der zweiten Hälfte des 19. Jahrhunderts und konzentriert sich dabei insbesondere auf die Gemeinsamkeiten zwischen William Dwight Whitney, Michel Bréal und Wegener.

Matthias Jungs (2007) *Hermeneutik zur Einführung* stellt die Hermeneutik einschließlich des Beitrags Wilhelm Diltheys dazu vor. Kapitel 8 von Frederick Beisers (2011) *The German Historicist Tradition* widmet sich Diltheys philosophischer Hermeneutik. Die umliegenden Kapitel seines Buches behandeln weitere Aspekte der Debatten über die Grundlagen der Geisteswissenschaften, die zu dieser Zeit geführt wurden. Für eine detaillierte Darstellung der Begriffe grammatisches und ‚logisches'/‚psychologisches' Subjekt und Prädikat im 19. und frühen 20. Jahrhundert siehe Els Elffers (1991) *The Historiography of Grammatical Concepts*.

12 Britischer Kontextualismus

Während Bedeutung in der vorwiegend deutschen historisch-vergleichenden Sprachwissenschaft ein relativ nebensächliches Thema war, nahm sie in der britischen Linguistik des frühen 20. Jahrhunderts einen zentralen Platz ein. In diesem Kapitel liegt der Schwerpunkt auf zwei der einflussreichsten Persönlichkeiten der britischen Linguistik dieser Epoche, John Rupert Firth (1890–1960) und Bronislaw Malinowski (1884–1942), und ihren unterschiedlichen Vorstellungen vom ‚Situationskontext'.

Firth verstand sich in erster Linie als Sprachwissenschaftler, doch im Gegensatz zu den meisten seiner Kollegen in Kontinentaleuropa war seine Wissenschaft weniger von philologischen Interessen geleitet als von den Erfordernissen praktischer Aufgaben wie des Sprachunterrichts. Malinowski seinerseits war eher Ethnograf als Linguist. Er war ein Pionier der ‚teilnehmenden Beobachtung' in der Ethnografie, die einfordert, dass der Ethnograf in die von ihm untersuchte Gesellschaft eintrete und sie von innen heraus beschreibe. Um diese Rolle als Ehrenmitglied der Gemeinschaft zu übernehmen, müsse der Ethnograf die in der Gemeinschaft gesprochenen Sprache beherrschen. Es sind diese angewandten und ethnografischen Perspektiven auf Sprache, welche die britische Linguistik von den historisch-vergleichenden Schulen auf dem Kontinent unterschieden.

Wie aus Kapitel 6 hervorging, betonten die Junggrammatiker und ihre Mitstreiter in der indogermanischen Sprachwissenschaft die Bedeutung der lebenden, gesprochenen Sprachen für die Festlegung der Prinzipien, die der Funktionsweise aller menschlichen Sprache zugrunde liegen. Mit dieser Haltung kehrten sie die traditionellen Prioritäten des Faches um, das auf dem Studium alter Texte und archaischer Inschriften beruhte. Doch trotz des expliziten Perspektivwechsels waren die Primärquellen, auf denen die meisten junggrammatischen Forschungen beruhten, weiterhin schriftliche Texte in toten indogermanischen Sprachen. Im Gegensatz dazu dienten lebende Sprachen – und Sprachen, die sich in ihrer Struktur oft deutlich vom üblichen europäischen Modell unterscheiden – als Ausgangspunkt für viele britische Sprachforscher. In den folgenden Abschnitten wird gezeigt, wie die Bemühungen britischer Linguisten, sich mit einer Vielzahl von Sprachen aus der ganzen Welt auseinanderzusetzen, Fragen zu Bedeutung, Gebrauch und Kontext in den Mittelpunkt ihrer Theoriebildung rückten.

https://doi.org/10.1515/9783111618548-012

12.1 John Rupert Firth und ‚the study of meaning in its own terms‘

Der angewandte und ethnografische Ansatz der britischen Linguistik steht in direktem Zusammenhang mit dem institutionellen Status des Faches in Großbritannien. Im 19. und frühen 20. Jahrhundert war Großbritannien die größte Kolonialmacht der Welt, und eine der Hauptaufgaben der britischen Linguisten bestand darin, die in ihren Kolonialgebieten gesprochenen Sprachen zu dokumentieren und zu lehren. Die Verflechtung der britischen Linguistik mit den Angelegenheiten des British Empire lässt sich recht deutlich erkennen am Beispiel von John Rupert Firth, dessen Karriere von den imperialen Institutionen abhing.

Firth begann seine Laufbahn 1914 als Offizier des Indian Education Service, einer Abteilung der britischen Kolonialregierung in Indien. Während des Ersten Weltkriegs trat er der britischen Armee bei und diente in verschiedenen Regionen Indiens und Ostafrikas. Seine erste bedeutende akademische Anstellung erhielt er 1919, unmittelbar nach dem Krieg, als Professor für Englisch an der University of the Punjab in Lahore. Auch nach seiner Rückkehr nach England im Jahr 1928 wurde er vor allem aufgrund seiner Kenntnisse über die Sprachen der kolonisierten Bevölkerung in Indien eingestellt. Etwa ein Jahrzehnt lang arbeitete er am University College London, bevor er an die School of Oriental Studies – die heutige School of Oriental and African Studies – wechselte, wo er ab 1944 als Professor wirkte. Die School of Oriental and African Studies (SOAS) wurde mit dem ausdrücklichen Ziel gegründet, britische Beamte in den für die Kolonialverwaltung erforderlichen Kompetenzen auszubilden. Firth und seine Sprachforscherkollegen an der SOAS boten Ausbildung in den Sprachen und Kulturen der Völker an, die ihre Studenten bald verwalten sollten.

Firth selbst war jedoch ein ambivalenter Imperialist. Er machte Karriere innerhalb der Strukturen des British Empire, aber er vertrat nicht unbedingt eine herablassende Haltung gegenüber den kolonialen Untertanen des Empire, ihren Kulturen und Sprachen. Er sprach sogar davon, sich selbst zu ‚enteuropäisieren‘, seinen sprachlichen und geistigen Horizont durch den Kontakt mit außereuropäischen Kulturen zu erweitern. Er nannte Indien die ‚Heimat der Phonetik‘ und räumte ein, dass er sich bei der Entwicklung seiner eigenen Ideen von der traditionellen indischen Grammatik und Phonetiklehre inspirieren ließ (siehe Rebori 2002: 175–183).

Firths Haltung mag teils auf seine eigene, vergleichsweise bescheidene Herkunft zurückzuführen sein. Firth stammte aus Yorkshire und hatte an der University of Leeds studiert: Er wurde nicht in das intellektuelle und kulturelle Establishment Großbritanniens hineingeboren. In gewissem Sinne stammte auch er aus der Peripherie des British Empire und musste sich an die Sprache und die Normen der dortigen Eliten akkulturieren. Dennoch war es das koloniale Projekt des Empire, das Firth die Möglichkeit gewährte, seine Forschungen durchzuführen, und das in vielerlei Hinsicht die Richtung seiner Interessen bestimmte. Sein berufspraktischer Hintergrund, Studenten in Indien die englische Sprache und Kultur nahe zu bringen und später den Briten indische Sprachen und Kulturen zugänglich zu machen, lenkte seine Aufmerksamkeit auf die Frage, wie wir kommunizieren, wie wir Sprachen nutzen, um Bedeutung zu erzeugen.

Vor einer detaillierten Erörterung von Firths Ansichten gilt es festzuhalten, dass Firth nie wirklich eine endgültige Fassung seiner Doktrin vorlegte. Vielmehr entwickelte er seine Ideen – oft mit vielen Wiederholungen – in zahlreichen kleineren Aufsätzen und Vorträgen, von denen die wichtigsten in Sammelbänden veröffentlicht wurden (Firth 1957 und posthum Firth 1968). In den 1930er Jahren schrieb Firth zwei Bücher, die sich an ein allgemeines Laienpublikum richteten: *Speech* und *The Tongues of Men* (diese Bücher wurden posthum in einem Sammelband als Firth 1964 [1930; 1937] neu aufgelegt). In diesen populären Büchern werden einige seiner Gedanken in einer etwas lebendigeren und zugänglicheren Form dargelegt. Die Erörterung von Firths Ideen in diesem Abschnitt basiert auf den beiden Sammelbänden mit akademischen Arbeiten (Firth 1957; 1968). Um eine einfache, kohärente Sprachtheorie zu präsentieren, werden diese Bände hier als einzelne Quellen behandelt, ohne auf die Unterschiede und möglichen Ungereimtheiten in den darin enthaltenen Schriften einzugehen.

Nach Firth (1968: 145) ist „das Hauptziel [der Linguistik] die Untersuchung von Bedeutung für sich“ (*the study of meaning in its own terms*), wobei Firth eine recht weit gefasste und etwas eigenwillige Auffassung von „Bedeutung“ vertritt. Nach Firths Verständnis ist jeder Aspekt der Sprache – von den Lauten über die Struktur von Wörtern und Sätzen bis hin zu der Art und Weise, wie wir im Gespräch miteinander umgehen – mit Bedeutung durchdrungen, und es ist die Aufgabe der Linguistinnen und Linguisten, diese verschiedenen Facetten von Sprache im Kontext zu analysieren. Es gebe keine einzelne monolithische Analyse, die durchgeführt werden könne, sondern „die deskriptive Linguistik ist [...] eine Art Hierarchie von Techniken, mit deren Hilfe die Bedeutung sprachlicher Ereignisse gleichsam in ein Spektrum spezialisierter Aussagen aufgelöst werden kann“ (ebd.: 183).

Der eigentliche Untersuchungsgegenstand der Linguistik, so Firth, sei die einzelne Äußerung in dem Kontext, in dem sie gemacht werde, eine Ansicht, die eine Umkehrung der saussureschen Orthodoxie darstellt, die sich bereits in den 1920er Jahren, als Firth zu schreiben begann, durchgesetzt hatte. Wie aus Abschnitt 8.2. hervorgeht, wird Saussure im Allgemeinen so interpretiert, dass er gesagt habe, Linguistinnen und Linguisten sollten sich mit *la langue*, dem abstrakten System einer jeden Sprache, und nicht mit *la parole*, der Anwendung von *la langue* zur Bildung von Äußerungen, beschäftigen. Firth (1957: 181) vertrat unter ausdrücklicher Bezugnahme auf diese Interpretation von Saussure die Auffassung, dass nur die tatsächlichen Beispiele des Sprachgebrauchs real seien, während die abstrakten Formen, die Linguistinnen und Linguisten aus Äußerungen extrahieren, bloße Erfindungen der Analyse seien.

Um seinen kontextuellen Ansatz zu veranschaulichen, untersuchte Firth (1957: 26) die sprachliche Form /bɔːd/, für die er fünf verschiedene ‚Funktionen' identifizierte, die jeweils einer anderen Analyseebene entsprechen. Die erste dieser Funktionen, die ‚phonetische Funktion', wird durch die Laute der Sprache im Zusammenhang mit anderen Lauten gebildet: die Art und Weise, wie sie aneinandergereiht und ersetzt werden können. Firth zählte 15 alternative Vokallaute auf, die potenziell mit dem /ɔː/ von /bɔːd/ kontrastieren können und Formen wie /biːd/, /bɪd/, /bɛd/, /bæd/, /baːd/, /buːd/ usw. ergeben. Da sich Firths Diskussion auf gesprochene Wörter bezieht, sind die meisten Beispiele hier in Firths eigener phonetischer Umschrift wiedergegeben. Viele dieser phonetischen Formen mögen verschiedenen Wörtern entsprechen, die sich gegebenenfalls orthografisch unterscheiden lassen. Um die phonetischen Formen zu entziffern, muss man sich die Artikulationen eines idealtypischen Engländers des frühen 20. Jahrhunderts – mit oder ohne gezwirbeltem Schnauzbart – vorstellen, der in ‚Received Pronunciation' spricht.

Die zweite Ebene ist die ‚lexikalische Funktion', d. h. die Art und Weise, wie der Kontrast zwischen Lauten dazu dient, ein Wort von einem anderen zu unterscheiden. Die Form /bɔːd/ kann zum Beispiel mit /kɔːd/, /bɔːt/ oder /pɔːt/ kontrastiert werden, die im Englischen jeweils als ein anderes Wort interpretiert würden. Die nächste Ebene ist die ‚morphologische Funktion': der Kontrast der Form zu anderen Formen, die im selben morphologischen Paradigma zusammengehören. Betrachtet man noch einmal die Form /bɔːd/, so stellt Firth (ebd.: 25) fest, dass es mehrere verschiedene Paradigmen gebe, denen diese Form angehören könnte:

1. /bɔːd/, /bɔːdz/
2. /bɔːd/, /bɔːdz/, /bɔːdəd/, /bɔːdɪŋ/
3. /bɔː/, /bɔːz/, /bɔːd/, /bɔːɹɪŋ/

Im ersten Paradigma ist /bɔːd/ ein Substantiv – orthografisch *board* ‚Brett' oder möglicherweise *bawd* ‚Puffmutter' – und kann im Singular und Plural flektiert werden. Im zweiten Paradigma handelt es sich um ein Verb – *board* ‚einsteigen' oder möglicherweise ‚wohnen' – mit unterschiedlicher Zeit- und Übereinstimmungsflexion. Im dritten Paradigma ist /bɔːd/ – *bored* – eine Vergangenheitsform eines anderen Verbs, das die Grundform /bɔː/, *bore* ‚langweilen', hat.

Oberflächlich betrachtet ähnelt der Ansatz, den Firth hier skizziert, sehr stark der Distributionsanalyse, die in der zeitgenössischen Phonemtheorie in Amerika ihren höchsten Grad an Verfeinerung erreichte. Im Detail wird die Distributionsanalyse in Abschnitt 16.4. untersucht, doch für den Moment sei aus den Kapiteln 9 und 10 daran erinnert, dass Phoneme als die kleinsten phonologischen Einheiten von Sprache definiert werden, die einen Kontrast erzeugen, der ein Wort von einem anderen unterscheidet. Die Phonemtheorie besagt, dass es möglich sein sollte, das Lautsystem jeder Sprache als ein Inventar solcher kontrastierenden Phoneme zu beschreiben, mit zusätzlichen Regeln, welche die regelmäßige Variation in der Art und Weise berücksichtigen, wie diese Phoneme beim Sprechen tatsächlich realisiert werden.

Doch Firth war eigentlich ein Gegner der Phonemtheorie: Er hielt es für falsch, von einer einzigen ultimativen Analyseeinheit wie dem Phonem auszugehen. Stattdessen seien die Formen, die wir in Sprachen sehen, das Produkt verschiedener sich überschneidender Systeme. Außerdem sei das Konzept des Phonems keine Entdeckung der reinen Wissenschaft, sondern lediglich Ergebnis der Erhebung von Prinzipien der alphabetischen Verschriftlichung westlicher Art zu einem theoretischen Axiom (in Abschnitt 9.2. wurden ähnliche Überlegungen zu diesem Punkt angestellt). Firth bemerkte dazu:

> Wir A-B-C-Leute, wie einige Chinesen uns beschrieben haben, sind daran gewöhnt, Wörter in Buchstaben, Konsonanten und Vokale sowie in Silben aufzuteilen, und wir haben ihnen verschiedene Eigenschaften wie Länge, Quantität, Ton und Betonung zugeschrieben. (Firth 1957: 122)

Die chinesische Sprache, so Firth, sei ein hervorragendes Beispiel für die Grenzen der traditionellen phonemischen Analyse. Die Betonung der phonemischen Theorie auf ‚Buchstaben', auf der Aufteilung des Lautstroms in Segmente, passe schlecht zur Phonologie des Chinesischen. Im Chinesischen könne der ‚Ton' – die Tonhöhenkontur einer Silbe – dazu dienen, ein Wort von einem anderen zu unterscheiden, und sei somit ein primäres phonologisches Merkmal, das den gleichen Stellenwert habe wie jedes segmentale Phonem. Der traditionelle phonemische Ansatz, der das Segment als Grundeinheit der Analyse behandelt, würde Schwierigkeiten haben, mit dem Ton umzugehen, da Ton eine Eigenschaft der gesamten Silbe sei und nicht auf die Ebene der einzelnen Segmente reduziert werden könne. Der Ton müsse in die phonologische Analyse als eine Art ‚suprasegmentales' Merkmal nachgerüstet werden.

Angesichts solcher Schwierigkeiten schlug Firth seinen alternativen Ansatz der ‚prosodischen Phonologie' vor, die so heißt, weil sie ‚Prosodien' – phonologische Merkmale, die zu einer Silbe gehören oder sich anderweitig über mehrere Segmente erstrecken können – als Analyseeinheiten erster Ordnung anerkennt. Firths prosodische Phonologie ist ‚polysystemisch': Die Analyse besteht aus mehreren Systemen – denen der segmentalen Phonologie, der Prosodie usw. –, die zusammenwirken, um die sprachlichen Formen zu schaffen, die wir sehen und hören, und nicht auf einem einzigen monolithischen System beruhen, das versucht, die Formen in grundlegende Einheiten zu zerlegen (zu Firths prosodischer Phonologie siehe ferner Anderson 2021 [1985]: 243–255).

Kehrt man nun zu Firths Funktionsanalyse zurück, so erschließen die vierte und fünfte Ebene – die sich mit dem befassen, was Firth als ‚syntaktische' und ‚semantische' Funktionen bezeichnet – schließlich den Bereich von Bedeutung in der Sprache, wie wir sie uns normalerweise vorstellen. Bei Firths syntaktischer Funktion geht es im Wesentlichen um die Art der Äußerung, die eine Form ohne spezifische Situationsinformationen darstellt. Wenn man zum Beispiel /bɔːd/ als /bɔːd/! (d. h. *Bored!*) mit lauter, gleichmäßiger Intonation ausspricht, lässt sich erkennen, dass die Äußerung als Ausruf gemeint ist – was so viel wie ‚Mich langweilt es!' bedeuten würde –, während es sich, wenn man es als /bɔːd/? (*Bored?*) mit ansteigender Intonation ausspricht, um eine Frage handeln würde – ‚Ist Ihnen langweilig?'.

Die semantische Funktion besteht darin, die Äußerung in einen bestimmten ‚Situationskontext' (*context of situation*) zu stellen. Das Beispiel, das Firth (1957: 27) hier anführt, besteht darin, sich die Antworten vorzustellen, die die Äußerung /bɔːd/? in einem Gespräch hervorrufen könnte, wie zum Beispiel *no* ‚nein', *not really* ‚nicht wirklich' oder *go on* ‚Führen Sie doch weiter aus'. Jedes Paar aus Frage und Antwort steht für einen bestimmten ‚Situationskontext' oder eine Reihe konkreter Umstände, unter denen die Äußerung getätigt wird. Nach Firth sollten wir folgende Faktoren berücksichtigen, um den Situationskontext zu ermitteln:

A. Die relevanten Merkmale der Teilnehmer: Personen, Persönlichkeiten.
   i. Das verbale Handeln der Teilnehmer.
   ii. Das nonverbale Handeln der Teilnehmer.
B. Die relevanten Gegnstände.
C. Die Wirkung der verbalen Handlung. (Firth 1957: 182)

Das heißt, es gilt zu betrachten, wer an der Situation beteiligt ist (A), was die Beteiligten sagen (i), was sie tun (ii), welche nicht sprechenden, unbelebten Gegenstände an der Situation beteiligt sind (B) und was die Teilnehmenden tun oder was ihnen als Folge dessen, was sie sagen, widerfährt (C).

Firth (1957: 182) stellte weiter fest, dass wir verschiedene Situationskontexte klassifizieren und die für jeden Kontext typische Sprache heraussuchen können. Dies ist im Wesentlichen das, was in Sprachlehrbüchern gemacht wird, wo eine Lektion auf einer Situation wie einer Zugfahrt basieren mag. Das Buch liefert den relevanten Wortschatz, grammatische Konstruktionen und Dialoge, welche die Standardkonversationsskripte veranschaulichen, denen wir in einer solchen Situation folgen. Die intensive Untersuchung einer begrenzten Sprache, die spezifische Situationen wie diese widerspiegelt, ist nach Firths Ansicht der ideale Weg zur linguistischen Analyse. Firth und seine Kollegen setzten diese Prinzipien im Zweiten Weltkrieg im Dienste des britischen Luftfahrtministeriums ein, als sie typische Funksprüche japanischer Kampfpiloten analysierten, um einen Crashkurs in Japanisch für britische Geheimdienstler zu erstellen. Die Absolventen des Kurses waren in der Lage, den japanischen Funkverkehr zu belauschen und die Anzeichen für Situationen wie Aufklärungsmissionen und bevorstehende Bombenangriffe zu erkennen.

Trotz der oben zitierten kurzen Liste von Faktoren betrachtete Firth den Situationskontext nicht nur als eine Angelegenheit der unmittelbaren physischen Umgebung, in der eine Sprache verwendet werde: die breitere Kultur, in die Sprache eingebettet ist, sei ebenfalls relevant. Diese kulturelle Dimension war in Malinowskis Version des Situationskontextes, auf die wir im nächsten Abschnitt eingehen, noch stärker ausgeprägt.

12.2 Bronislaw Malinowski und der Situationskontext

Der Begriff ‚Situationskontext' (*context of situation*) – der, wie im vorigen Abschnitt zu sehen war, in Firths funktionaler Sprachtheorie eine so wichtige Rolle spielt – wurde ursprünglich von Bronislaw Malinowski geprägt. Malinowskis Situationskontext als Schlüsselkomponente seiner ethnografisch orientierten linguistischen Analyse befasste sich vornehmlich mit dem kulturellen Kontext, in dem eine Sprache verwendet wird.

Malinowski formulierte seine Vorstellung des Situationskontexts erstmals als Reaktion auf seine Feldforschung auf den Trobriand-Inseln in Neuguinea. Als er im Juni 1914 in den Südpazifik aufbrach, war Malinowski Student an der London School of Economics, wo er später Professor wurde, was die Schule zu einem weltweit bedeutenden Zentrum der anthropologischen Forschung machte. Doch Malinowski stammte ursprünglich aus der polnischen Stadt Krakau, die zu dieser Zeit unter österreichischer Hoheit stand. Er war ethnischer Pole, aber österreichischer Staatsbürger, und als einen Monat nach seiner Abreise der Erste Weltkrieg ausbrach, wurde er zum feindlichen Ausländer im britisch beherrschten Kolonialgebiet. Mit Hilfe britischer Kollegen entging er der Internierung und entschied sich, während des Krieges im Pazifikraum zu bleiben. Dieser verlängerte Aufenthalt ermöglichte ihm die Durchführung längerfristiger Feldforschung in der Region: Er verbrachte jeweils bis zu einem Jahr auf den Trobriand-Inseln, mit Zwischenaufenthalten in anderen Teilen Neuguineas und Papuas sowie in Melbourne, Australien.

Malinowski wurde durch die Schwierigkeiten, die er bei der Überbrückung der kulturellen Kluft zwischen den Einheimischen der Trobriand-Inseln und sich selbst als europäischem Eindringling erlebte, dazu veranlasst, über Sprachbedeutung nachzudenken. Malinowskis Begriff ‚Situationskontext' taucht zum ersten Mal in einem Aufsatz mit dem Titel „The problem of meaning in primitive languages" (Das Problem der Bedeutung in primitiven Sprachen) auf, den er 1923 als ‚Supplement' (Anhang) zu dem Buch *The Meaning of Meaning* von Charles K. Ogden (1889–1957) und Ivor Armstrong Richards (1893–1979) schrieb. Wie der Titel dieses Aufsatzes bereits andeutet, ist Malinowskis Darstellung mit allerlei kolonialen Vorurteilen über die Unterschiede zwischen so genannten ‚zivilisierten' und ‚primitiven' Völkern verknüpft. Ohne Apologie zugunsten Malinowskis betreiben zu wollen, gilt es anzumerken, dass seine Einstellungen für die damalige Zeit am fortschrittlicheren Ende des Spektrums lagen. Obwohl er immer wieder den Gegensatz zwischen ‚zivilisiert' und ‚primitiv' anführte, versäumte er es nie, auf die Gemeinsamkeiten zwischen diesen beiden vermeintlichen Polen hinzuweisen, darauf, wie viel des vermeintlich Primitiven Teil der Struktur angeblich zivilisierterer Gesellschaften bleibe.

In seinem Essay über „The problem of meaning in primitive languages" lädt Malinowski uns ein, uns an seiner Stelle als Europäer vorzustellen, der versucht, Kilivila, die Sprache der Trobriand-Insulanerinnen und -Insulaner, zu verstehen:

> Stellen Sie sich vor, Sie wären plötzlich auf ein Korallenriff im Stillen Ozean versetzt, säßen inmitten eines Kreises von Eingeborenen und hörten deren Unterhaltung zu. Nehmen wir ferner an, es sei ein idealer Dolmetscher da, der, soweit das möglich ist, die Bedeutung jeder Äußerung, Wort für Wort, vermitteln könnte, so daß der Zuhörer im Besitz aller verfügbaren sprachlichen Daten wäre. Könnten Sie dann die Unterhaltung oder auch nur eine einzige Äußerung verstehen? Ganz sicherlich nicht. (Malinowski 1956 [1923]: 300; deutsche Übersetzung Malinowski 1974 [1923]: 329)

Selbst wenn wir die wörtliche Bedeutung jedes Wortes der Trobriand-Insulanerinnen und -Insulaner kennen, so Malinowski, würden wir nicht verstehen, was sie sagen. Unsere Schwierigkeiten als fremde Beobachterinnen und Beobachter beim Erfassen einer Unterhaltung auf Kilivila veranschaulichen perfekt die entscheidende Rolle des Kontexts für das Verstehen. Einerseits sei die unmittelbare physische Situation unerlässlich für das Verständnis des Gesagten, weil Kilivila – zu jener Zeit – keine schriftliche Form hatte. Ein schriftlicher Text müsse so formuliert sein, dass er von der Situation, in der er produziert wird, losgelöst werden könne, während eine Äußerung in einer schriftlosen Sprache stets an eine bestimmte Situation gebunden sein werde. Aber noch wichtiger: Der große kulturelle Unterschied zwischen uns und den Bewohnerinnen und Bewohnern der Trobriand-Inseln hat zu Folge, dass uns die Bedeutung vieler ihrer Aussagen einfach entgehen würde. Zur Veranschaulichung dieser Argumentation führte Malinowski einen Satz in Kilivila an, der von einer interlinearen Glosse flankiert wurde, die Morphem für Morphem festhielt:

Tasakaulo	*kaymatana*	*yakida;*	
Wir rennen	Spitzen-Holz	selber	
tawoulo	*ovanu*	*tasivila*	*tagine*
wir paddeln	am richtigen Platz;	wir wenden uns	wir sehen
soda;	*isakaulo*	*ka'u'uya*	
Gefährten unsrigen;	er fährt	Schwanz-Holz	
oluvieki	*similaveta*	*Pilolu*	
hinten	ihr Meeresarm	Pilolu	

(Malinowski 1956 [1923]: 300–301; deutsche Übersetzung Malinowski 1974 [1923]: 329)

Diese Äußerung erzählt eine Episode einer überseeischen Handelsexpedition, bei welcher der Erzähler der Anekdote in seinem Kanu vorausfuhr und seine Gefährten in einem anderen Kanu überholte. Die Ausdrücke ‚Spitzen-Holz' und ‚Schwanz-Holz' beziehen sich auf die Kanus und ihre relativen Positionen; sie verwenden dabei kulturspezifische Metaphern. Um die Bedeutung des Verweises auf ‚ihren Meeresarm Pilolu' zu verstehen, müssen wir ebenfalls die lokale Geografie und die Beziehung der Menschen zu ihr kennen. Vor allem aber müssen wir vom Wettkampfgeist der trobrischen Kultur wissen, um den Sinn dieser Anekdote zu verstehen: dass nämlich der Erzähler mit seinen Heldentaten prahlt.

Malinowskis Methode, solch völlig fremde Texte für sein europäisch geprägtes Publikum zugänglich zu machen, bestand darin, zunächst eine schriftliche Transkription des Textes zusammen mit einer wörtlichen interlinearen Glosse wie der oben wiedergegebenen zu erstellen. Auf die glossierte Transkription folgte dann eine ausführliche Erläuterung des Inhalts, des Kontexts und der Bedeutung des Texts in englischer Sprache. Malinowski entwickelte diese Technik in seinem 1935 erschienenen Buch *Coral Gardens and their Magic*, dessen zweiter Band zu einem großen Teil aus auf diese Weise präsentierten Texten besteht, zu einer hohen Kunst.

12.3 Der Hintergrund von Malinowskis Modell der Sprache

Der Situationskontext, wie er von Malinowksi entwickelt und später von Firth übernommen wurde, erinnert durchaus an den Begriff der ‚Situation', wie er von Philipp Wegener gehandhabt wurde (siehe Abschnitt 11.1.). Malinowski erkannte die Inspiration an, die er unter anderem von Wegener bezog, ebenso verfuhr Firth (siehe Firth 1968: 139; Senft 2009).

Die Ähnlichkeiten zwischen Malinowski und Wegener werden noch deutlicher, liest man Malinowskis Darstellung der Entstehung und Entwicklung von Sprache: Wie Wegener vertrat Malinowski die Auffassung, dass das Sprechen grundsätzlich eine Art Handlung sei. Er stellte dies der Auffassung von Sprache als „verdichtete[m] Stück Reflexion, eine[r] Aufzeichnung von Fakten oder Gedanken" (Malinowski

1956 [1923]: 312; 1974 [1923]: 346) gegenüber, einer Verwendung, die für die moderne Wissenschaft und Literatur charakteristisch sei und die er für eine spätere, abgeleitete Verwendung von Sprache hielt.

Um seine Auffassung von Sprache als Handlung zu erläutern, stellte Malinowski (1956 [1923]) einen Katalog der grundlegenden Situationstypen auf, in denen Sprache verwendet wird. Der erste davon ist ‚Sprache in der Aktion', in der Sprache eingesetzt wird, um die Aktivitäten von Menschen zu koordinieren, um einen praktischen Zweck zu erreichen. Als Beispiel nannte er Sprache, die zur Koordinierung des Verhaltens der Fischer beim Fischfang verwendet wird. Als Nächstes führte Malinowski die ‚erzählende Rede' an; die im vorigen Abschnitt zitierte Anekdote, die von den Heldentaten des Sprechers auf einer Handelsexpedition erzählt, ist ein Paradebeispiel für diese Kategorie. Selbst dieser narrative Sprachgebrauch, so Malinowski (1956 [1923]: 313; 1974 [1923]: 347), sei eine Art Handlung: eine „Form sozialer Aktion", die bei den Anwesenden „Gefühle des Stolzes oder der Kränkung, des Triumphs oder des Neids" hervorrufen solle.

Die reinste Form des sozialen Handelns durch Sprache ist das, was Malinowski (1956 [1923]: 315; 1974 [1923]: 350) die ‚phatische Kommunion' (*phatic communion*) nannte. Der Hauptzweck solcher sprachlichen Aktivitäten wie müßiges Geplauder und Klatsch ist seiner Ansicht nach einfach, Menschen zusammenzubringen – die wörtliche Bedeutung des Gesagten sei völlig irrelevant. Dieser Sprachgebrauch finde sich nicht nur in so genannten primitiven Gesellschaften, sondern ebenso im Umgang zwischen Europäerinnen und Europäern, die sich mit Fragen wie beispielsweise ‚Wie geht es?' begrüßen und ziellose Gespräche über das Wetter führen. Der Inhalt dieser Gespräche sei unwichtig; es handele sich lediglich um konventionelle Höflichkeiten, die ausgetauscht würden, um soziale Beziehungen aufrechtzuerhalten.

Die Parallelen zu Wegener setzen sich in Malinowskis Ausführungen über den Spracherwerb von Kindern fort. Für ein Kind sei Sprache in erster Linie ein Mittel, um in der Welt etwas zu bewirken: Der Ruf ‚Mama' fordere die Mutter zum Herkommen auf. Wenn das Kind Hunger habe oder sich unwohl fühle, werde ein geeigneter Ruf dazu führen, dass die Situation behoben werde (Malinowski 1956 [1923]: 319–320; 1974 [1923]: 356–359). Dies ist nach Malinowski das erste von drei Stadien, in denen sich die Sprache entwickelt. Auf dieser ersten Stufe sei die Äußerung nichts anderes als eine reflexartige Reaktion, die mit einer bestimmten Situation korreliere, aber keinen Gedanken voraussetze. Auf der zweiten Stufe hingegen werde ein artikulierter oder halbartikulierter Laut aktiv erzeugt, um sich auf eine bestimmte Sache in der Situation zu beziehen. Erst auf der dritten Stufe bilden sich demnach drei grundlegend differenzierte Sprachverwendungen heraus: Sprache in der Aktion, erzählende Sprache und die ‚Sprache ritueller Magie'. Malinowski veranschaulichte diese Stufen der Sprachentwicklung mit dem in Abbildung 12.1. wiedergegebenen Diagramm.

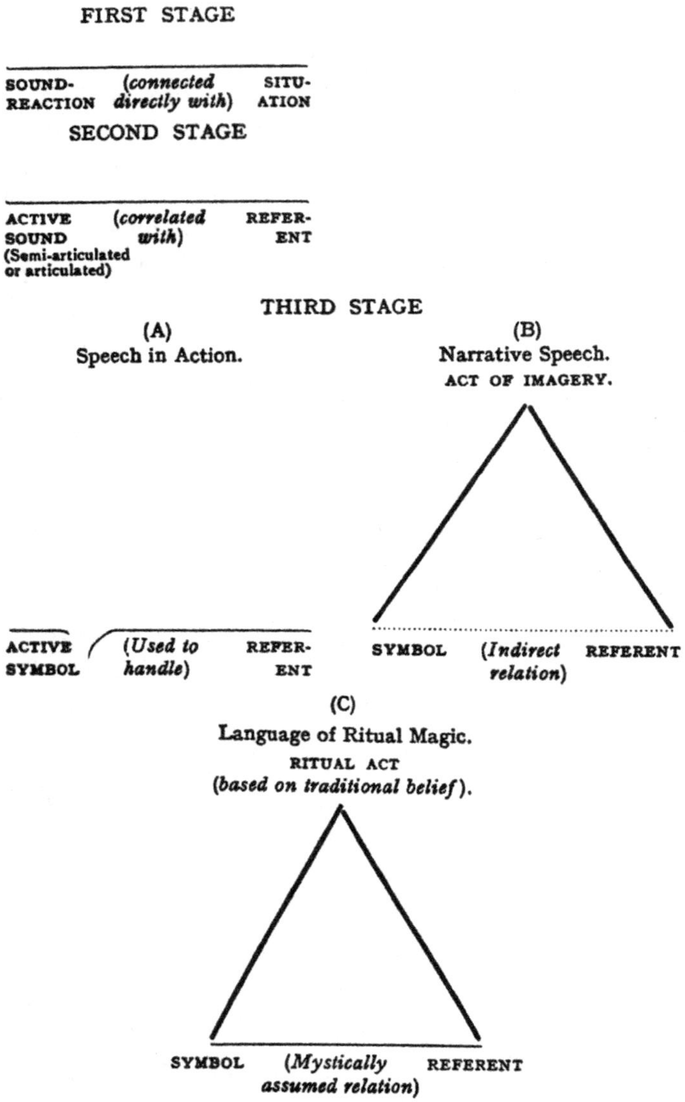

Abbildung 12.1. Malinowskis (1956 [1923]: 324; 1974 [1923]: 364–365) Stadien der Sprachentwicklung.

Sprache in der Aktion ist, wie oben veranschaulicht wurde, die Verwendungsart, die dazu dient, eine Aktivität zu koordinieren und aktiv mit den Dingen in der Welt umzugehen. Erzählende Sprache hingegen bezeichnet die Situation, in der die Dinge, über die gesprochen wird, nicht unmittelbar präsent sind; der Bezug auf sie wird durch einen ‚Akt der bildlichen Darstelling' vermittelt. Die dritte und letzte Verwendung, die ‚Sprache ritueller Magie', entsteht in der Situation, in der eine rituelle Handlung durch einen traditionellen Glauben unterfüttert wird, der die Verbindung zwischen dem Gesagten und seiner vermeintlichen Wirkung in der Welt herstellt. Magische Sprache, so Malinowski (1956 [1923]: 322–325; 1974 [1923]: 362–366), ist im Wesentlichen der Versuch Erwachsener, die Erfahrungen ihrer frühesten Kindheit zu wiederholen: Magische Zaubersprüche versuchen, die Welt auf ähnliche Weise zu verändern, wie das Kind die Sprache benutzt, um seine Bezugsperson zu rufen und sich Erleichterung bei seinen Problemen zu verschaffen.

Wie aus Abbildung 12.1. hervorgeht, stellte Malinowski erzählende Sprache und die Sprache ritueller Magie als ein Dreieck dar, an dessen unteren Ecken das ‚Symbol' und der ‚Referent' stehen und an dessen Spitze sich die Art und Weise befindet, wie das Symbol und der Referent miteinander verbunden sind: entweder durch einen ‚Akt der bildlichen Darstellung' oder durch einen ‚rituellen Akt'. Malinowski wählte diese Darstellung, um seine Theorie mit derjenigen zu verbinden, die das Buch *The Meaning of Meaning* von Ogden und Richards aus dem Jahr 1923 präsentierte, in dem sein Aufsatz über „The problem of meaning in primitive languages" erschien. Einer der berühmtesten Beiträge dieses Buches – für den es auch heute noch bekannt ist – stellt das so genannte ‚Referenzdreieck' (*Triangle of Reference*) oder ‚semiotische Dreieck' (*Semiotic Triangle*) dar, das in Abbildung 12.2. zu sehen ist.

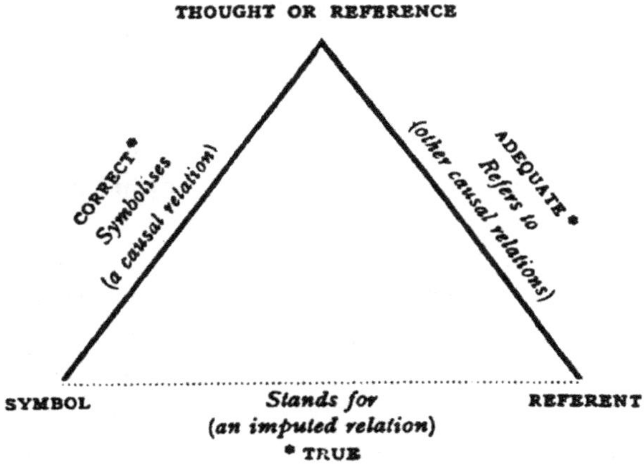

Abbildung 12.2. Ogden und Richards' (1956 [1923]: 11; 1974 [1923]: 18) ‚Semiotisches Dreieck'.

Ogden und Richards (1956 [1923]: 10; 1974 [1923]: 17) erkannten zwei Hauptverwendungen von Sprache, die ‚bezugnehmende' (*referential*) und ‚emotionale' (*emotive*). Die bezugnehmende Verwendung umfasst die Art und Weise, wie Sprache eingesetzt wird, um über Dinge oder Zustände in der Welt zu sprechen, während die emotionale Verwendung die Mittel umfasst, mit denen die Einstellung zu der Sache, über die gesprochen wird, oder zu den Zuhörenden angezeigt wird; die Art und Weise, wie an die Zuhörenden appelliert wird, um ihre Meinung zu beeinflussen; Ausdrücke, mit denen die Gewissheit oder Autorität der oder des Sprechenden bekräftigt werden soll; und so weiter (siehe Ogden und Richards 1956 [1923]: 226–227; 1974 [1923]: 264). Durch die Trennung dieser beiden primären Sprachverwendungen versuchten Ogden und Richards, normative Anweisungen zum Gebrauch der Sprache in der Wissenschaft und Philosophie zu geben: Wir sollten uns auf die bezugnehmende Verwendung beschränken und die emotionale vermeiden, um einen rationalen, sachlichen Diskurs zu pflegen (siehe McElvenny 2018a: Kap. 2). Wie sich in Abschnitt 15.3. beobachten lässt, waren Ogdens and Richards' Bemühungen, den Sprachgebrauch zu korrigieren und den Missbrauch von Sprache zu beseitigen, Teil einer breiteren Sprachreformbewegung in dieser Epoche.

Im Zusammenhang mit der bezugnehmenden Funktion stellten Ogden und Richards das Referenzdreieck vor. Jeder der drei Punkte des Dreiecks steht für ein Element, von dem angenommen wird, dass es an einem Akt des Bezugnehmens beteiligt ist – das ‚Symbol', der ‚Referent' bzw. das ‚Bezugsobjekt' und der ‚Gedanke oder Bezug' –, während die Seiten des Dreiecks zeigen, wie jedes dieser Elemente mit den anderen verbunden ist. An der Basis des Dreiecks sieht man, dass beim Bezugnehmen ein Symbol für einen Referenten ‚steht'. Man könnte nun naiv annehmen, dass es eine direkte Verbindung zwischen Symbol und Referenten gibt, doch diese Verbindung sei in Wirklichkeit nur ‚angenommen' (*imputed*): Um zum Referenten zu kommen, gelte es zunächst vom Symbol zum Gedanken oder Bezug in den Köpfen der oder des Sprechenden und der oder des Hörenden zu gelangen, der dann zum Referenten führe. Nach diesem Modell setzt jeder Akt des Bezugnehmens eine Art psychischer Vorstellung voraus.

Malinowskis Diagramme in Abbildung 12.1. stellen sowohl eine Anpassung als auch eine Kritik des Modells von Ogden und Richards dar. Die bezugnehmende Verwendung, die durch das Dreieck von Ogden und Richards veranschaulicht werde, so Malinowski (1956 [1923]: 325; 1974 [1923]: 366), sei streng genommen nur auf die „letzte Stufe der voll entwickelten Sprache" anwendbar, das heißt auf die Sprache als „verdichtete[s] Stück Reflexion, eine Aufzeichnung von Fakten oder Gedanken", wie oben erörtert wurde. Indem er das Modell von Ogden und Richards auf die angenommenen früheren Entwicklungsstadien zurückprojizierte, wollte Malinowski zeigen, wie das Modell in der mutmaßlichen Evolution der menschlichen Sprache Gestalt angenommen habe. Nicht vergessen werden sollte jedoch, dass

Malinowski den nicht-referenziellen Sprachgebrauch nicht als ausschließlich den vermeintlich ‚primitiven' Völkern vorbehalten sah, sondern auch bei ‚zivilisierten' europäischen Gesellschaften beobachtete.

12.4 Weiterführende Literatur

Es gibt mehrere gute Artikel, die Firths Leben und Werk skizzieren. Eine leicht verständliche Darstellung seiner Vorstellungen von Bedeutung und Kontext findet sich in „Firth on language and context", Kapitel 5 in Joseph, Love und Taylors (2001) *Landmarks of Linguistic Thought*, Bd. II. Siehe auch Patrick Honeybones (2005) Artikel „J. R. Firth" in *Key Thinkers in Linguistics and the Philosophy of Language*. Der Artikel von Victoria Rebori (2002) über „The legacy of J. R. Firth" in *Historiographia Linguistica* untersucht einige der feineren Details von Firths Biografie.

Eine knappe Zusammenfassung von Malinowskis wichtigsten Beiträgen zur Ethnografie und Sprachforschung findet sich in Gunter Senfts (2009) Artikel „Bronislaw Kasper Malinowski" im Band *Culture and Language Use*. Michael Youngs (2004) Biografie Malinowski behandelt die erste Hälfte von Malinowskis Leben, in der er seine ersten bahnbrechenden Feldforschungen auf den Trobriand-Inseln unternahm und begann, die wichtigsten Ideen zu formulieren, für die er bekannt werden sollte.

Kapitel 11 von Brigitte Nerlich und David Clarkes (1996) *Language, Action, and Context* behandelt verschiedene britische Sprachtheorien von Ende des 19. bis Mitte des 20. Jahrhunderts, auch die von Firth, Malinowski, und Ogden und Richards. In deutscher Sprache bietet das Buch *Malinowskis Pragmasemantik* von Bernd Schmidt (1984) eine Einführung in das linguistische Werk Malinowskis und den britischen Kontextualismus.

13 Funktionalismus in Mitteleuropa und Nordamerika

In diesem Kapitel schließt sich der Kreis bei der Erkundung des Funktionalismus im frühen 20. Jahrhundert. Das heißt, die Geschichte kehrt über den Wiener Psychologen Karl Bühler (1879–1963) zum Prager Kreis zurück, der bereits in Kapitel 10 erörtert wurde. Betrachtet man die Interaktion zwischen Bühler und dem Prager Kreis, lässt sich nachvollziehen, wie sie gegenseitig ihre jeweiligen Ansichten über Sprachgebrauch und Bedeutung beeinflussten.

Zur Sprachforschung kam Bühler durch seine Bemühungen, solide Grundlagen für die Psychologie festzulegen. Zu Beginn des 20. Jahrhunderts war die Psychologie ein Feld im Umbruch. Sie fasste erstmals institutionell Fuß, war aber gleichzeitig von rivalisierenden Doktrinen und Schulen umkämpft. Über das ganze 19. Jahrhundert hinweg war die Psychologie generell als Zweig der Philosophie betrachtet worden: Die führenden Psychologen jener Zeit waren größtenteils Professoren der Philosophie, deren Forschungen vorwiegend in der introspektiven Betrachtung von Denkvorgängen bestanden. Erst gegen Ende des Jahrhunderts begann sich eine eigenständige Disziplin der Psychologie herauszubilden, als das Fach eine empirische, experimentelle Wendung nahm. Anstelle der früheren Selbstbeobachtung begannen Psychologen, Hypothesen zu formulieren, die in aufwendig ausgestatteten Laboratorien experimentell überprüft wurden.

Das erste eigene Labor für experimentelle Psychologie wurde 1879 von Wilhelm Wundt (1832–1920) an der Universität Leipzig gegründet. Wundt trug jedoch weiterhin den Titel Professor für Philosophie, und er verstand sich tatsächlich in erster Linie als Philosoph. In den folgenden Jahrzehnten entstanden in Deutschland und Europa weitere psychologische Institute, die aber zumindest in Deutschland meist unter der Ägide von Philosophen blieben. Die Universität Wien mischte in diesem Spiel der modernen experimentellen Psychologie eher spät mit. Obwohl es mehrere Versuche gegeben hatte, dort ein psychologisches Institut einzurichten, wurde dieser Plan erst 1922 verwirklicht, als Bühler – ein aus Deutschland angeworbener Wissenschaftler – eine Professur an der Universität antrat. Die offizielle Stellenbezeichnung Bühlers lautete weiterhin Professor für Philosophie, allerdings versehen mit dem Zusatz „mit besonderer Berücksichtigung der Psychologie und Pädagogik" (siehe Benetka 1995: 18).

Als er den Kampf um die Vorherrschaft zwischen den konkurrierenden psychologischen Schulen beobachtete, diagnostizierte Bühler eine ‚Krise' auf dem Gebiet der Psychologie, wie der Titel seines schmalen Bandes *Die Krise der Psychologie* aus dem Jahr 1927 deutlich macht. In diesem Werk gab Bühler einen Überblick über die wichtigsten Theorien seiner Zeit und kam zu dem Schluss, dass sich jede

https://doi.org/10.1515/9783111618548-013

von ihnen auf lediglich einen Aspekt der menschlichen Psyche konzentrierte. Es bedürfe eines übergreifenden Ansatzes, der die von den einzelnen Schulen behandelten engen Themen herausarbeite und sie zu einer ganzheitlicheren Sicht des menschlichen Geistes zusammenführe. Der Bereich, in dem diese verschiedenen Perspektiven der Psychologie am gewinnbringendsten zusammengeführt werden könnten, so Bühler, sei die Sprachforschung. Wie aus den folgenden Abschnitten hervorgehen wird, ist es dieser Fokus auf Sprache, der Bühler in Kontakt mit der zeitgenössischen Linguistik brachte.

13.1 Die *Sprachtheorie* von Karl Bühler

Das Hauptwerk Bühlers zur Sprache ist die 1934 erschienene *Sprachtheorie*, ein unglaublich umfangreiches Buch, das ein breites Themenspektrum abdeckt. In diesem Abschnitt wird jedoch nur dessen erster Teil behandelt, in dem Bühler vier Axiome aufstellt, die seiner Meinung nach die grundlegenden Prinzipien der menschlichen Sprache ausmachen.

In seinem ersten Axiom präsentiert Bühler sein so genanntes ‚Organon'-Modell, das eine vollständige Erklärung der Funktionsweise von Zeichen zu bieten suchte. Wie in Abschnitt 3.2. erörtert, bedeutet *Organon* im Griechischen ‚Werkzeug' oder ‚Instrument' und wurde lange Zeit als Sammelbezeichnung für Aristoteles' Schriften über Sprache und Logik verwendet. Bühler (1934: 24) hatte jedoch einen anderen Vorläufer im Sinn, nämlich den „Kratylos", einen Dialog Platons (ca. 429–347 v. Chr.) über die Sprachphilosophie. In diesem Dialog beschreibt die Figur des Sokrates ‚Namen' – d. h. Worte in der Sprache – als ein *Organon*, das Menschen benutzen, um einander Mitteilungen zu machen und Dinge nach ihrem Wesen zu unterscheiden (siehe Platon 2021: 16). Nachdem dieses Prinzip feststeht, geht der Dialog zu seinem Hauptthema über: inwieweit Worte als Instrumente ihrem Zweck angemessen sind (zum „Kratylos" siehe Kraus 1996: 19–26; Sedley 2020).

Bühler nahm Platons Beschreibung von Wörtern als Mitteilungswerkzeuge und destillierte daraus drei Entitäten, die an der kommunikativen Situation beteiligt seien: den ‚Sender' eines Zeichens, den ‚Empfänger' des Zeichens und die ‚Gegenstände und Sachverhalte' in der Welt, auf die sich das Zeichen bezieht. Das Zeichen erfülle in Bezug auf jede dieser drei Entitäten eine andere Funktion. Die Funktion des Zeichens in Bezug auf den Sender sei ‚Ausdruck': Das Zeichen drücke die inneren Gedanken oder Gefühle des Senders aus. In Bezug auf den Empfänger sei die Funktion des Zeichens der ‚Appell': Es errege die Aufmerksamkeit des Empfängers und lenke sein Verhalten. Schließlich sei die Funktion des Zeichens in Bezug auf Gegenstände oder Sachverhalte in der Welt die ‚Darstellung': Es repräsentiere oder benenne Dinge oder Zustände. Bühler hat die Bestandteile dieses Modells und die Beziehungen zwischen ihnen in dem in Abbildung 13.1. wiedergegebenen Diagramm veranschaulicht.

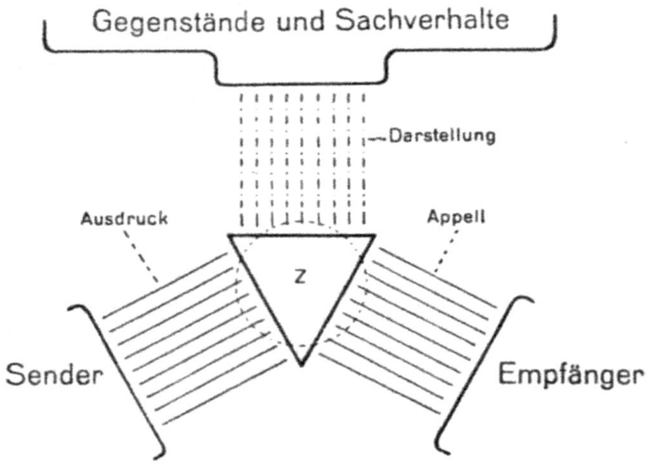

Abbildung 13.1. Karl Bühlers (1934: 28) Organon-Modell.

Jede der drei Funktionen spiegelt einen der drei Hauptaspekte der menschlichen Psyche wider, die Bühler bereits 1927 in *Krise der Psychologie* herausgearbeitet hatte und hinsichtlich derer er bestehenden Schulen der Psychologie vorwarf, sie hätten sich zu eng auf diese konzentriert (siehe Benetka 1995: 95–97). Der Ausdruck der inneren Zustände des Senders spreche das Problem des phänomenalen Erlebnisses an, bei dem es sich um das Hauptanliegen der Denkpsychologie (der Schule, in der Bühler an der Universität Würzburg habilitiert hat) handele sowie der damit eng verbundenen Gestaltpsychologie (in Abschnitt 10.2. eingeführt). Der Appell an den Empfänger, der das Verhalten des Empfängers steuere, entspreche den Interessen der Behavioristen, die in der Untersuchung des von außen beobachtbaren Verhaltens den Schlüssel zu einer wissenschaftlichen Psychologie sehen (auf den Behaviorismus geht Abschnitt 16.2. näher ein). Die Darstellung von Gegenständen und Sachverhalten in der Welt schließlich beziehe sich auf das Problem, wie wir unsere Bezugnahme durch unsere gemeinsame Kultur koordinieren, das Hauptanliegen der geisteswissenschaftlichen Psychologie. Die an der Hermeneutik orientierten Psychologen der geisteswissenschaftlichen Richtung (zur Hermeneutik siehe Abschnitt 11.3.) befassten sich in erster Linie mit den Beziehungen zwischen den Gedanken Einzelner und den kulturellen Welten, in die sie eingebettet seien.

Auch wenn Bühler sein Organon-Modell in seine Diskussion über die Probleme der zeitgenössischen Psychologie einbindet, ist sein semiotisches Denken nicht unbedingt in der Psychologie selbst verankert. Bühlers Funktionskatalog – Ausdruck, Appell und Darstellung – scheint viel enger an den aus der Linguistik und angrenzenden Fachbereichen hervorgehenden Funktionsmodellen ausgerichtet zu sein, die in den Kapiteln 11 und 12 beleuchtet wurden. Bühler, der sowohl in der zeitgenössischen als auch in der historischen Literatur außerordentlich belesen war, zitierte viele der Gelehrten, die in diesen Kapiteln vorgestellt wurden. In seinem Werk *Sprachtheorie* erwähnt Bühler (1934) mehrfach Philipp Wegener, aber er hebt vor allem Alan Henderson Gardiner (1879–1963) hervor, einen britischen Ägyptologen, der in engem Kontakt mit John Rupert Firth und Bronislaw Malinowski stand.

Gardiner entwickelte ein funktionales Sprachmodell, das dem von Firth und Malinowski sehr ähnelt und in seinem Buch *Theory of Speech and Language* von 1932 dargelegt ist. Interessanterweise kamen Firth und Malinowski durch das Studium lebendiger Sprache zu ihren funktionalen Theorien, während Gardiner seine Theoretisierung anhand der Bemühungen entwickelte, ägyptische Hieroglyphen zu entziffern – also die Überreste einer Sprache, die nicht nur nicht mehr gesprochen, sondern auch nicht mehr verstanden wird.

Die Tatsache, dass Gardiners Erkenntnisse aus der Erforschung einer toten Sprache stammten, steht nicht im Widerspruch zu der am Beginn des vorigen Kapitels aufgestellten These, dass es die Beschäftigung britischer Linguisten mit ‚exotischen' lebenden Sprachen war – im Gegensatz zur Konzentration der kontinentaleuropäischen Gelehrten auf geschriebene Texte –, die sie dazu brachte, sich mit Fragen der Bedeutung in der Sprache auseinanderzusetzen. In Übereinstimmung mit der älteren philologischen Tradition versuchte Gardiner, den Inhalt seiner Texte zu verstehen, anstatt sie als Beweisquellen für historischen Sprachwandel zu betrachten. Während Firth und Malinowski die Perspektive von Außenstehenden einnahmen, die in einen fremden kulturellen Kontext hineingeworfen wurden, fand sich Gardiner in der Rolle eines Forschers wieder, der versucht, Symbole in einem Zusammenhang zu interpretieren, der im Laufe der Zeit verschwunden ist und mit Fantasie anhand historischer Anhaltspunkte rekonstruiert werden muss.

Die tiefgreifendste und nachhaltigste Interaktion von Bühlers Theorie mit der Mainstream-Linguistik ergibt sich aus seinen drei anderen Axiomen, die sich mit den formalen Eigenschaften von Sprachen befassen. Bühlers zweites Axiom postuliert, dass jede Sprache als ein System von Zeichen funktioniere, die nach dem „Prinzip der abstrakten Relevanz" angeordnet seien (Bühler 1934: 44 et passim). Dieses Prinzip besagt, dass die Einheiten eines Zeichensystems ausschließlich durch abstrakte Eigenschaften definiert würden, die innerhalb des Systems stimmig seien und die, was entscheidend ist, nicht durch irgendwelche materiellen Eigenschaften des Mediums bestimmt würden, in dem sie sich realisieren.

Bühlers Terminologie mag zwar neu sein, aber die Idee, die sie benennt, ist es nicht: Es ist das Prinzip, das der phonemischen Theorie zugrunde liegt, die in den Kapiteln 9 und 10 untersucht wurde. Phoneme werden als bestimmte, tatsächlich artikulierte Laute realisiert, doch der Variationsspielraum der Laute, die als ‚dasselbe' Phonem angesehen werden können, und die Grenzen zwischen Phonemen sind Unterscheidungen, die sich allein aus der Struktur des Lautsystems jeder einzelnen Sprache ergeben. Bühler (1934: 44) räumte ein, dass er bei der Formulierung dieses Axioms von den Fortschritten der modernen Phonologie, insbesondere des Prager Kreises, inspiriert wurde. In seinem 1931 in der vereinseigenen Zeitschrift des Prager Kreises veröffentlichten Aufsatz „Phonetik und Phonologie" erläuterte er diesen Punkt erstmals am Beispiel des Unterschieds zwischen Phonetik und Phonologie.

Bühler geht jedoch über die Phonemtheorie hinaus, indem er zwei grundlegend verschiedene Arten von Zeichen in der Sprache anerkennt. Wörter oder Morpheme seien nicht nur Zeichen, sondern ‚Symbole'. Das heißt, Wörter und Morpheme haben eine referenzielle Bedeutung: Sie verweisen auf Sachen und Sachverhalte in der Welt und weisen damit eine darstellende Funktion auf. Phoneme hingegen sind nach Bühlers Definition zwar auch Zeichen, aber keine Symbole. Sie dienten nur dazu, ein Wort von einem anderen zu unterscheiden, und trügen selbst keine referenzielle Bedeutung, das heißt, sie weisen keine darstellende Funktion auf.

Diese Unterscheidung zwischen sprachlichen Formen, die in der Lage sind, eine referenzielle Bedeutung zu tragen, und solchen, die nur interne Kontraste des Sprachsystems markieren, wird heute meist unter den Begriffen ‚zweifache Gliederung' (franz. und engl. *double articulation*) oder ‚Dualität der Musterbildung' (engl. *duality of patterning*) behandelt. Der erste dieser Termini stammt aus den Arbeiten des französischen Linguisten André Martinet (1908–1999; siehe Martinet 1980 [1960]: 13–15) nach dem Zweiten Weltkrieg, während der zweite von dem amerikanischen Linguisten Charles Hockett (1916–2000; siehe Hockett 1958: 574–575) geprägt wurde. Die beiden Begriffe sind in unterschiedliche theoretische Kontexte eingebettet und haben daher leicht unterschiedliche Ausrichtungen, doch gemein ist ihnen, dass sie die Idee zu erfassen versuchen, dass es zwei Ebenen von sprachlichen Zeichen gebe: diejenigen, die lediglich Unterschiede innerhalb des Sprachsystems signalisieren, und diejenigen, die in dem Sinne ‚bedeutungstragend' sind, dass sie zum referenziellen oder propositionalen Inhalt eines Ausdrucks beitragen.

Bühlers drittes Axiom ist eine Antwort auf Ferdinand de Saussures (1857–1913) Unterscheidung zwischen *la langue* und *la parole*, die in Abschnitt 8.2. besprochen wurde, und auf die damit verbundene Unterscheidung Wilhelm von Humboldts (1767–1835) zwischen *ergon* und *energeia*, die in Abschnitt 3.3. zu sehen war. Bei diesen beiden Gegensätzen geht es im Wesentlichen um den Unterschied zwischen der konkreten Äußerung – Saussures *parole* und Humboldts *ergon* – und der abstrakten Potenzialität von Sprache, Saussures *langue* und Humboldts *energeia*. Ausgehend von diesen Gegensätzen entwickelte Bühler sein eigenes viergliedriges Schema mit den folgenden Teilen: ‚Sprechhandlung' und ‚Sprachwerk', sowie darüber hinaus ‚Sprechakt' und ‚Sprachgebilde'.

Sprechhandlung und Sprechakt betrachten die Sprache aus der Perspektive einer Tätigkeit, also wie Menschen Sprache in der Praxis tatsächlich verwenden. Sprachwerk und Sprachgebilde hingegen beziehen sich auf die Sprachstrukturen. Jedes dieser Paare wird dann in verschiedene ‚Formalisierungsstufen' unterteilt, wie Bühler (1934: 49–50) es ausdrückt. Die Sprechhandlung und das Sprachwerk befassen sich mit konkreten Fällen des Sprachgebrauchs: Die Sprechhandlung ist eine spezifische Äußerung und das Sprachwerk der sprachliche Inhalt der Äußerung oder, wie man heute sagen würde, der ‚Text'. Sprechakt und Sprachgebilde hingegen abstrahieren vom konkreten Fall, um eine höhere Stufe der Verallgemeinerung zu erreichen.

Bühlers Unterscheidung zwischen Sprachwerk und Sprachgebilde lässt sich veranschaulichen anhand einer grammatischen Konstruktion wie beispielsweise den aus vielen deutschen Dialekten bekannten besitzanzeigenden Dativ (der aus der Perspektive der präskriptiven Grammatik oft als ‚Fehler' angesehen wird). Ein berühmtes Beispiel für den besitzanzeigenden Dativ, das einem in den Sinn kommt, ist der Titel der Buchreihe *Der Dativ ist dem Genitiv sein Tod* (Sick 2004–2015). Spricht man über diese spezifische Aussage, den Titel, befindet man sich auf der Ebene des Sprachwerks. Bezieht man sich aber auf den besitzanzeigenden Dativ als Strukturmerkmal des Deutschen, dann befindet man sich auf der abstrakten Ebene des Sprachgebildes.

Bühler (1934: 50) wies darauf hin, dass derselbe Kontrast in der Abstraktionsebene auch bei Zahlen beobachtet werden könne. Man mag über ein Paar Augen oder ein Paar Socken als spezifische Manifestation der numerischen Menge eines Paares sprechen. Dies wäre das Äquivalent zum Sprachwerk. Aber für den abstrakten Begriff des Paares – der dem Sprachgebilde entsprechen würde – seien die konkreten Gegenstände, die das Paar bilden, irrelevant. Bei Sprechhandlung und Sprechakt handele es sich ebenfalls um unterschiedliche Abstraktionsebenen. Die Sprechhandlung sei eine spezifische Äußerung im Kontext, während der Sprechakt die Analyse der Äußerung nach den allgemeineren semantischen und pragmatischen Kategorien beinhalte, die sie manifestiere.

Das vierte und letzte Axiom von Bühler (1932: 69–78) stellt eine Taxonomie der Sprachgebilde auf. Er identifiziert zwei Klassen von Sprachgebilden, von denen die erste aus Wörtern oder Morphemen und die zweite aus Sätzen bestehen. Wörter oder Morpheme seien analytischer Natur: Sie ermöglichten es uns, die Welt in Dinge, Prozesse und andere begriffliche Komponenten zu unterteilen. Sätze hingegen seien synthetisch: Wenn wir Wörter zu Sätzen zusammensetzen, rekonstruieren wir demnach die Welt aus den von uns identifizierten Komponenten und den Beziehungen zwischen ihnen.

Erneut verglich Bühler diesen Aspekt der Sprache mit Zahlen. Unser dezimales Zahlensystem besteht aus zehn Ziffern – von 0 bis 9 –, die wie Wörter oder Morpheme seien. Diese Ziffern können durch das syntaktische Mittel des Stellenwerts kombiniert werden, um eine unendliche Reihe von Zahlen zu benennen. Die endgültige syntaktisch zusammengesetzte Zahl sei mit einem Satz in der Sprache vergleichbar. Bühler (1934: 75–76) bemerkte, dass die Linguisten diese Unterscheidung zwischen den beiden Klassen von Symbolen schon lange erkannt hätten, auch wenn sie manchmal in „merkwürdiger Verhüllung“ aufträten. In diesem Zusammenhang erwähnte er Schleichers Vorstellungen von begrifflichen und relationalen Elementen in der Sprache, die – zusammen mit verwandten Ideen – in den Kapiteln 3 und 4 ausführlich untersucht wurden.

Zu beachten ist, dass die Unterscheidung, die Bühler im vierten Axiom trifft, sich von der im zweiten Axiom unterscheidet. Das zweite Axiom unterteilt signifikante Elemente in der Sprache in solche, die die darstellende Funktion erfüllen können, und solche, die lediglich Unterschiede innerhalb des Sprachsystems signalisieren – dies ist die Frage der ‚zweifachen Gliederung‘ oder der ‚Dualität der Musterbildung‘, wie wir es heute nennen würden. Das vierte Axiom hingegen befasst sich mit verschiedenen Arten von darstellenden Elementen.

13.2 Bühler und der Prager Kreis

Die in Bühlers *Sprachtheorie* von 1934 dargelegten Axiome der Sprachforschung – die im vorigen Abschnitt untersucht wurden – zeigen, dass er die zeitgenössische Sprachwissenschaft aufmerksam verfolgte, insbesondere den neuen Strukturalismus des Prager Kreises, und an deren Weiterentwicklung mitwirken wollte. Bühlers Beiträge wurden wiederum von den Linguisten des Prager Kreises akzeptiert. Deutlich zu erkennen ist der Einfluss von Bühlers Ideen zum Beispiel in Nikolai Trubetzkoys *Grundzüge der Phonologie* von 1939, seinem Hauptwerk zur phonologischen Theorie, das in Abschnitt 10.1. ausführlich besprochen wurde. Trubetzkoy (1939: 40) erkannte nicht nur Bühlers ‚Prinzip der abstrakten Relevanz‘ als grundlegende Konzeption an, die der Phonologie und den sprachlichen Zeichen generell zugrunde liegt, sondern passte auch die drei Funktionen von Bühlers Organon-Modell für seine Phonologie an (ebd.: 17–18).

Trubetzkoy (1939: 18) argumentierte, dass die Darstellungsfunktion des Organon-Modells offensichtlich für die Phonologie relevant sei, weil die Signifikanten-Seite der Wörter notwendigerweise aus phonologischen Einheiten bestehe. Gegen diese Erweiterung von Bühlers Theorie ließe sich jedoch Einspruch erheben, da sie die Unterscheidung in Bühlers zweitem Axiom zwischen Zeichen, die eine referenzielle Bedeutung haben, und solchen, die keine haben, zu ignorieren scheint. Die phonologischen Einheiten, die dazu dienen, einen Signifikanten von einem anderen abzugrenzen, sind genau die nicht-referentiellen, systeminternen Zeichen, die Bühler überhaupt erst zu dieser Unterscheidung inspiriert haben.

Vielleicht weniger bestreitbar ist Trubetzkoys Auffassung, dass sich die Funktionen des Ausdrucks und des Appells auch in der Phonologie manifestieren. Diese beiden Funktionen fallen jedoch in den Bereich eines speziellen Teilgebiets der Phonologie, das Trubetzkoy ‚Lautstilistik' (Trubetzkoy 1939: 28–29) nannte. Nach Trubetzkoy manifestiert sich die Ausdrucksfunktion in der Phonologie vor allem in der Art und Weise, wie die Aussprache die Identität der oder des Sprechenden widerspiegelt. Als Beispiele nennt er die Variationen in der Artikulation von Vokalen und Konsonanten und in der Intonation, die für regionale oder klassenspezifische Akzente gehalten werden oder die Sprechende verwenden, um ein bestimmtes Bild von sich selbst zu vermitteln, z. B. eine sehr weibliche oder männliche Sprechweise (ebd.: 19–24).

Diese Art von Variation, so Trubetzkoy (1939: 18), gehöre zur Phonologie, weil sie konventionell sei. Es gebe unzählige Unterschiede in der Sprache von Individuen, die ihre persönlichen Eigenschaften offenbarten – so ließe sich zum Beispiel am Klang der Stimme erkennen, ob jemand groß oder klein sei –, aber diese Unterschiede würden durch die physischen Eigenschaften des Körpers der oder des Sprechenden bestimmt und seien keine konventionellen Teile des Sprachsystems. Akzentmerkmale hingegen seien gänzlich konventionell.

Trubetzkoy (ebd.: 20–21) vergleicht diesen Aspekt der Phonologie mit dem Studium von Kostümen in der Folklore. Eine Schneiderin oder ein Schneider müsse wissen, ob eine Person groß oder klein sei, um ein Kostüm für diese Person anfertigen zu können, aber für die Volkskundlerinnen und Volkskundler sei diese Unterscheidung unbedeutend. Die Volkskundlerinnen und Volkskundler interessieren sich nur für die vom Brauch diktierten Muster und Verzierungen, die das Geschlecht, die soziale Schicht, die Berufsgruppe usw. einer Person anzeigen. Die Art der phonologischen Unterscheidungen, die Trubetzkoy als relevant für die Ausdrucksfunktion ansah, sind mehr oder weniger diejenigen, die heute in der variationistischen Soziolinguistik untersucht werden.

Konventionell festgelegte phonologische Formen könnten auch verwendet werden, um bestimmte Gefühle bei den Zuhörenden auszulösen, argumentierte Trubetzkoy (1938: 24–27), und damit der Funktion des Appells dienen. Als Beispiel wies er darauf hin, dass es im Deutschen einen konventionellen Prozess der Dehnung von Konsonanten und Vokalen in einem Wort gebe, der typischerweise verwendet werde, um bei den Zuhörenden ein Gefühl der Freude auszulösen, wie z. B. wenn man „Schschöön!" sage.

Während dieser spezifische Vorgang der Dehnung eindeutig konventionell sei und daher zur Phonologie gehöre, könne die emotionale Wirkung auf die Zuhörenden je nach der Intonation, mit der dieser Vorgang gepaart ist, variieren. Eine subtile Veränderung der Intonation könne zum Beispiel Freude in Ironie verwandeln. Solche Intonationsmuster, so Trubetzkoy, scheinen jedoch durch einen natürlichen Gefühlsausbruch zu entstehen und gehörten daher nicht zum konventionellen System der Phonologie. Die Grenzen der Appellfunktion in der Phonologie seien also nicht klar gezogen und bedürften daher weiterer Forschung.

In Trubetzkoys *Grundzügen* von 1939, seinem Hauptwerk zur Phonologie, sehen wir, wie die in Bühlers *Sprachtheorie* dargelegten Prinzipien in das Herzstück des Strukturalismus des Prager Kreises aufgenommen wurden. Eine noch umfassendere und innovativere Adaption von Bühlers Theorie stammt jedoch von Trubetzkoys langjährigem Kollegen im Prager Kreis, Roman Jakobson. Wie im nächsten Abschnitt aufgezeigt wird, nahm Jakobson sich Bühlers Theorie nach seiner Emigration in die Vereinigten Staaten ernsthaft an und kombinierte sie mit Ideen, die in seiner neuen amerikanischen Heimat kursierten.

13.3 Roman Jakobson und die Kybernetik

Wie Trubetzkoy hatte auch Roman Jakobson (1896–1982) bereits in den 1930er Jahren, als er dem Prager Kreis angehörte, Elemente von Bühlers Sprachtheorie in seine Schriften aufgenommen. Aber Jakobsons Auseinandersetzung mit Bühlers Werk kam erst nach dem Zweiten Weltkrieg zu voller Blüte, als Jakobson sich fest in sein neues intellektuelles Umfeld in Amerika integriert hatte (zu Jakobsons Wanderleben mit zahlreichen Stationen siehe Abschnitt 10.3.). Indem er Bühlers Ideen mit den neuesten technischen Trends in Amerika verband, entwickelte Jakobson sein eigenes funktionales Sprachmodell.

Die definitive Formulierung von Jakobsons funktionalem Modell erschien 1960 in seinem Aufsatz „Linguistics and Poetics" (Sprachwissenschaft und Poetik), der ursprünglich als Vortrag auf einer Konferenz über Stilistik im Jahr 1958 verfasst worden war. In dieser Schrift untersuchte Jakobson die Beziehung zwischen Linguistik und Poetik, der Lehre von den in der Poesie typischerweise eingesetzten literarischen Mitteln. Er kam zu dem Schluss, dass Linguistik und Poetik zwei sich ergänzende Bereiche seien, angewiesen aufeinander, um ein vollständiges Bild der Sprache zu zeichnen. Um zu zeigen, wie diese Bereiche miteinander verflochten sind, untersuchte Jakobson die verschiedenen Funktionen, die Sprache erfüllt.

Jakobson ging von den drei durch Bühler postulierten Funktionen der Darstellung, des Ausdrucks und des Appells aus, benannte diese jedoch in ‚referenzielle' (*referential*), ‚emotive' (*emotive*) und ‚konative' (*conative*) Funktionen um. Trotz dieser terminologischen Änderung ist Jakobsons Konzeption dieser drei Funktionen mehr oder weniger die gleiche wie Bühlers. Wie aus Abschnitt 13.1. hervorging, behandeln diese drei Funktionen die Beziehungen zwischen einem Symbol und den drei Entitäten, die an einer kommunikativen Situation beteiligt sind: dem ‚Sender' eines Symbols (Ausdruck), seinem ‚Empfänger' (Appell) und dem Gegenstand oder dem Sachverhalt in der Welt, auf den sich das Symbol bezieht (Darstellung).

Zusätzlich zu diesen drei Entitäten in der kommunikativen Situation, so Jakobson, gelte es auch das Kommunikationsmedium selbst zu betrachten, das drei Aspekte aufweise: die ‚Botschaft' (*message*) oder den Inhalt dessen, was gesagt werde; den ‚Kontakt' (*contact*) oder den Kanal, über den der Sender seine Verbindung zum Empfänger aufrechterhalte; und den ‚Code' (*code*), im Wesentlichen die Sprache, die zur Kommunikation verwendet werde (Jakobson 1981 [1960]: 21). Jeder dieser drei Aspekte des Kommunikationsmediums sei mit einer zusätzlichen Funktion verbunden. Die Funktion, die mit dem ‚Kontakt' oder dem Kanal der Kommunikation verbunden sei, stelle die ‚phatische' (*phatic*) Funktion dar, ein Begriff, den Jakobson von Malinowski übernommen hat (und der in Abschnitt 12.2. untersucht wurde). Der ‚Code' ist mit dem verbunden, was Jakobson die ‚metalinguale' (*metalingual*) Funktion nennt. Dies sei die Funktion, die immer dann aufgerufen werde, wenn wir über die Wörter sprechen, die wir zur Kommunikation verwenden, z. B. wenn wir sagen, „Ich kann Ihnen nicht folgen – was meinen Sie?" oder „Wissen Sie, was ich meine?" usw. (ebd.: 25).

Schließlich werde die ‚poetische' (*poetic*) Funktion – das Kernanliegen der Poetik, deren Beziehung zur Linguistik das Thema von Jakobsons Aufsatz ist – immer dann eingesetzt, wenn wir uns auf die ‚Botschaft' oder den Inhalt des Gesagten konzentrieren. Diese Funktion, so Jakobson (1981 [1960]: 25–26), bestehe darin, die formalen Eigenschaften bestimmter Äußerungen zu untersuchen. Als Beispiel führte Jakobson eine Anekdote über ein ‚Mädchen' an, das den Spitznamen ‚the horrible Harry' verwendet, um über jemanden zu sprechen, den sie nicht mag. Auf die Frage, warum ‚the horrible Harry' und nicht ‚dreadful', ‚terrible', ‚frightful' oder ähnliche Adjektive, antwortet sie schlicht, dass ‚horrible' besser passe. Eine Analyse im Rahmen der poetischen Funktion würde die Bedeutung des auditiven Echos von ‚horrible' und ‚Harry' für ihre Wortwahl aufzeigen.

Ein funktionales Sprachmodell, das ausschließlich aus einer ‚poetischen' Funktion (*fonction poétique*) besteht, die einer einzigen umfassenden Funktion der ‚Kommunikation' (*fonction de communication*) gegenübergestellt wird, findet sich schon in den „Thèses" des Prager Kreises von 1929 (Durnovo et al. 1929: 14), dem Manifest des Kreises, das bereits in Abschnitt 10.1. besprochen wurde. Doch das Modell, das Jakobson 1960 veröffentlichte, hatte sich seit seiner Zeit im Prager Kreis erheblich weiterentwickelt und vertieft. Einer der wichtigsten Einflüsse, welche die Entwicklung von Jakobsons Ideen prägten, war die Arbeit auf dem neuen Gebiet der Informationstheorie, die während des Zweiten Weltkriegs aus der amerikanischen Telekommunikationsforschung hervorging und mit der Jakobson nach seiner Ankunft in den Vereinigten Staaten in Kontakt kam.

Als Erstveröffentlichung der Informationstheorie gilt klassischerweise die 1948 erschienene Schrift „A mathematical theory of communication" von Claude Shannon (1916–2001), einem Ingenieur der Bell Telephone Laboratories, der Forschungs- und Entwicklungsabteilung der American Telegraph and Telephone Company (AT&T), die damals das Telefonnetz der Vereinigten Staaten als privates Monopol betrieb. Shannons Ziel war es, die mittels Telefon- und Funkverbindungen übertragenen Informationen zu quantifizieren, um so die Grundlage für eine formalisierte, mathematische Erforschung von Kommunikation zu schaffen. Damit wollte er die in einer Nachricht enthaltene Informationsmenge messen, um sowohl die für die Übertragung der Nachricht erforderliche Bandbreite als auch den Grad der Störung zu berechnen, der in einem Kanal toleriert werden könnte, bevor die Nachricht beeinträchtigt würde.

Die Informationstheorie erreichte die breitere Öffentlichkeit mit dem 1949 veröffentlichten Buch *The Mathematical Theory of Communication*, in dem Shannons Aufsatz aus dem Jahr zuvor mit einer Einführung seines Kollegen Warren Weaver (1894–1978) neu erschien. Darin wurde Shannons Theorie in einer für Laien verständlicheren Form erläutert. Jakobson lernte die Informationstheorie höchstwahrscheinlich durch dieses Buch und durch seinen persönlichen Kontakt mit Weaver kennen: Weaver war ein wichtiger Funktionär der Rockefeller Foundation, mit der Jakobson ebenfalls in enger Verbindung stand, sowohl als Berater als auch als Förderempfänger (siehe Abschnitt 10.3.).

Die Informationstheorie war mit der ‚Kybernetik' verflochten, einem weiteren neuen Forschungsgebiet, das aus den im Zweiten Weltkrieg vorangetriebenen technischen Innovationen hervorgegangen war. Auf einer abstrakten Ebene war die Kybernetik die Wissenschaft von sich selbst regulierenden Systemen: Beim Namen ‚Kybernetik' handelt es sich um einen Neologismus, der vom griechischen Wort *kubernetes* abgeleitet ist, was ‚Steuermann' bedeutet (siehe Wiener 1948: 19). Die Kybernetik hat ihren Ursprung in den Arbeiten des amerikanischen Mathematikers Norbert Wiener (1894–1964), der im Zweiten Weltkrieg ‚Servomechanismen' für die Ausrichtung von Flugabwehrkanonen entwickelte. Dies waren elektromechanische Vorrichtungen, die, wenn sie mit Informationen über die Geschwindigkeit und den Kurs eines Flugzeugs am Himmel gespeist wurden, dessen voraussichtliche Position zu berechnen und das Geschütz so auszurichten vermochten, dass der menschliche Flakschütze den Abzug betätigen und das Flugzeug treffen konnte. Wiener formulierte eine Theorie zur Beschreibung der Wirkungsweise dieser Geräte, die so allgemein gehalten war, dass sie sich auf die Entwicklung von Robotern und Computern aller Art anwenden ließ.

Wiener meinte aber auch, dass seine Theorie zur Erklärung von Systemen in der natürlichen Welt und in der menschlichen Gesellschaft verwendet werden könnte: Diese umfassenderen Ideen führte er 1948 in seinem Buch *Cybernetics: Or Control and Communication in the Animal and the Machine* ein. Wissenschaftlerinnen und Wissenschafler aus Bereichen wie Biologie, Ökologie, Anthropologie und Psychologie wurden zu begeisterten Anhängern des kybernetischen Evangeliums. Sie akzeptierten das Argument, dass sich alle komplexen Systeme – von der menschlichen Gesellschaft über den menschlichen Geist bis hin zu lebenden Organismen und Ökosystemen – als spezifische Fälle der von der Kybernetik untersuchten Selbstregulierungsmechanismen behandeln ließen. Die Kybernetik wurde nicht nur als eine Möglichkeit gesehen, neue wissenschaftliche Erklärungen für die Funktionsweise von Gesellschaft und Geist zu liefern, sondern auch als eine Quelle potenzieller Lösungen für politische und soziale Missstände, die durch die richtige Anwendung kybernetischer Prinzipien zu beseitigen waren.

Wie der Medientheoretiker und Wissenschaftshistoriker Bernard Dionysius Geoghegan in seinem 2011 erschienenen Aufsatz „From information theory to French theory“ (weiter ausgeführt in seinem 2023 erschienen Buch *Code*) hervorhebt, setzte nicht nur Jakobson, sondern auch der französische Anthropologe Claude Lévi-Strauss – den wir in Abschnitt 10.3. kennengelernt haben – auf die Kybernetik als eine Leitwissenschaft, die Grundlagen für die Konstituierung anderer, spezialisierterer Wissenschaften lieferte. Jakobson und Lévi-Strauss versuchten, die Linguistik und die Anthropologie in kybernetischen Begriffen neu zu formulieren, um ihre jeweiligen Fächer auf eine moderne, wissenschaftlich exakte Grundlage zu stellen.

In seinem Bemühen, die Linguistik mit der Kybernetik und der Informationstheorie in Einklang zu bringen, assimilierte Jakobson die klassischen saussureschen Begriffe *la langue* und *la parole* – die in Abschnitt 8.2. behandelt wurden – mit den informationstheoretischen Konzepten von ‚Code‘ (*code*) und ‚Botschaft‘ (*message*), die Claude Shannon in seinem Aufsatz von 1948 präzise und mathematisch definiert hatte (siehe Van de Walle 2008). Interessanterweise schien Jakobson die Informationstheorie mit ihren Begriffen ‚Code‘, ‚Botschaft‘, ‚Sender‘ und ‚Empfänger‘ als eine Möglichkeit zu betrachten, den Kommunikationsakt wieder in den Mittelpunkt der Linguistik zu stellen. Linguistinnen und Linguisten, so Jakobson (1981 [1960]: 21), hätten sich angewöhnt, die sprachlichen Formen zu fetischisieren, ohne zu überlegen, wofür diese Formen eigentlich verwendet würden, was sie eigentlich bedeuteten.

Wie in Kapitel 16 gezeigt wird, trifft es zu, dass sich die amerikanische Linguistik zur Mitte des 20. Jahrhunderts – dem Umfeld, in dem Jakobson sein funktionales Modell vorstellte – weitgehend von den Problemen der Bedeutung und Kommunikation zurückgezogen hatte (siehe auch McElvenny 2018a: 156–159). Während

Bedeutung in einem Großteil der Linguistik des späten 19. Jahrhunderts nur am Rande eine Rolle gespielt hatte, wurde sie in der amerikanischen Linguistik der Bloomfield-Schule nach dem Zweiten Weltkrieg aktiv aus der wissenschaftlichen Betrachtung verbannt.

Doch es wirkt seltsam, dass Jakobson versuchen sollte, die Informationstheorie zum Retter von Bedeutung zu machen. Die Informationstheorie geht davon aus, dass es immer eine einzige, eindeutige ‚Botschaft' gebe, die mit einem festen ‚Code' vom ‚Sender' zum ‚Empfänger' übertragen wird. Der Sender und der Empfänger sowie der Kontext, in dem die Botschaft ausgetauscht wird, mochten einen Einfluss darauf haben, wie die Botschaft kodiert und dekodiert wird, und Störsignale könnten die Botschaft stören, aber es gebe immer eine einzige Botschaft, die im Prinzip wiederherstellbar sei. Die in der Informationstheorie erzählte Geschichte von Sendern, Empfängern, Botschaften und Codes lässt keinen aktiven Interpretationsprozess zu.

Wenn die verschiedenen hermeneutisch orientierten Ansätze, die im vorliegenden Buch vorgestellt wurden, etwas gezeigt haben, dann, dass Bedeutung nicht in den Symbolen liegt, sondern dass die Symbole mit Bedeutung gefüllt werden müssen. Shannon und Weaver ihrerseits bestanden in ihrem Werk von 1949 darauf, dass die Informationstheorie überhaupt nicht mit Bedeutung befasst sei. In seiner Einleitung zum Buch räumte Weaver (in Shannon und Weaver 1949: 24–28) jedoch die verheißende Möglichkeit ein, dass die Informationstheorie zumindest die notwendigen Grundlagen für die künftige Erforschung von Bedeutung schaffen könnte.

Auch Bühler war der Kybernetik gegenüber positiv eingestellt. Wie Jakobson und Lévi-Strauss befand sich Bühler infolge des Zweiten Weltkriegs ebenso im amerikanischen Exil. In den 1930er Jahren geriet Österreich im Gleichschritt mit Deutschland unter den Einfluss des Faschismus, was Bühlers Position in Wien äußerst unangenehm machte. Die Situation spitzte sich 1938 zu, als die heimische austrofaschistische Diktatur von NS-Deutschland überrollt und absorbiert wurde. Nachdem er von der Gestapo schikaniert und verhaftet worden war, verließ Bühler Mitteleuropa und landete schließlich in den Vereinigten Staaten. Da er zu diesem Zeitpunkt bereits über 60 Jahre alt war, konnte er in Amerika nie richtig Fuß fassen. Er beendete seine Karriere als privat praktizierender Psychologe in Los Angeles und lehrte nebenberuflich an der University of Southern California.

Doch Bühler schrieb auch im Exil weiter und unternahm mehrere Versuche, seine Ideen an den amerikanischen Kontext anzupassen (siehe McElvenny und Knobloch 2023). In seinem letzten Buch, dem 1960 veröffentlichten *Das Gestaltprinzip im Leben des Menschen und der Tiere*, überarbeitete Bühler seine semiotischen Theorien in Bezug auf die menschliche und tierische Kommunikation, wobei er sich ausdrücklich auf die Kybernetik bezog (siehe Ungeheuer 2004 [1967]).

Die Schicksale von Jakobson und Bühler stehen sinnbildlich für die weitere Entwicklung der Wissenschaft im 20. Jahrhundert. Nach dem Zweiten Weltkrieg verlagerte sich der Schwerpunkt der wissenschaftlichen Forschung von Europa nach Amerika, und neue amerikanische Doktrinen – durchdrungen von Ideen und Methoden, die europäische Exilantinnen und Exilanten mitgebracht hatten – bestimmten die künftige Richtung der meisten wissenschaftlichen Bereiche, einschließlich der Sprachwissenschaft. Obwohl Linguistik nach dem Zweiten Weltkrieg in Europa weiterhin praktiziert wurde, blickten die europäischen Linguistinnen und Linguisten zunehmend nach Amerika, um sich inspirieren zu lassen. In den folgenden Kapiteln werden wir uns der amerikanischen Szene zuwenden.

13.4 Weiterführende Literatur

Unter der Sekundärliteratur zu Karl Bühler sind vor allem zu empfehlen das 2018 erschienene Buch *Karl Bühlers Krise der Psychologie*, herausgegeben von Janette Friedrich, und die 1984 erschienenen zweibändigen *Bühler-Studien*, herausgegeben von Achim Eschbach. Gerhard Benetkas (1995) *Psychologie in Wien* bietet eine umfassende Geschichte des von Bühler geleiteten Wiener Psychologischen Instituts. Die einführenden Aufsätze von Werner Abraham und Achim Eschbach in dem 2011 erschienenen *Theory of Language*, einer englischen Übersetzung von Bühlers *Sprachtheorie* (Bühler 2011 [1934]), geben einen knappen Überblick über Bühlers wissenschaftliche Beiträge. Teil I des 1982 erschienenen Buches *Karl Bühler: Semiotic foundations of language theory* von Robert Innis behandelt in ähnlicher Weise die Hauptthemen im semiotischen Denken Bühlers.

Einen Überblick über die Schicksale vieler mitteuropäischer Sprachforscherinnen und Sprachforscher, die während der NS-Zeit ins Exil getrieben wurden, bietet die Online-Datenbank „Verfolgung und Auswanderung deutschsprachiger Sprachforscher 1933–1945" (https://zflprojekte.de/sprachforscher-im-exil/), die von Utz Maas erstellt wurde und in Zusammenarbeit mit Kolleginnen und Kollegen ständig erweitert wird. Die Datenbank enthält unter anderem einen ausführlichen Eintrag zu Karl Bühler.

Informationstheorie und Kybernetik haben in der Wissenschaftsgeschichtsschreibung viel Aufmerksamkeit erhalten. Eine ausgezeichnete Geschichte der Informationstheorie im Genre der Populärwissenschaft ist James Gleicks (2011a) *The Information* (deutsche Übsersetzung Gleick 2011b). Kybernetik und Informatik im Kontext des Zweiten Weltkriegs und des Kalten Krieges sind Gegenstand von Paul Edwards' (1997) *The Closed World*. Steve Heims' (1991) *The Cybernetics Group* ist eine Studie über die ‚Macy-Konferenzen' der Nachkriegszeit, auf denen die kybernetische Theorie ausgearbeitet und auf viele verschiedene Probleme angewandt wurde. Bernard Dionysius Geoghegans (2023) *Code* präsentiert eine grundlegend revidierte Geschichte der Kybernetik, die der Anthropologie, Psychologie und anderen Humanwissenschaften eine Rolle als Quellen und nicht als bloße Empfänger kybernetischer Ideen zuweist und die Verbindungen der Kybernetik zur postmodernen ‚französischen Theorie' nachzeichnet.

Eine bündige Einführung in die Informationstheorie nach Shannon und Weaver sowie in die funktionalen Sprachmodelle von Bühler und Jakobson bieten Kapitel 1, 2 und 3 von Peter Auers (2013 [1999]) *Sprachliche Interaktion.*

14 Die Anfänge des amerikanischen Strukturalismus

In den letzten drei Kapiteln dieses Buches gilt es den Atlantik zu überqueren, um die Entwicklung der Linguistik in Amerika vom Ende des 19. bis in die erste Hälfte des 20. Jahrhunderts nachzuverfolgen. Die Ansätze der Linguistik, die zur damaligen Zeit in Amerika entstanden, sind allgemein als ‚amerikanischer Strukturalismus' bekannt, eine Bezeichnung, die von den linguistischen Anthropologen und Fachhistorikern Dell Hymes und John Fought rückblickend eingeführt wurde. Hymes und Fought (1981 [1975]) identifizierten vier ‚Hauptfiguren', welche die Grundlagen des amerikanischen Strukturalismus schafften: Franz Boas (1858–1942), Edward Sapir (1884–1939), Benjamin Lee Whorf (1897–1941) und Leonard Bloomfield (1887–1949). In diesem Kapitel konzentriert sich die Diskussion auf die erste dieser Persönlichkeiten, Franz Boas, und seine Schule. Den anderen drei widmen sich die folgenden Kapitel.

Boas wird oft als ‚Gründervater' der amerikanischen Anthropologie bezeichnet. Doch Boas war in Wirklichkeit ein deutscher Import: In der preußischen Provinz Westfalen geboren und dort aufgewachsen, erhielt er seine gesamte Ausbildung in Deutschland. Seine akademische Karriere machte Boas jedoch in den Vereinigten Staaten, und es waren seine Arbeiten und die seiner Schülerinnen und Schüler, die einen Paradigmenwechsel in der amerikanischen Anthropologie herbeiführten. Die Erforschung von Sprache spielte eine Schlüsselrolle in der boasschen Revolution: Die Linguistik war eines der ‚vier Felder' der Anthropologie, wie Boas sie konzipierte – neben der Kulturanthropologie, also der ethnografischen Beschreibung und dem Vergleich von Kulturen; der Archäologie, die auf die Untersuchung materieller Überreste vergangener Gesellschaften abzielt; und der physischen Anthropologie, das heißt der Vermessung menschlicher Körper und Katalogisierung ihrer Vielfalt.

Mit Fug und Recht kann man behaupten, dass sich mit Boas und seinen Schülerinnen und Schülern eine spezifisch amerikanische Tradition der Linguistik zu entwickeln begann. Sprachwissenschaft wurde in Amerika natürlich schon vor Boas' Ankunft praktiziert; zu erinnern ist insbesondere an die Arbeit von William Dwight Whitney (1827–1894), der in Kapitel 5 besprochen wurde. Wie in jenem Kapitel festzustellen war, verschaffte Whitneys amerikanische Herkunft ihm eine einzigartige Perspektive auf die Erforschung der Sprache, aber sein Blick richtete sich dennoch auf Europa: Seine wichtigsten wissenschaftlichen Vorbilder und Gesprächspartner befanden sich alle auf jenem Kontinent. Paradoxerweise begann erst mit Boas, einem gebürtigen Europäer und in der Alten Welt ausgebildeten Forscher, eine typisch amerikanische Anthropologie und Linguistik Gestalt anzunehmen.

https://doi.org/10.1515/9783111618548-014

Es ist kein Zufall, dass diese neue amerikanische Linguistik mit der Anthropologie verbunden war. In Kapitel 12 ließ sich beobachten, wie die britische Linguistik auch mit der Ethnografie verflochten war, und zwar viel stärker als in anderen europäischen Ländern. Dort konnte man nachverfolgen, wie das British Empire institutionelle Strukturen bereitstellte, die das Studium der Sprachen und Kulturen der von Großbritannien kolonisierten Völker in aller Welt förderten. Die britische Linguistik profitierte von den Imperativen imperialer Kommunikation und Kontrolle. In ähnlicher Weise stellte der koloniale Siedlerstaat der Vereinigten Staaten Ressourcen für die Erforschung von Sprachen und Kulturen der indigenen Bewohnerinnen und Bewohner des Landes zur Verfügung, auf dem er errichtet wurde.

Die boassche Linguistik war Teil eines umfassenderen anthropologischen Projekts und befasste sich vor allem mit der Dokumentation, Beschreibung und Klassifizierung indigener Sprachen, hauptsächlich in Nordamerika, aber auch in anderen Teilen der Welt. Die folgenden Abschnitte untersuchen das Wesen der boasschen Schule der Anthropologie, die ihr zugrunde liegenden Einstellungen und Überzeugungen sowie die spezifischen theoretischen Beiträge von Boas zur Linguistik.

14.1 Franz Boas und seine Schule

Franz Boas leistete nicht nur grundlegende Beiträge zur anthropologischen Theorie in Amerika, sondern trug auch maßgeblich dazu bei, das Fach zu einer anerkannten akademischen Disziplin zu machen. Als Boas sich 1887 in Amerika niederließ, gab es im ganzen Land nur einen einzigen Professor für Anthropologie – einen gewissen Daniel Garrison Brinton (1837–1899), der in Abschnitt 14.3. ausführlicher besprochen wird – und keine etablierten akademischen Ausbildungsprogramme in der Anthropologie.

Die wichtigste Institution zur Förderung der anthropologischen Forschung im Amerika des späten 19. und frühen 20. Jahrhunderts war das Bureau of Ethnology, eine unabhängige, von der US-Regierung finanzierte und der Smithsonian Institution angeschlossene Forschungseinrichtung. Das Bureau war 1879 von John Wesley Powell (1834–1902) gegründet worden, einem Geologen, Soldaten und Abenteurer. Die Hauptaufgabe des Bureaus bestand darin, die ethnografischen Aufzeichnungen und Sammlungen der US-Regierung zu beaufsichtigen, obwohl es unter Powells Leitung auch umfangreiche ethnografische und linguistische Erhebungen durchführte. Ein Großteil von Boas' frühen Forschungen in den Vereinigten Staaten wurde vom Bureau finanziert.

Zwar wurden im letzten Jahrzehnt des 19. Jahrhunderts an mehreren amerikanischen Universitäten neue Lehrstühle für Anthropologie eingerichtet, doch das erste Graduiertenprogramm, das Bestand haben würde, war das von Boas 1899 an der Columbia University in New York eingeführte. Boas' Programm trug zur Professionalisierung des Fachs bei und brachte eine Reihe von Wissenschaftlerinnen und Wissenschaftlern hervor, die nicht nur einen unvergleichlichen Einfluss auf die weitere Entwicklung der Anthropologie hatten, sondern auch zu prominenten öffentlichen Intellektuellen wurden. An erster Stelle derjenigen, die sich auf Linguistik spezialisierten, steht Edward Sapir, die zweite der von Hymes und Fought genannten ‚Hauptfiguren' des amerikanischen Strukturalismus. In den nächsten beiden Kapiteln werden einige von Sapirs wichtigsten Beiträgen zur Linguistik im Detail beleuchtet.

Unter den boasschen Ethnografinnen sind die Namen Ruth Benedict (1887–1942) und vor allem Margaret Mead (1901–1978) zu nennen. Benedict ist ein Paradebeispiel für die Anthropologin als öffentliche Intellektuelle, eine Rolle, die durch ihr 1946 erschienenes Buch *The Chrysanthemum and the Sword*, eine während des Zweiten Weltkriegs verfasste Ethnografie Japans, gut veranschaulicht wird. Das ausdrückliche Ziel von Benedicts Buch war es, die Muster der japanischen Gesellschaft zu beschreiben, um zu zeigen, wie Japan nach dem Krieg wieder aufgebaut werden könnte, um in Zukunft ein kooperativer Partner für Amerika zu sein.

Benedict wirkte neben Boas auch als Co-Betreuerin der Doktorarbeit von Margaret Mead. Meads erstes Buch, das 1928 erschienene *Coming of Age in Samoa*, war sofort ein Bestseller. Das umstrittene – und aufsehenerregende – Postulat ihres Buches lautete, dass samoanische Jugendliche ein viel freieres Liebesleben hatten als ihre ‚westlichen' Altersgenossen. Infolgedessen, so Mead, litten samoanische Jugendliche nicht unter der unterdrückten Sexualität und den damit verbundenen Neurosen, die Jugendliche im Westen plagten. Dieses Buch begründete Meads lebenslange Karriere als populäre Kulturkritikerin, in der sie die Erkenntnisse, die sie durch ihre Feldforschung in vermeintlich ‚primitiven' Kulturen gewonnen zu haben meinte, dazu nutzte, soziale Missstände in Amerika zu diagnostizieren und Abhilfe für diese anzuregen.

Ein Novum der boasschen Schule war, dass sie Wissenschaftlerinnen und Wissenschaftler einschloss, die aus den untersuchten Gemeinschaften stammten. Boas hieß diejenigen willkommen, die sowohl die Rolle der Anthropologin oder des Anthropologen als auch die der Informantin oder des Informanten einnehmen konnten. Eine wichtige Persönlichkeit in diesem Zusammenhang ist Ella Cara Deloria (1889–1971), die aus dem Volk der Dakota stammte. Deloria führte unter Boas' Leitung mehrere Forschungsprojekte durch, darunter die *Dakota Texts* von 1932, eine Sammlung von Dakota-Geschichten, die von Deloria aufgezeichnet wurden, und die *Dakota Grammar* von 1941, die Boas und Deloria gemeinsam verfassten. Ein weiteres berühmtes Mitglied des boasschen Kreises war Zora Neale Hurston (1891–1960), eine Afroamerikanerin. Ihr Buch *Mules and Men* aus dem Jahr

1935 ist eine Sammlung von Folklore aus den afroamerikanischen Gemeinden, in denen sie aufgewachsen war, die sie in literarischer Form neu erzählte.

Aus heutiger Sicht ist eines der auffälligsten Merkmale der Boas-Schule, dass sie nicht ausschließlich aus weißen Männern aus der oberen Mittelschicht – oder sogar aus der Aristokratie – bestand, welche die überwiegende Mehrheit der Gelehrten stellten, die im vorliegenden Buch bisher vorgestellt wurden. In diesem Zusammenhang sei darauf hingewiesen, dass Boas, Sapir und einige andere Schülerinnen und Schüler von Boas aus jüdischen Familien stammten, womit sie sowohl in Deutschland als auch in Amerika eine Minderheit darstellten, die sich offener und verdeckter Diskriminierung ausgesetzt sah. Zum ersten Mal beginnt sich der akademische Raum für neue Personengruppen zu öffnen. Diese Öffnung ist zum Teil eine Folge der Epoche, des jungen 20. Jahrhunderts, und insbesondere der ‚Roaring Twenties' dieses Jahrhunderts. Aber auch in diesem Umfeld galt der Boas-Kreis als besonders progressiv, sowohl was seine Zusammensetzung als auch was seine Ansichten anging.

14.2 Boassche Anthropologie

Franz Boas' Ansatz in der Anthropologie war von seinem deutschen Hintergrund geprägt und entsprach in vielerlei Hinsicht nicht den Annahmen, die damals in Amerika vorherrschten. Die meisten amerikanischen Anthropologen jener Zeit vertraten eine evolutionäre Vorstellung menschlicher Gesellschaft und Kultur: Sie waren der Ansicht, dass jedes Volk auf dem Weg vom primitiven Leben zur Zivilisation eine Reihe von vorbestimmten Stufen durchliefe. Boas hingegen hatte durch seine Ausbildung in Deutschland eine eher relativistische Konzeption von kultureller Vielfalt erworben. Diese Auffassung propagierte und entwickelte er in Amerika weiter.

Der Prüfstein für das evolutionäre Denken in der amerikanischen Anthropologie des 19. Jahrhunderts war das Werk von Lewis Henry Morgan (1818–1881), einem Rechtsanwalt, Politiker und Gentleman-Anthropologen. In seinem 1877 erschienenen Buch *Ancient Society* entwarf Morgan ein deterministisches Schema sozialer Evolution mit den primären Stufen von ‚Wildheit' (*savagery*), ‚Barbarei' (*barbarism*) und schließlich ‚Zivilisation' (*civilization*). Die einzige Gruppe von Menschen, welche die höchste Stufe der Zivilisation erreicht habe, seien laut Morgan die zeitgenössischen Völker Europas. Die indigenen Völker Amerikas hingegen seien nie über die Stufen Wildheit und Barbarei hinausgekommen. In Morgans Schema ist die wichtigste Determinante der Evolutionsstufe eines Volkes die Technologie, und jede der Stufen soll demnach mit unterschiedlichen Gesellschaftsformen, architektonischen Stilen und sogar Sprachstrukturen korrelieren.

Boas war in Deutschland in einer etwas anderen Tradition ausgebildet worden, vor allem unter dem Einfluss von Adolf Bastian (1826–1905), dem Direktor des Berliner Museums für Völkerkunde. Während seiner Habilitation arbeitete Boas als Bastians wissenschaftlicher Assistent im Museum. Bastian war vor allem als Verfechter der ‚psychischen Einheit des Menschengeschlechts' bekannt, also des Grundsatzes, dass alle Menschen, unabhängig von ihrer Abstammung und ihrem Wohnort, ein einziges gemeinsames Menschsein teilten.

Bastian vertrat die Auffassung, dass die geistige Welt eines jeden Volkes im Grunde aus denselben ‚Elementargedanken' bestehe, dass diese Elementargedanken aber in unterschiedlicher Weise angeordnet seien, sodass sich die ‚Völkergedanken' der einzelnen Völker ergäben. Aufgabe der Anthropologie ist es nach Bastian, möglichst viel von der Vielfalt der menschlichen Kulturen, von den verschiedenen ‚Völkergedanken', zu erfassen, um ein Bild von der Einheit der Menschheit zu zeichnen. Bastian stand Zeitgenossen wie Morgan und seinen Anhängern, die versuchten, universelle Gesetze für die Entwicklung der menschlichen Kultur zu entdecken, sehr kritisch gegenüber. Es mochte eines Tages möglich sein, solche universellen Gesetze zu finden, räumte Bastian ein, aber alle gegenwärtigen anthropologischen Theorien entbehrten einer ausreichenden empirischen Grundlage und seien zumindest verfrüht (zu Bastians Ansichten siehe Bunzl 1996: 46–52).

Die Spannung zwischen dem Versuch, universelle Gesetze zu entdecken, und der Untersuchung der historischen Entwicklung einzelner Individuen ist ein wiederkehrendes Thema in den Humanwissenschaften des 19. Jahrhunderts, das in der bisherigen Darstellung mehrfach auftauchte (siehe insbesondere die Kapitel 2–4). Wie Matti Bunzl in seinem 1996 erschienenen Aufsatz „Franz Boas and the Humboldtian tradition" gezeigt hat, lassen sich die von Bastian und Boas vertretenen Positionen in einer deutschen Wissenschaftstradition verorten, die im Gefolge der Brüder Wilhelm und Alexander von Humboldts entstanden war.

In Kapitel 3 haben wir uns mit den weitreichenden Beiträgen Wilhelm von Humboldts (1767–1835) zur Erforschung von Sprache und Geschichte befasst sowie mit einigen der von ihm angeregten Arbeiten, vor allem mit der Völkerpsychologie von Heymann Steinthal (1823–1899) und Moritz Lazarus (1824–1903). Alexander von Humboldt (1769–1859) ist dabei noch nicht behandelt worden: Dessen Ruhm beruhte vor allem auf seinen Entdeckungsreisen nach Amerika in den Jahren 1799 bis 1804. Auf diesen Expeditionen konzentrierte sich Alexander von Humboldt auf die Erforschung der natürlichen Welt, doch fertigte er auch detaillierte Aufzeichnungen über die Gesellschaften, Kulturen und Sprachen der Völker an, denen er begegnete. Sowohl Wilhelm als auch Alexander von Humboldt betonten in ihren Schriften, wie wichtig es sei, Daten über den Charakter und die Geschichte von Individuen – seien es einzelne Sprachen, Kulturen oder Tier- und Pflanzenarten – zu sammeln, bevor man allgemeine Gesetze für deren Leben und Entwicklung aufstelle. Dieses Bestreben, das Universelle durch das umfassende Studium von Individuen in ihren besonderen historischen Umständen aufzudecken, ist ein Aspekt der humboldtschen Wissenschaft, der in vielen späteren, insbesondere den in Deutschland gängigen Interpretationen, hervorgehoben wurde.

Einer der deutlichsten Belege für den Konflikt zwischen Boas' humboldtschen Neigungen und den evolutionären Vorlieben seiner amerikanischen Kollegen ist die Debatte über die Anordnung von Museumssammlungen, die Boas bald nach seiner Ankunft in Amerika anstieß. Boas war ein Verfechter des Arrangements von Museumsexponaten nach dem bastianschen Prinzip der ‚geographischen Provinzen'. Diesem Prinzip zufolge sollten alle von einem Volk stammenden Artefakte in einer Ausstellung räumlich zusammen präsentiert werden, um ein vollständiges Bild der materiellen Kultur dieses Volkes zu vermitteln. Die Vitrinen sollten dann nach geografischen Regionen geordnet werden, wobei Völker, die im selben Teil der Welt leben, nebeneinander aufzustellen waren. Nach diesem Schema wurden die Exponate im Berliner Museum für Völkerkunde angeordnet: Bastians Ziel lag darin, die Individualität jeder Volksgruppe in ihrem geografischen Kontext darzustellen.

Im Gegensatz dazu ordnete Otis T. Mason (1838–1908), der Kurator der ethnografischen Sammlungen der Smithsonian Institution in Washington, D.C., seine Exponate so an, dass sie mutmaßliche Stufen der evolutionären Entwicklung widerspiegelten. Die Artefakte wurden zunächst nach ihrem Verwendungszweck unterteilt: Jagdutensilien in einer Vitrine, Aufbewahrung von Nahrungsmitteln in einer anderen, und so weiter. Innerhalb dieser primären Funktionskategorien arrangierte Mason die Gegenstände dann in der Reihenfolge der vermuteten Evolutionsstufe, die sie repräsentierten. Objekte aus verschiedenen Kulturen aus allen Teilen der Welt wurden also nebeneinander ausgestellt, ohne ihren ursprünglichen kulturellen Kontext zu berücksichtigen.

1887 kritisierte Boas in einem Brief an die Zeitschrift *Science* Masons Vorgehen bei der Zusammenstellung der Smithsonian-Sammlungen. Dort argumentierte Boas:

> Wir müssen jedes ethnologische Exemplar individuell in seiner Geschichte und in seinem Medium studieren, und das ist die wichtige Bedeutung der ‚geographischen Provinz', die von A. Bastian so häufig betont wird. Betrachtet man ein einzelnes Utensil außerhalb seiner Umgebung, außerhalb der anderen Phänomene, die dieses Volk und dessen Erzeugnisse betreffen, kann man seine Bedeutung nicht verstehen. (Boas 1887a: 62)

Boas' Kritik wurde vom amerikanischen anthropologischen Establishment nicht wohlwollend aufgenommen. Mason (1887) antwortete in einer späteren Ausgabe von *Science* und wies Boas' Argumente zurück. John Wesley Powell, der Leiter des Bureau of Ethnology, schloss sich ihm an und verfasste seine eigene, ausführlich begründete Antwort. Powells (1887) Hauptargument lautete, dass es keine einzig richtige Systematisierung von Museumsexponaten geben könne, da jede ethnografische Theorie nur vorläufig sei und keine absolute wissenschaftliche Gültigkeit beanspruchen könne. Die von Boas befürwortete Gliederung nach geografischen Provinzen, so Powell weiter, weise jedoch mehrere schwerwiegende Mängel auf. Erstens sei der Ansatz von Boas in der Praxis schlichtweg undurchführbar: Jedem Volk eine eigene Vitrine zu widmen würde zu ausufernden Museumsgalerien führen, die für die Besuchenden verwirrend wären und viele doppelte Gegenstände enthielten. Abgesehen von diesen praktischen Problemen verkenne die Vorstellung eines einzelnen Volkes und einer einzelnen Kultur, die im Mittelpunkt des boasschen Systems stehe, die fließenden Grenzen zwischen Völkern: Die Zusammensetzung von Volksgruppen ändere sich im Laufe der Zeit, und selbst zu einem bestimmten Zeitpunkt könnten die Grenzen zwischen den Gruppen unscharf sein und ineinander übergehen. Fließende ethnische Grenzen, so behauptete Powell, seien besonders charakteristisch für den amerikanischen Kontinent und würden durch die Störungen, die durch die europäische Kolonisierung verursacht worden seien, noch unschärfer gemacht.

Angesichts der Argumente, die bisher in diesem Abschnitt zu verfolgen waren, überrascht es ein wenig, dass Powell (1887: 229) seine Antwort auf Boas mit der Feststellung abschloss, dass „die Einheit der Menschheit die größte Erkenntnis der Anthropologie ist“. Diese Aussage von Powell impliziert, dass Masons Anordnung der Smithsonian-Sammlungen vorzuziehen sei, da sie versuche, eine kohärente Geschichte über die Gemeinsamkeiten zwischen verschiedenen menschlichen Gruppen zu erzählen, indem sie in ein einziges evolutionäres Schema eingepasst werden. Der von Boas vorgeschlagene Ansatz hingegen böte kein Gesamtbild – er würde lediglich eine ungeordnete Auswahl von Materialien ohne eine übergreifende Erzählung präsentieren. In jedem Fall wies Boas' Klassifizierung nach Volksgruppen, so Powell, offensichtliche wissenschaftliche Mängel auf, da sie den unscharfen Grenzen zwischen Volksgruppen nicht gerecht werde.

In einer Erwiderung auf Powell betonte Boas (1887b: 229), dass sein Ansatz „das individuelle Phänomen“ vorzeige, während Masons System „Klassifizierungen vornimmt, die nicht auf dem Phänomen, sondern im Kopf des Studierenden begründet sind“. Darüber hinaus wies er darauf hin, dass sein Ansatz bereits in anderen Museen – wie dem Berliner Museum für Völkerkunde – umgesetzt worden sei und somit seine Praktikabilität bewiesen habe.

Nur wenige Jahre nach diesem Austausch in der Zeitschrift *Science* hatte Boas die Gelegenheit, seine Ideen in die Praxis umzusetzen. Frederic W. Putnam (1839–1915), Kurator des Peabody Museum of Archaeology and Ethnology an der Harvard University, lud Boas ein, ihm bei der Gestaltung einer ethnologischen Ausstellung für die Weltausstellung 1893 in Chicago zu helfen. Es gab jedoch eine zweite ethnologische Ausstellung auf der Weltausstellung in Chicago, die von Anthropologen aus Washington, darunter Mason und Powell, organisiert wurde. Die Messebesucherinnen und -besucher hatten somit die Gelegenheit, die beiden sich duellierenden Ansätze für die Anordnung ethnografischer Sammlungen zu begutachten: die Anordnung nach geografischen Provinzen von Bastian und Boas und das evolutionäre System von Mason.

Der individualisierende Ansatz von Boas' Ethnografie und Archäologie leitete auch seine Linguistik. Im nächsten Abschnitt wird dargelegt, wie sich eine ähnliche Konfrontation zwischen Boas und dem amerikanistischen Establishment in der Erforschung der amerikanischen Sprachen entwickelte.

14.3 Alternierende Laute

Noch während der Debatte über die Anordnung von Museumssammlungen – die im vorigen Abschnitt untersucht wurde – startete Boas eine zweite Attacke gegen seine amerikanischen Kollegen, diesmal an der linguistischen Front. Erneut stellte Boas seine individualisierenden humboldtschen Ansichten dem Evolutionismus der amerikanischen Anthropologen entgegen. Die erste Salve in Boas' Angriff war sein Artikel „On alternating sounds" von 1889.

Die ‚alternierenden Laute' in Boas' Titel beziehen sich auf die scheinbar ‚wilde' Variation in der Aussprache, die angeblich für viele amerikanische Sprachen charakteristisch ist. Sprecherinnen und Sprecher amerikanischer Sprachen, so hieß es, würden die Laute in ihren Wörtern zufällig verändern. Wenn man sie jedoch auf diese Veränderungen anspreche, behaupteten sie, ihre Aussprache sei immer die gleiche. Um nur ein Beispiel zu nennen, wurde berichtet, dass in der mexikanischen Sprache Chiapanec das Wort für ‚Teufel' einmal als *Tixambi* und ein anderes Mal als *Sisaimbui* ausgesprochen wird, oder das Wort für ‚Hölle' unterschiedlich als *Nakupaju* und *Nakapoti* (siehe Brinton 1890 [1888]: 398).

Diese Beispiele stammen aus einer Rede, die Daniel Garrison Brinton, Professor für amerikanische Linguistik und Archäologie an der University of Pennsylvania, 1888 vor der American Philosophical Society in Philadelphia gehalten hatte (Brinton war bereits in Abschnitt 14.1. aufgetaucht). Brintons Thema auf dieser Tagung war „The language of Palæolithic Man" (Die Sprache des paläolithischen Menschen). Die anschließend abgedruckte Arbeit, die 1890 veröffentlicht wurde, trug den Titel „The earliest form of human speech, as revealed by American tongues" (Die früheste Form der menschlichen Sprache, wie sie sich in den amerikanischen Sprachen zeigt). Wie aus diesen Titeln unmittelbar ersichtlich ist, nutzte Brinton diese Gelegenheit, um die Ansicht zu vertreten, dass die amerikanischen Sprachen eine frühere Stufe der menschlichen Evolution darstellten. Eine auffällige Eigenschaft

‚primitiver' Sprachen sei, so Brinton (1890 [1888]: 397), dass ihre Laute „einzigartig vage und schwankend" seien.

Indem er den amerikanischen Sprachen eine chaotische phonetische Variation zuschrieb und dies als Ausdruck ihrer ‚Primitivität' betrachtete, berief sich Brinton auf einen damals üblichen Topos. In Abschnitt 7.1. ließ sich eine ähnliche Auffassung in Bezug auf die Sprachen der Alten Welt beobachten: Georg von der Gabelentz (1840–1893) behauptete, dass das Baskische und das Berberische als Sprachen „auf niederer Culturstufe" eine viel größere Variation in der Aussprache zuließen als die Sprachen der indogermanischen Familie und als solche nicht absoluten Lautgesetzen unterworfen werden könnten.

In seinem Artikel von 1889 reagierte Boas auf derartige Ansichten und vertrat die Auffassung, dass die Lautvariation, die den amerikanischen Sprachen nachgesagt wurde, keineswegs eine inhärente Eigenschaft ‚primitiver' Sprachen sei, sondern lediglich das Ergebnis eines Wahrnehmungsfehlers seitens der Sprachforschenden. Alle Sprachen, sowohl die europäischen als auch die amerikanischen, verfügten über ein festes und begrenztes Repertoire an Lauten, das eine Teilmenge aller von den menschlichen Artikulationsorganen erzeugbaren Lauten darstelle. Wenn man in einer Fremdsprache auf einen Laut stoße, der im muttersprachlichen Repertoire nicht vorhanden sei, werde man ihn als einen ähnlichen Laut wahrnehmen, der im Repertoire vorhanden sei. Die Zuordnung von fremdsprachlichen zu muttersprachlichen Lauten könne von Mal zu Mal variieren, sodass die Illusion von alternierenden Lauten entstehe (Boas 1889: 52).

Boas hatte zweifellos recht, wenn er die Wahrnehmung seiner Kollegen anzweifelte, als sie den amerikanischen Sprachen phonetische Schwankungen vorwarfen, aber das Potenzial für sprachübergreifende phonologische Störungen war in der Literatur der damaligen Zeit bereits klar anerkannt (siehe McElvenny 2019b). John Wesley Powell warnte beispielsweise in der zweiten Auflage seiner *Introduction to the Study of Indian Languages* von 1880 vor ‚synthetischen Lauten' in den amerikanischen Sprachen. Dabei handelt es sich um Laute, deren Artikulation zwischen vertrauten Lauten des Englischen liegt. Ein solcher „synthetischer Laut", schrieb Powell (1880 [1877]: 12), „wird vom Forschenden mal als der eine, mal als ein anderer Laut gehört, sogar von demselben Sprecher". Der synthetische Laut bleibt konstant; es ist die Wahrnehmung der Zuhörenden, die sich ändert. Powell gab jedoch den Sprachen selbst die Schuld an dieser Schwierigkeit: Nach Powell haben synthetische Laute einen „unbestimmten Charakter" und sind „nicht so differenziert wie im Englischen" (ebd.). Boas' Durchbruch bestand darin, die Sprachen in den Mittelpunkt zu stellen und die Autorität der europäischen Sprachforschenden zu relativieren. Die vermeintlichen Anzeichen von Primitivität in den amerikanischen Sprachen entpuppten sich als bloße Fehlwahrnehmungen der Linguistinnen und Linguisten.

Boas' Position sollte jedoch nicht mit erkenntnistheoretischer Bescheidenheit verwechselt werden. Er glaubte an die Möglichkeit, den genauen artikulierten Laut korrekt zu erfassen. Während frühere Forschende, welche die amerikanischen Sprachen zu verschriftlichen versuchten, mit einem phonologischen Filter belastet gewesen sein mögen, sollte es das Ziel der boasschen Linguistinnen und Linguisten sein, diese Beeinträchtigung gänzlich zu beseitigen. Auch nachdem sich die Phonemanalyse in den 1920er Jahren in der europäischen und amerikanischen Sprachwissenschaft durchgesetzt hatte – wie in den Kapiteln 10 und 16 zu sehen ist – hielt Boas an seiner Vorliebe für eine feinkörnige phonetische Transkription fest. Es reiche nicht aus, dass sich die Sprachforschenden einfach an die Phoneme einer fremden Sprache gewöhnten; sie müssten aus den relativistischen Grenzen des phonemischen Systems heraustreten und das reine phonetische Faktum so genau wie möglich aufzeichnen (siehe Anderson 2021 [1985]: 271–276).

Trotz seines späteren Widerstands gegen die Phonemanalyse zeigt Boas' Darstellung des individuellen phonetischen Repertoires jeder Sprache ein Bewusstsein für die phonologische Theorie, wie sie sich in den 1880er Jahren entwickelte (eine Geschichte, die in Kapitel 9 nachgezeichnet wurde). Aber seine Auffassung von jeder Sprache als einem Individuum, das auf seine eigene Weise verstanden werden muss, verdankt er vor allem seiner humboldtschen Ausbildung. Die Verbindungen zur humboldtschen Wissenschaft sind deutlich sichtbar im Hauptwerk der boasschen Linguistik, dem *Handbook of American Indian Languages*, einem Handbuch über die Sprachen Nordamerikas, das in vier Bänden von 1911 bis 1941 veröffentlicht wurde. Jeder Band enthält Kurzgrammatiken amerikanischer Sprachen, die nach Boas' Vorgaben von Boas selbst und seinen Schülerinnen und Schülern verfasst wurden, sowie Beispieltexte. Der erste Band des *Handbook* enthält eine ausführliche Einleitung von Boas, in der er die Ziele und den Ansatz des Werks darlegt. Gegen Ende der Einleitung betonte Boas seine individualisierende Einstellung zur Sprachbeschreibung:

> Es wurde kein Versuch unternommen, die Formen der indianischen Grammatiken mit den Grammatiken des Englischen, des Lateinischen oder sogar untereinander zu vergleichen; aber in jedem Fall hängen die angegebenen psychologischen Gruppierungen vollständig von der inneren Form der jeweiligen Sprache ab. Mit anderen Worten, die Grammatik wurde so behandelt, als ob ein intelligenter Indianer die Formen seiner eigenen Gedanken durch eine Analyse seiner eigenen Sprachform entwickeln würde. (Boas 1911: 81)

Boas' Anführung der ‚inneren Form' in dieser Passage stellt sich in eine Reihe mit der humboldtschen Wissenschaft: Wie in Abschnitt 3.5. zu sehen war, wurde der Begriff ‚innere Form' bzw. ‚innere Sprachform' zuerst von Humboldt verwendet und später von Steinthal ergänzt und popularisiert. In dieser Tradition ist die

‚innere Form' einer Sprache die Gesamtheit der zugrunde liegenden Strukturprinzipien, die der Sprache ihren individuellen Charakter verleihen.

Humboldts Schriften konnten jedoch auf sehr unterschiedliche Weise gedeutet werden. Seinerzeit galt Daniel Garrison Brinton in der Tat als der maßgebliche Interpret Humboldts in Amerika, und Brinton sah in Humboldt einen Mitverfechter deterministischer Kultur- und Sprachevolution. In Abschnitt 4.3. war zu beobachten, dass Humboldt tatsächlich mit solchen Ansichten spielte und von August Schleicher (1821–1868) zur Unterstützung seiner eigenen deterministischen Entwicklungstheorie der ‚Morphologie' angeführt wurde. Diese Spannung zwischen evolutionären und individualisierenden Interpretationen Humboldts taucht in Abschnitt 15.2. erneut auf, in dem boassche Standpunkte zur sprachlichen Relativität beleuchtet werden.

Ebenso wie in der Ethnografie und Archäologie setzte sich Boas mit den evolutionären Vorurteilen auseinander, die in der Erforschung der amerikanischen Sprachen vorherrschten. Im Einklang mit der in Deutschland verbreiteten Auslegung von Humboldt bestand Boas darauf, dass jede Sprache ein Individuum sei, das auf seinem eigenen Kontext untersucht werden müsse. Die vermeintlichen Mängel der amerikanischen Sprachen erwiesen sich als Versäumnisse der Linguistinnen und Linguisten, die Eigenart dieser Sprachen zu würdigen. In den folgenden Kapiteln sehen wir, wie dieser relativierende Impuls – in verschiedenen Richtungen weiterentwickelt – zu einer zentralen Stoßrichtung des amerikanischen Strukturalismus werden sollte.

14.4 Weiterführende Literatur

Franz Boas, der allgemein anerkannte Begründer der modernen amerikanischen Anthropologie, ist Gegenstand zahlreicher Sekundärstudien, von denen einige besser sind als andere, und die nicht allesamt empfohlen werden können. Die klassische historische Darstellung über die frühen Jahre der boasschen Schule ist das Buch *And along came Boas* von Regna Darnell (2000). Zu den Verbindungen zwischen der boasschen und der humboldtschen Wissenschaft siehe Matti Bunzls (1996) „Franz Boas and the Humboldtian tradition" in dem Band *Volksgeist as method and ethic*.

Für eine Diskussion der boasschen Linguistik im historischen Kontext siehe Michael Mackerts Artikel in *Historiographia Linguistica*, „The roots of Franz Boas' view of linguistic categories as a window to the human mind" (1993) und „Franz Boas' theory of phonetics" (1994). Mein eigener Aufsatz „Alternating sounds and the formal franchise in phonology" (McElvenny 2019b) im Band *Form and Formalism in Linguistics* setzt sich kritisch mit Boas' Positionen zur Frage der phonologischen

Variation in ‚primitiven' Sprachen auseinander. Margaret Thomas' (2023) Kapitel „Boas' ‚purely analytical approach' to language classification in the backdrop to American structuralism" in *The Limits of Structuralism* zeigt, wie sich Boas' individualisierende Haltung gegenüber Ethnografie und Linguistik in seinem Ansatz zur Klassifizierung amerikanischer Sprachen manifestierte. In deutscher Sprache empfiehlt sich Jacqueline Holzers (2015) *Linguistische Anthropologie. Eine Rekonstruktion.*

15 Sprachliche Relativität

Eine Doktrin, für welche die anthropologisch orientierten Vertreterinnen und Vertreter des amerikanischen Strukturalismus bekannt sind, ist die der ‚sprachlichen Relativität', die auch oft unter der Bezeichnung ‚Sapir-Whorf-Hypothese' diskutiert wird. Kurz gesagt, handelt es sich dabei um die Vorstellung, dass unsere Sprache unser Denken und unsere Wahrnehmung der Welt beeinflusst. Das Thema der sprachlichen Relativität ist faszinierend und ein Dauerbrenner in populären Darstellungen der Sprachwissenschaft, und wird auch in der akademischen Sprachforschung immer wieder aufgegriffen. Obwohl es zahlreiche Versionen linguistischer Relativität gibt – von ‚starken' Sichtweisen, die postulieren, Sprache bestimme das Denken und die Wahrnehmung, bis hin zu ‚schwachen' Sichtweisen, die eine subtilere Verbindung annehmen –, tendiert jede relativistische Doktrin dazu, einigermaßen zu polarisieren: typischerweise wird die sprachliche Relativität von Linguistinnen und Linguisten entweder eifrig befürwortet oder vehement bekämpft.

Die übliche binomische Bezeichnung ‚Sapir-Whorf-Hypothese' umfasst die Namen von Edward Sapir (1884–1939) und Benjamin Lee Whorf (1897–1941). Wie in Abschnitt 14.1. erörtert wurde, war Sapir einer der bedeutendsten Schüler von Franz Boas (1858–1942) und trug möglicherweise mehr als jeder andere zur Weiterentwicklung der linguistischen Aspekte der boasschen Anthropologie bei. Obwohl er nicht immer mit Boas' Methoden und Schlussfolgerungen übereinstimmte, führte Sapir die von Boas auf eine moderne wissenschaftliche Grundlage gesetzte Erforschung der indigenen Sprachen Amerikas fort und erweiterte sie mit eigenen Innovationen. Als Professor an der University of Chicago von 1925 bis 1931 und an der Yale University von 1931 bis kurz vor seinem Tod im Jahr 1939 betreute Sapir eine Reihe von Studentinnen und Studenten, die die boassche Tradition in die nächste Generation weiterführen sollten.

Whorf war ein Doktorand von Sapir an der Yale University. Wie in den folgenden Abschnitten zu sehen sein wird, interessierte sich Whorf bereits für die möglichen Verbindungen zwischen Sprache, Denken und Wahrnehmung, bevor er mit Sapir zusammenarbeitete. In der Tat waren es vor allem diese Interessen, die ihn dazu brachten, das Studium der Linguistik fortzusetzen: Whorf suchte eine solidere Grundlage für seine amateurhaften Spracherkundungen. In gewisser Weise blieb Whorf jedoch immer ein Amateur. Obwohl er seine Arbeit auf akademischen Konferenzen präsentierte, in akademischen Zeitschriften veröffentlichte, Forschungsstipendien erhielt und sogar eine Zeit lang an der Yale University lehrte, widerstand Whorf den Aufforderungen seiner Kolleginnen und Kollegen, die Wissenschaft als Beruf zu treiben. Stattdessen setzte er seine Karriere als technischer Inspektor einer Feuerversicherungsgesellschaft fort, mit der Begründung, dass diese Position es ihm erlaubte, den gewohnten Lebensstil beizubehalten, und ihm größere Frei-

https://doi.org/10.1515/9783111618548-015

heit bei der Verfolgung seiner intellektuellen Interessen gewährte. Whorfs Status als halber Außenseiter trug vielleicht dazu bei, dass er zu einem Aushängeschild der sprachlichen Relativität wurde – die meistgelesenen Darstellungen seiner relativistischen Ideen waren Artikel, die er für ein allgemeines Publikum schrieb.

Obwohl Fragen der sprachlichen Relativität heute durch die Bezeichnung ‚Sapir-Whorf-Hypothese' unzertrennlich mit Sapir und Whorf verbunden sind, gilt es festzustellen, dass weder Sapir noch Whorf jemals etwas formuliert haben, das als ‚Hypothese' im Sinne einer eindeutigen, empirisch überprüfbaren Aussage bezeichnet werden könnte. Außerdem waren die Ansichten von Sapir und Whorf nicht identisch oder gar in sich konsistent. In diesem Kapitel wird beleuchtet, was Sapir und Whorf tatsächlich geschrieben haben und wie dies später in eine ‚Hypothese' umgedeutet wurde. Anschließend ist zu untersuchen, inwiefern ihre Ideen lediglich ein Ausdruck einer allgemeinen Stimmung im intellektuellen Umfeld der ersten Hälfte des 20. Jahrhunderts waren.

15.1 Die Sapir-Whorf-Hypothese

Der Begriff ‚Sapir-Whorf-Hypothese' taucht zum ersten Mal in dem 1954 erschienenen Aufsatz „The Sapir-Whorf hypothesis" von Harry Hoijer (1904–1976) auf, einem Studenten von Sapir aus seiner Chicagoer Zeit. Hoijers Aufsatz war für eine interdisziplinäre Konferenz geschrieben worden, die er im Jahr zuvor einberufen hatte, um „das Problem der Bedeutung und die Beziehung von Sprache zu anderen Aspekten der Kultur" zu erörtern (Hoijer 1954a: vii). Die meisten Beiträge zu dieser Konferenz drehten sich um Whorfs Äußerungen zu besagtem Problem, die auf unterschiedliche Weise interpretiert wurden.

Der Begriff ‚Sapir-Whorf-Hypothese' wurde daher erst mehr als ein Jahrzehnt nach dem Tod der beiden Namensgeber geprägt, und zwar inmitten der Verwirrung darüber, worin genau diese Hypothese bestand, und in einer kontroversen Diskussion über ihre Gültigkeit und Implikationen. Hoijer (1954b: 92) verortet die erste Aussage dieser vermeintlichen Sapir-Whorf-Hypothese in einem Artikel Sapirs über „The status of linguistics as a science". Ähnlich wie im Fall der ‚philologer passage' von William Jones (siehe Abschnitt 2.1.) ist es in der Diskussion um die linguistische Relativität üblich geworden, dieses Sapir-Zitat wiederzugeben. Hier wird diese Tradition beibehalten:

> Die Sprache ist ein Wegweiser zur ‚sozialen Wirklichkeit'. [...] Der Mensch lebt nicht allein in der objektiven Welt und auch nicht allein in der Welt des sozialen Handelns im üblichen Sinne, sondern ist in hohem Maße der besonderen Sprache ausgeliefert, die zum Ausdrucksmittel seiner Gesellschaft geworden ist. Es ist eine Illusion zu glauben, dass man sich der

> Realität im Wesentlichen ohne den Gebrauch von Sprache anpasst und dass Sprache nur ein zufälliges Mittel ist, um bestimmte Kommunikations- oder Reflexionsprobleme zu lösen. Tatsache ist, dass die ‚reale Welt' zu einem großen Teil unbewusst auf den Sprachgewohnheiten der Gruppe aufgebaut ist. Keine zwei Sprachen sind sich so ähnlich, dass sie dieselbe soziale Realität abbilden könnten. Die Welten, in denen verschiedene Gesellschaften leben, sind unterschiedliche Welten, nicht nur dieselbe Welt mit unterschiedlichen Bezeichnungen. [...] Wir sehen und hören und erleben weitgehend so, wie wir es tun, weil die Sprachgewohnheiten unserer Gemeinschaft bestimmte Interpretationsentscheidungen vorgeben. (Sapir 1929 [1928]: 209–210)

Ausgehend von dieser Passage scheint Sapir eine starke Variante der sprachlichen Relativität befürwortet zu haben: Die Wirklichkeit sei eine soziale Konstruktion, die durch das Medium Sprache geschaffen werde, und Sprachen unterscheiden sich so stark, dass die von ihnen geschaffenen Wirklichkeiten nicht vergleichbar seien. Wie aus den folgenden Abschnitten hervorgehen wird, vertrat Sapir in anderen Schriften jedoch eine zurückhaltendere Auffassung.

Sapirs kühne Aussage in der oben zitierten Passage rührt zweifellos von den Zielen des Artikels her, in den sie eingebettet war. „The status of linguistics as a science" war ursprünglich ein Vortrag, den er 1928 auf einer gemeinsamen Tagung der Linguistic Society of America, der American Anthropological Association und der mit Anthropologie und Sprache befassten Sektionen der American Association for the Advancement of Science hielt. Sapirs Kernaussage in dieser Ansprache war, dass die Linguistik eine Schlüsselrolle für die Analyse der Funktionsweise der durch Sprache geschaffenen sozialen Realitäten zu spielen habe und als solche als methodisches Modell für andere Sozialwissenschaften dienen sollte. Die amerikanischen Linguistinnen und Linguisten bemühten sich zu dieser Zeit intensiv darum, das berufliche und institutionelle Profil ihres Faches zu schärfen: Die Linguistic Society of America war erst vier Jahre zuvor mit dem Ziel gegründet worden, das „professionelle Bewusstsein" des Faches zu fördern (Bloomfield 1925). Sapirs Vortrag war Teil dieser umfassenderen Bemühungen: Er war im Wesentlichen eine Werbung für die Linguistik – und bei Werbung handelt es sich um ein Genre, das normalerweise nicht von Nuancen und Bescheidenheit geprägt ist.

In einer Reihe von Artikeln, die sich sowohl an ein akademisches als auch an ein allgemeines Publikum richteten, vertrat Whorf ähnliche Ansichten über die Beziehung zwischen Sprache, Denken und Realität. Die bedeutendsten von Whorfs Artikeln wurden zusammen mit mehreren bisher unveröffentlichten Manuskripten in dem posthum erschienenen Sammelband *Language, Thought and Reality* (deutsche Teilübersetzung: *Sprache, Denken, Wirklichkeit*, Whorf 1963 [1956]) nachgedruckt, der von einem der treuesten Schüler Whorfs, dem amerikanischen Psychologen John B. Carroll (1916–2003), herausgegeben und mit einer Einleitung versehen wurde.

Eine der klarsten Einzelaussagen von Whorfs Position findet sich in seinem Artikel „Science and linguistics" (Naturwissenschaft und Linguistik) aus dem Jahr 1940, ursprünglich ein Beitrag für *MIT Technology Review*, die Alumni-Zeitschrift von Whorfs Alma Mater, dem Massachusetts Institute of Technology. Whorf (1956 [1940]: 207–209) eröffnete seinen Artikel mit einer Kritik an der von ihm so genannten ‚natürlichen Logik', der Vorstellung, dass „richtiges, vernünftiges oder intelligentes *Denken*" (Hervorhebung im Original) ein psychischer Prozess sei, der unabhängig von Sprache ablaufe. Nach dieser Auffassung sei Sprache lediglich ein Mittel, um Gedanken auszudrücken, die bereits nach den universellen Gesetzen der Vernunft formuliert würden. Die daraus resultierende Äußerung mag demnach zwar in das Gewand einer bestimmten Sprache gekleidet sein, doch darunter bliebe eine nackte, ungeschminkte Aussage, die für alle gleich sei. Im Gegensatz zu dieser Ansicht bestand Whorf darauf, dass jede Sprache untrennbar mit der Formulierung von Gedanken verbunden sei und somit jede Sprache ihre eigene Metaphysik mit sich bringe:

> Die Kategorien und Typen, die wir aus der phänomenalen Welt herausheben, finden wir nicht einfach in ihr – etwa weil sie jedem Beobachter in die Augen springen; ganz im Gegenteil präsentiert sich die Welt in einem kaleidoskopartigen Strom von Eindrücken, der durch unseren Geist organisiert werden muß – das aber heißt weitgehend: von dem linguistischen System in unserem Geist. (Whorf 1956 [1940]: 213; deutsche Übersetzung Whorf 1963 [1956]: 12)

Die vermeintlich reinen Darstellungen der modernen Mathematik und Logik seien lediglich Destillationen der charakteristischen Denkmuster, die in den Grammatiken der *Standard Average European* (SAE: Standard Durchschnitts-Europäsich) Sprachen niedergelegt seien, um einen Begriff zu verwenden, den Whorf (1956 [1941]a: 138; 1963 [1956]: 78) in einem anderen Artikel eingeführt hat. Die moderne Wissenschaft, Mathematik und Logik seien von ‚Westlern' erfunden worden, die europäische Sprachen sprechen, und diese Sprachen leiteten ihre Sprecherinnen und Sprecher dazu an, auf bestimmte Weise zu denken. In Unkenntnis dieses Prozesses nähmen westliche Wissenschaftlerinnen und Wissenschaftler an, dass sie die Gesetze der reinen Vernunft entdeckten, obwohl sie lediglich die besondere Struktur ihrer Muttersprachen beschrieben. Der scheinbar universelle Charakter der modernen Wissenschaft, so Whorf (1956 [1940]: 214), stelle eine Illusion dar, die durch den Export westlicher Denkweisen in andere Weltteile entstanden sei.

Die grundlegenden Unterschiede im Denken und in der Wahrnehmung, die durch Sprache bewirkt würden, zeigten sich deutlicher, wenn man Sprachen vergleiche, die auf sehr unterschiedlichen grammatikalischen Schemata aufbauten. Whorf illustrierte diesen Punkt mit Beispielen aus dem Hopi, einer uto-aztekischen Sprache, die in der südwestlichen Ecke Nordamerikas gesprochen wird. Hopi, so postulierte Whorf (1956 [1940]: 216–218), konzeptualisiere Zeit auf eine grundlegend andere Weise als die SAE-Sprachen. Die europäischen Sprachen gliedern Zeit (u. a. mittels ihrer Tempussysteme) in Vergangenheit, Gegenwart und Zukunft, was die Europäerinnen und Europäer dazu veranlasse, sich Zeit als einen unaufhaltsamen Fluss vorzustellen, der in quantifizierten Einheiten gemessen werden könne. Nach Whorfs Analyse (siehe auch Whorf 1956 [1950]) bezeichneten Hopi-Verben Zeit nicht im europäischen Sinne, sondern unterschieden zwischen einem manifestierten Ereignis, einem erwarteten Ereignis und der Aussage eines allgemeinen Gesetzes über Ereignisse. Für die Hopi-Sprechenden gebe es keinen universellen Zeitfluss, sondern nur Ereignisse, die sie erlebt hätten, und solche, die sie erwarteten oder erhofften.

Nach Whorfs Einschätzung ist die abstrakte, messbare Zeit, die im Hintergrund der westlichen Physik vor sich hin ticke, ein Produkt der Interpretation der Welt, die von den SAE-Sprachen vorgegeben werde. Eine von Hopi-Sprechenden formulierte Physik würde Zeit in diesem Sinne nicht anerkennen; sie würde auf einem anderen Fundament aufgebaut sein. Whorf (1956 [1940]: 217) legte nahe, dass es sich bei dieser alternativen Grundlage um den Gedanken der ‚Intensität' handeln könnte. Hopi-Sprechende redeten nicht von ‚Geschwindigkeit', die als räumliche Verschiebung über Zeit definiert ist, also von der westlichen Vorstellung der fließenden Zeit abhinge. Stattdessen sprächen die Hopi von der ‚Intensität' einer Bewegung. Dieser Begriff der ‚Intensität' könnte verallgemeinert werden, um alle Phänomene zu erfassen:

> Wir werden in ihr [der Hopi-Physik] vielleicht einen neuen Terminus i, Intensität, benötigen. Alle Dinge und Ereignisse werden irgendeinen Wert i haben, gleichgültig ob wir sie als bewegt oder ruhend betrachten. Vielleicht wird sich der i-Wert einer elektrischen Ladung als der ihrer Spannung (Volt) oder ihres Potentials erweisen. (Whorf 1956 [1940]: 217; deutsche Übersetzung Whorf 1963 [1956]: 17)

An anderer Stelle deutete Whorf (z.B. 1956 [1936]: 55–56) an, dass die von der Hopi-Sprache geförderten Wahrnehmungsgewohnheiten ihren Sprecherinnen und Sprechern sogar ein tieferes Verständnis einiger Naturphänomene gewähren könnten, als es mit den Konzepten der modernen Physik zu erreichen sei.

Whorf (1956 [1940]: 214) nannte die Schaffung solch grundlegend unterschiedlicher Perspektiven auf die Welt durch Sprache das ‚linguistische Relativitätsprinzip' (*linguistic relativity principle*), ein Begriff, der bis heute als Synonym für die ‚Sapir-Whorf-Hypothese' geläufig ist. Whorf wurde zweifellos durch Albert Einsteins (1879–1955) Relativitätstheorie, welche die moderne Physik in der ersten Hälfte des 20. Jahrhunderts revolutionierte, zu dieser Formulierung veranlasst. Im Zuge von Einsteins spezieller Relativitätstheorie wurden Raum und Zeit der klassischen Physik zu einer einzigen vierdimensionalen mathematischen Struktur ‚Raumzeit' zusammengefasst, eine Rekonzeptualisierung grundlegender westlicher phänomenaler Kategorien, ähnlich denen, die sich Whorf in seiner alternativen Hopi-Physik vorstellte (siehe Whorf 1956 [1950]: 58).

Im linguistischen Relativitätsprinzip sieht Whorf die ultimative Rechtfertigung für die Sprachwissenschaft. Wie Sapirs (1929 [1928]) Rede über „The status of linguistics as a science" ist auch Whorfs Artikel von 1940 im Wesentlichen eine Werbung für die Linguistik. Linguistinnen und Linguisten beschäftigen sich mit der Vielfalt der Ansichten, die in den Sprachen der Welt verkörpert sind. Indem sie diese Vielfalt untersuchen und die Bandbreite der Variationen erforschen, können sie dazu beitragen, die Vielzahl der alternativen Realitäten aufzuzeigen:

> Wie wir die Natur aufgliedern, sie in Begriffen organisieren und ihnen Bedeutungen zuschreiben, das ist weitgehend davon bestimmt, daß wir an einem Abkommen beteiligt sind, sie in dieser Weise zu oragnisieren – einem Abkommen, das für unsere ganze Sprachgemeinschaft gilt und in den Strukturen unserer Sprache kodifiziert ist. [...] Diese Tatsache ist für die moderne Naturwissenschaft von großer Bedeutung. Sie besagt, daß kein Individuum Freiheit hat, die Natur mit völliger Unparteilichkeit zu beschreiben, sondern eben, während es sich am freiesten glaubt, auf bestimmte Interpretationsweisen beschränkt ist. Die relative größte Freiheit hätte in dieser Beziehung ein Linguist, der mit sehr vielen äußerst verschiedenen Sprachsystemen vertraut ist. Bis heute findest sich noch kein Linguist in einer solchen Position. (Whorf 1956 [1940]: 213–214; deutsche Übersetzung Whorf 1963 [1954]: 12)

Sapirs und Whorfs jeweilige Äußerungen zur linguistischen Relativität waren daher eingebettet in Argumente für die Nützlichkeit der boasschen Linguistik, die sich auf die Beschreibung ‚exotischer' Sprachen konzentrierte. Wie wir jedoch im nächsten Abschnitt sehen werden, widersprach die boassche Linguistik in Wirklichkeit vielen bestehenden Auffassungen über die möglichen Verbindungen zwischen Sprache, Denken und Wahrnehmung.

15.2 Boassche Linguistik und sprachliche Relativität

Die Vorstellung, dass Sprache und Denken irgendwie miteinander verbunden seien, geht keineswegs auf Sapir und Whorf zurück. Wie aus den Kapiteln 3 und 4 hervorging, wurde in der Tradition der Sprachwissenschaft, die im Gefolge von Wilhelm von Humboldt (1767–1835) entstand, üblicherweise angenommen, dass es eine dialektische Beziehung zwischen der Struktur einer Sprache und den typischen Denkmustern ihrer Sprechenden gebe: In einem ständigen Hin und Her steuere das Denken eines Volkes die Entwicklung der sprachlichen Formen und die sprachlichen Formen wiederum formen die Entwicklung ihres Denkens. Das Ziel der meisten Sprachtypologien des 19. Jahrhunderts war es, die vermeintlichen Entsprechungen zwischen den charakteristischen Merkmalen einer Sprache und der angenommenen geistigen Disposition ihrer Sprechenden zu katalogisieren.

Das anthropologische Projekt von Franz Boas lässt sich – wie in Abschnitt 14.2. zu sehen war – in direkter Linie auf Humboldt und seine Anhänger zurückverfolgen. Boas war ein starker Verfechter des historischen Partikularismus, der viele führende Interpretationen Humboldts in Deutschland kennzeichnete: Boas vertrat die Auffassung, dass jede Sprache und Kultur einzigartig sei und auf ihre eigene Art und Weise verstanden werden müsse. In Abschnitt 14.3. war zu beobachten, wie dieses Prinzip auf die Untersuchung amerikanischer Sprachen angewendet wurde. Bei der Beschreibung des Lautsystems und der Grammatik amerikanischer Sprachen suchte Boas nach der humboldtschen „inneren Form der jeweiligen Sprache". Seine Grammatiken sollten so geschrieben werden, „als ob ein intelligenter Indianer die Formen seiner eigenen Gedanken durch eine Analyse seiner eigenen Sprachform entwickeln würde" (Boas 1911: 81).

Sapir übernahm diese Ansichten von Boas, aber er hatte auch seine eigenen Verbindungen zur deutschen philologischen Tradition. Sapir studierte Germanistik und seine Magisterarbeit (Sapir 1907) befasste sich mit der 1772 erschienenen *Abhandlung über den Ursprung der Sprache* von Johann Gottfried von Herder (1744–1803). Wie in Abschnitt 3.2. festzustellen war, gilt Herders Text weithin als Meilenstein auf dem Weg zur Sprachaffassung, die später von Humboldt und seinen Nachfolgern entwickelt wurden.

Bei der Schilderung der Hintergründe der Sapir-Whorf-Hypothese ist es üblich geworden, dieses humboldtsche Erbe hervorzuheben (siehe Joseph 2002 [1996]: 71; vgl. Koerner 2002). Sowohl Boas als auch Sapir standen jedoch einigen Interpretationsansätzen Humboldts sehr kritisch gegenüber. Insbesondere lehnten sie die weit verbreitete evolutionäre Annahme ab, dass es eine Hierarchie aufeinander folgender Entwicklungsstufen in der grammatischen Struktur von Sprachen gebe. Die Strukturen einiger Sprachen, so glaubte man, seien weiter entwickelt als die anderer, was sie zu überlegenen Trägern eines höheren Denkens mache. Wie in Abschnitt 4.3. gezeigt wurde, mag der extremste Vertreter dieser Ansicht in der Mainstream-Linguistik des 19. Jahrhunderts August Schleicher (1821–1868) gewesen sein, der sich unter anderem auf Humboldts Schriften berief, um seine Theorie der ‚Morphologie' zu stützen. Zwar waren nicht alle Wissenschaftler so explizit wie Schleicher, doch die Aufstellung von Schemata der Sprachentwicklung, in denen grammatikalische und psychische Prozesse miteinander verknüpft waren, stellte ein in dieser Zeit gängiges Unterfangen dar, und die meisten Wissenschaftler, die sich mit diesem Projekt beschäftigten, beriefen sich auf Humboldt als Inspiration. Unter den amerikanischen Wissenschaftlern war, wie in Abschnitt 14.3. erörtert, Daniel Garrison Brinton (1837–1899) der wichtigste Vertreter dieser Humboldt-Interpretation.

In seiner Einleitung zum ersten Band des *Handbook of American Indian Languages* aus dem Jahr 1911 räumte Boas (1911: 64–67) die Möglichkeit von Verbindungen zwischen Sprache und Denken ein, obwohl er bestritt, dass diese Verbindungen in irgendeiner Weise ein Gradmesser für die geistigen Fähigkeiten der Sprechenden seien. Er wiederholte mehrere altbekannte Beispiele für angebliche Mängel amerikanischer Sprachen, wie etwa die Behauptung, dass es den amerikanischen Sprachen an abstrakten Begriffen fehle oder dass sie nicht in der Lage seien, höhere numerische Größen auszudrücken. Diese Einschränkungen gebe es tatsächlich, schrieb Boas, aber nicht, weil die Struktur dieser Sprachen das Denken ihrer Sprechenden einschränke oder weil die Sprechenden geistig nicht in der Lage seien, solche Konzepte zu erfassen. Vielmehr hätten diese Völker einfach kein Bedürfnis, in abstrakten Begriffen zu sprechen oder bis zu höheren Zahlen zu zählen, und hätten daher nie die Gelegenheit gehabt, solche Formen in ihren Sprachen zu produzieren. Wenn dieses Bedürfnis jedoch aufkäme, würden sich ihre Sprachen schnell anpassen.

Boas versuchte in ähnlicher Weise, die essenzialisierenden Verbindungen zwischen der Sprache eines Volkes und seinen angeblichen kulturellen und ‚rassischen' Merkmalen aufzulösen, die in der früheren Forschung hergestellt worden waren. Obwohl es sich, wie in den vorangegangenen Kapiteln gezeigt, um ein weites Feld handelt, das viele Nuancen zulässt, war die vorherrschende Annahme in der Wissenschaft des 19. Jahrhunderts, dass zwischen Sprache, Lebensweise und biologischem Erbe ein notwendiger Zusammenhang bestehen müsse. Boas stellte jedoch fest, dass das wiederholte Scheitern der Suche nach soliden Verbindungen dieser Art diese Projekte des 19. Jahrhunderts als vergeblich erwiesen habe (siehe Boas 1911: 7).

Sapir führte diese boasschen Positionen im eigenen Werk fort. In seinem 1921 erschienenen Buch *Language*, einer Einführung in die Linguistik, die sich sowohl an angehende Linguistikstudierende als auch an die breite Öffentlichkeit richtete, widmete Sapir ein ganzes Kapitel dem Problem „Sprache, Rasse und Kultur" (so der Titel von Kapitel 10). In diesem Kapitel schrieb Sapir (1921: 232–233; 1961 [1921]: 192–193): „Sprache und Denken sind untrennbar miteinander verflochten, sie sind eigentlich nur zwei Seiten ein und desselben Vorgangs." Aber er argumentierte, dass „die Grundlagen des Denkens bei allen Rassen ungefähr die gleichen sind". Es sei daher unmöglich, ‚Rasse' und Sprache miteinander in Einklang zu bringen. Er bestritt auch, dass „zwischen Kultur und Sprache ein ursächlicher Zusammenhang besteht" – das eine treibe die Entwicklung des anderen nicht voran. Da keine ‚ursächlichen Zusammenhänge' zwischen Sprache, ‚Rasse' und Kultur bestünden, könne die sprachliche Struktur – die ‚Morphologie', wie Sapir schrieb – kein Zeichen für den Stand der kulturellen Entwicklung sein:

> [A]lle Versuche dahin, spezifische Typen sprachlicher Morphologie mit bestimmten Kulturstufen gleichzusetzen, [sind] völlig nutzlos [...] Plato hat sich derselben Sprachformen bedient wie die Schweinehirten Mazedoniens und Konfuzius derselben wie die wilden Kopfjäger von Assam. (Sapir 1921: 234; deutsche Übersetzung Sapir 1961 [1921]: 194)

Aber Sapir war noch immer an dem humboldtschen Vorhaben interessiert, die strukturelle Vielfalt der Sprachen der Welt zu untersuchen, auch wenn er das übliche Ziel ablehnte, Struktur mit der angeblichen geistigen und kulturellen Entwicklung der Sprecherinnen und Sprecher zu verknüpfen. Die Kapitel 4 bis 6 von Sapirs *Language* geben einen Überblick über verschiedene grammatische ‚Formkategorien' und ‚Begriffe', die in den Sprachen der Welt bezeugt sind, und bieten eine detaillierte Analyse der Art und Weise, wie sich diese Merkmale zu einem bezeichnenden „Zuschnitt, Typus oder ‚Geist'" (Sapir 1921: 127; 1961 [1921]: 114) einer jeden Sprache zusammenfügen können. Sapirs Typen passen jedoch nicht in ein übergreifendes deterministisches Schema von Sprachentwicklung. Sie zeigen auch keine unveränderliche Essenz auf, die einzelnen Sprachen zugrunde liegt: Im Laufe der Zeit driften demnach Sprachen häufig von einem Typ zum anderen (Sapir 1921: 154–156).

Obwohl Boas und Sapir beide in vielerlei Hinsicht Erben der humboldtschen Tradition waren, zeugen ihre Schriften von Skepsis gegenüber zentralen Ideen der humboldtschen Wissenschaft, insbesondere im Hinblick auf angebliche Verbindungen zwischen Sprache und Denken – das heißt sprachliche Relativität. Sowohl Boas als auch Sapir lehnten das ultimative Ziel vieler Humboldtianer des 19. Jahrhunderts ab, Verbindungen zwischen sprachlichen Formen und kulturellen und ‚rassischen' Merkmalen zu finden, die oft in deterministische Schemata von Sprachentwicklung eingebettet waren. Wie im nächsten Abschnitt zu sehen sein wird, hatten Sapirs – und übrigens auch Whorfs – relativistische Ansichten viel mehr mit anderen Ideen in ihrem zeitgenössischen intellektuellen Milieu gemein.

15.3 Analytische Philosophie und Mystik

Die Spannungen, die sich im vorangegangenen Abschnitt beobachten ließen, legen nahe, dass die traditionelle Darstellung, welche die Sapir-Whorf-Hypothese als eine moderne Konsequenz der humboldtschen Wissenschaft des 19. Jahrhunderts darstellt, einer Einschränkung bedarf. In seinem 1996 erschienenen Aufsatz „The immediate sources of the ‚Sapir-Whorf hypothesis'" (in erweiterter Form nachgedruckt als Joseph 2002 [1996]) argumentierte der Linguistikhistoriker John Joseph, dass Sapir und Whorf anderen Ideen in ihrem unmittelbaren intellektuellen Umfeld des frühen 20. Jahrhunderts weit mehr verpflichtet waren.

Bei der Untersuchung von Sapirs Schriften aus den frühen 1920er Jahren stellt Joseph (2002 [1996]: 75) eine Veränderung in Sapirs relativistischer Rhetorik fest, die mit seiner ersten Lektüre des Buches *The Meaning of Meaning* von Charles K. Ogden (1889–1957) und Ivor Armstrong Richards (1893–1979) aus dem Jahr 1923 zusammenfällt. Dieses Buch tauchte bereits in Abschnitt 12.3. auf, als die linguistischen Ansichten des polnisch-britischen Anthropologen Bronislaw Malinowski (1884–1942) beleuchtet wurden: Einer von Malinowskis bedeutendsten Aufsätzen über Sprache, „The problem of meaning in primitive languages", wurde als ‚Supplement' zu diesem Buch veröffentlicht. Sapir (1923) verfasste eine begeisterte Rezension von *The Meaning and Meaning*, griff bald dessen Themen auf und bezog sich in anderen Veröffentlichungen positiv darauf.

Das Buch von Ogden und Richards war Ausdruck einer weit verbreiteten moralischen Panik über den Gebrauch und Missbrauch von Sprache im philosophischen und politischen Diskurs, welche Intellektuelle gegen Ende des 19. Jahrhunderts erfasste. Diese Panik verschärfte sich noch im frühen 20. Jahrhundert, als der öffentliche Diskurs durch neue Formen der Propaganda verzerrt wurde, die sich durch neue Technologien wie Radio und Film verbreiteten und so katastrophale Umwälzungen wie den Ersten Weltkrieg und die politische Polarisierung begleiteten und erleichterten, die ihrerseits den Aufstieg totalitärer Regierungen in ganz Europa zur Folge hatten. Die wahrgenommene Krise von Sprache und Bedeutung und der Wunsch, sie zu überwinden, sind die brennenden Probleme, die *The Meaning of Meaning* motivierten.

Die Ursache des Problems, so Ogden und Richards, liege darin, dass wir uns von unserer Sprache unser Denken diktieren ließen. Wir gingen davon aus, dass unsere gewohnten Ausdrücke einfach die Wahrheit widerspiegelten, während sie diese in Wirklichkeit verdrehten und verschleierten. Wir konzentrierten uns so sehr auf die Worte, dass wir nie fragten, was sie wirklich bedeuteten und wie sie gemeint seien:

> [W]örter können in zahllosen, subtilen Weisen zwischen uns und unsere Objekte treten, wenn wir das Wesen ihrer Macht nicht erkennen. In der Logik führen sie, wie wir sahen, zur Schaffung von Pseudo-Entitäten, den Universalien, den Eigenschaften und so fort [...] Dadurch, daß sie die Aufmerksamkeit auf sich selbst konzentrieren, verleiten die Wörter zu dem ergebnislosen Studium von Formen, das soviel dazu beigetragen hat, die Grammatik zu diskreditieren; durch die Erregung, die sie durch ihre emotive Kraft hervorrufen, wird die Diskussion größtenteils steril; durch die verschiedenen Typen der „Verbomanie" und der „Graphomanie" wird die Befriedigung des Namengebens erlangt und das Gefühl persönlicher Macht auf unechte Weise gesteigert. (Ogden und Richards 1956 [1923]: 45; deutsche Übersetzung Ogden und Richards 1974 [1923]: 57)

Die von Ogden und Richards geäußerte Meinung war Kern der meisten akademischen Sprachkritiken dieser Zeit. In diese Zeit fallen auch die Anfänge der analytischen Philosophie – die im 20. Jahrhundert zu einer der wichtigsten Strömungen der englischsprachigen Philosophie werden sollte – durch Bertrand Russell (1872–1970) und Ludwig Wittgenstein (1889–1951) an der Universität Cambridge, an der auch Ogden und Richards tätig waren. Russell und Wittgenstein waren in ähnlicher Weise von dem verhängnisvollen Einfluss ungeprüfter Sprache auf das Denken überzeugt. Jeder von ihnen versuchte auf seine Weise, logisches Denken zu verbessern durch Ausmerzung der Verwirrungen und Irrtümer in der europäischen Philosophie, die ihren Ursprung in der blinden Unterwerfung unter die Denkmuster der indogermanischen Sprachen hätten. In einer öffentlichen Vortragsreihe, die Russell 1918 in London hielt, kommentierte er dies:

> Der Einfluss der Sprache auf die Philosophie ist, wie ich glaube, tiefgreifend und nahezu unerkannt. Wenn wir uns von diesem Einfluss nicht in die Irre führen lassen wollen, müssen wir uns seiner gewahr werden und uns bewusst fragen, wie weit er legitim ist. Die Subjekt-Prädikat-Logik und die Substanz-Attribut-Metaphysik sind ein gutes Beispiel dafür. Es ist zweifelhaft, ob beide von einem Volk erfunden worden wären, das eine nicht-arische [d. h. nicht-indogermanische] Sprache spricht; gewiss scheinen sie nicht in China entstanden zu sein, außer in Verbindung mit dem Buddhismus, der eine indische Philosophie mit sich brachte. (Russell 1918–1919: 38)

Sapir und Whorf machten sich diesen Gedanken in vielen ihrer Äußerungen zur sprachlichen Relativität zu eigen. In seinem Artikel „The grammarian and his language" aus dem Jahr 1924 – wie sein späterer Aufsatz „The status of linguistics as a science" (siehe Abschnitt 15.1.) eine Werbung für die Linguistik, die sich jedoch an ein allgemeines Publikum richtete – wiederholte Sapir mit direktem Bezug auf Ogden und Richards die Warnung, dass wir uns nicht von unserer Sprache in die Irre führen lassen dürften:

> In einem weitaus größeren Ausmaß, als es dem Philosophen bewusst ist, kann er zum Düpierten seiner Sprachformen werden, was gleichbedeutend damit ist, dass die Form seines Denkens, die typischerweise eine sprachliche Form ist, in seine Vorstellung von der Welt projiziert wird. So können unschuldige sprachliche Kategorien den gewaltigen Anschein kosmischer Absolutheiten erwecken (Sapir 1949 [1924]: 157)

Die Linguistik könne uns vor dieser Gefahr bewahren, argumentierte Sapir, indem sie uns erlaube, die Vielfalt der Weltanschauungen zu ergründen:

> Vielleicht ist es am besten, sich in das Studium exotischer Ausdrucksformen zu stürzen, um hinter unsere Denkvorgänge zu kommen und sie von allen Zufälligkeiten und Irrelevanzen zu befreien, die auf ihr sprachliches Gewand zurückzuführen sind. Ich kenne jedenfalls keinen besseren Weg, um falsche ‚Entitäten' zu erledigen. (Sapir 1949 [1924]: 157)

Aus Abschnitt 15.1. sei daran erinnert, dass Whorf (1956 [1940]: 213–214) später bei der Präsentation seiner eigenen Version der sprachlichen Relativität einen ähnlichen Punkt anführte: „Die relative größte Freiheit hätte in dieser Beziehung [die Natur mit völliger Unparteilichkeit zu beschreiben] ein Linguist, der mit sehr vielen äußerst verschiedenen Sprachsystemen vertraut ist."

Während Sapir und Whorf das Wissen um die sprachliche Vielfalt als Ausweg aus dem Dilemma der Philosophie präsentierten, vertraten die frühen analytischen Philosophen im Allgemeinen weit weniger relativistische Ansichten. Für Russell und den frühen Wittgenstein gab es nicht mehrere gleichwertige Beschreibungen der Welt, die von jeder Sprache angeboten wurden, sondern nur eine einzige richtige Beschreibung, die von allen natürlichen Sprachen auf unterschiedliche Weise verschleiert wurde. Russell entwickelte neue logische Notationen, die genauer widerspiegeln sollten, was er für die wahre, zugrunde liegende Struktur von Propositionen hielt. Ogden und Richards beschäftigten sich in *The Meaning of Meaning* mit demselben Vorhaben (siehe McElvenny 2014). Aufbauend auf dem funktionalen Modell der Sprache, das sie in diesem Buch vorstellten – und das in Abschnitt 12.3. untersucht wurde –, umrissen Ogden und Richards eine Methode der ‚Definition', um die Bedeutung von Wörtern zu entpacken und zu paraphrasieren. Durch diesen Definitionsprozess könnten wir Klarheit über die ‚Gedanken oder Bezüge' erlangen, die unsere Worte hervorrufen, und so den Bann der Sprache über unser Denken brechen.

Solche Initiativen zur Sprachreform waren kein rein akademisches Phänomen. Das Buch von Ogden und Richards wurde von einer breiten Leserschaft begeistert aufgenommen und war eigentlich nur ein Titel in einem aufkeimenden Genre von Wegweisern zur angewandten Semiotik. Bücher dieser Gattung begannen in der Regel damit, ein Modell vorzuschlagen, wie Bedeutung durch Wörter und andere Zeichen erzeugt wird, und boten dann Techniken an, um den irreführenden, manipulativen oder missbräuchlichen Gebrauch von Wörtern in Propaganda, philosophischen Debatten usw. zu erkennen und zu vermeiden.

Das vielleicht berühmteste Projekt in dieser Richtung – am vulgarisierenden Ende des Spektrums – war „General Semantics" von Alfred Korzybski (1879–1950). In seinem 1933 erschienenen Buch *Science and Sanity* schlug Korzybski das therapeutische Mittel der diakritischen Zeichen vor, die auf Texte angewendet werden können, um die Bedeutung von Wörtern zu klären. Ein ökumenischer Wegweiser durch die angewandte Semiotik dieser Zeit – der sich unter anderem auf *The Meaning of Meaning* und *Science and Sanity* stützt – ist das 1938 erschienene Buch *The Tyranny of Words* des amerikanischen Autors Stuart Chase (1888–1985). Chase schrieb auch das Vorwort zu *Language, Thought and Reality*, dem 1956 erschienenen Sammelband von Whorfs Schriften.

Die philosophische Sprachkritik verschmolz mit einer anderen Form der angewandten Sprachkritik dieser Zeit, der internationalen Sprachbewegung, die in den 1880er Jahren an Fahrt aufnahm und kurz vor dem Zweiten Weltkrieg ihren Höhepunkt erreichte. Die internationale Sprachbewegung war ein Sammelsurium konkurrierender Projekte, die allesamt danach strebten, eine einzige Sprache für die internationale Kommunikation zu schaffen. Die Hauptmotivation für diese Bemühungen bestand darin, die Barrieren zwischen den Völkern abzubauen und das gegenseitige Verständnis im Zeitalter von Nationalismus und Krieg zu fördern. Mit diesem Ziel war aber auch die Hoffnung verbunden, dass eine internationale Sprache ein geeigneteres Medium für rationales Denken und die moderne Wissenschaft sein würde. In ihrer Struktur folgten die meisten internationalen Sprachen, die in dieser Zeit vorgeschlagen wurden, dem Beispiel von Esperanto, das eine Art bewusst konstruierte Kreolsprache darstellte, mit einer Grammatik und einem Wortschatz, die aus einer Mischung der wichtigsten europäischen Sprachen abgeleitet und sowohl im Hinblick auf eine leichte Erlernbarkeit als auch auf ‚logische' Konsistenz geregelt waren (siehe McElvenny 2018a: 58–77).

Während Russell und Wittgenstein der internationalen Sprachbewegung kritisch gegenüberstanden, gab es unter ihren Kollegen viele Philosophen und Logiker, die sich nicht nur den Zielen der Bewegung anschlossen, sondern sich auch aktiv an der Konstruktion und Weiterentwicklung von Sprachprojekten beteiligten. Ogden schlug seine eigene internationale Sprache vor, ‚Basic English', eine verfeinerte und vereinfachte Version des Standard English (siehe Ogden 1933 [1930]). Ogdens Basic war im Wesentlichen eine Anwendung der Definitionsmethode aus *The Meaning of Meaning*. Der Hauptkniff von Basic war sein Kernwortschatz aus 850 englischen Wörtern, die ‚wissenschaftlich ausgewählt' wurden. Dieses Kernvokabular war klein und daher angeblich leicht zu erlernen und bot ein begrenztes Repertoire an Begriffen, mit denen Sprecherinnen und Sprecher alles, was sie sagen wollten, in einer präziseren und logisch fundierten Form paraphrasieren konnten (siehe McElvenny 2015).

Auch Sapir wurde in die internationale Sprachbewegung hineingezogen, und zwar als Leiter der linguistischen Forschung der International Auxiliary Language Association (IALA), einer privaten amerikanischen Forschungsstiftung, die sich der internationalen Sprachproblematik widmete. Unter der Schirmherrschaft der IALA untersuchten und verglichen Sapir und seine Schüler die sprachübergreifende Ausprägung verschiedener grammatischer Kategorien, um die optimalen Formen für eine künftige internationale Sprache zu ermitteln. Im Laufe dieser Arbeit gab Sapir seinen Relativismus nie dem Absolutismus der Philosophen preis. In einem Bericht an die IALA aus dem Jahr 1929 vertrat Sapir die Ansicht, dass das Ziel nicht darin bestehen sollte, die perfekte logische Form für eine internationale Sprache zu finden. Vielmehr sei die internationale Sprache ein Produkt der ‚abendländischen

Kultur‘ und sollte als solche lediglich danach streben, die strukturellen Merkmale zu nutzen, die den meisten europäischen Sprachen bereits gemeinsam seien:

> [W]as die logische Struktur einer Sprache betrifft, sind wir vielleicht noch nicht am Ende unserer Forschungen angelangt [... W]ir, die die abendländische Kultur gestalten, [...] haben bestimmte nützliche sprachwissenschaftliche Werkzeuge gebraucht. Diese Werkzeuge variieren von Ort zu Ort, sind aber im Großen und Ganzen bemerkenswert ähnlich [... W]arum nutzen wir nicht das gemeinsame Band der Erfahrung, das in der Verwendung all dieser Werkzeuge eingeschlossen ist, in vereinfachter und regulierter Form? (Sapir 1929: 17–18)

Whorf, der nie direkt an der internationalen Sprachbewegung beteiligt war, vertrat eine ähnliche Skepsis gegenüber den Ansprüchen der Sprachkonstrukteure. In seinem Artikel „Languages and logic“ aus dem Jahr 1941, einer weiteren seiner populären Darlegungen der sprachlichen Relativität für *MIT Technology Review*, kommentierte Whorf (1956 [1941]b: 244; dt. 1963 [1956]: 45), dass in Ogdens Basic English „einer vertrauensvollen Welt ein ausgelaugtes britisches Englisch als Substanz der reinen Venunft aufgeschwatzt [wird], in dem die verdeckten Voraussetzungen stärker denn je wirksam sind“. Trotz der Bemühungen der Philosophen könne keine einzige Sprache die reine Vernunft erfassen und eine unvoreingenommene Sicht auf die Welt bieten. Nur durch die Akkumulation der alternativen Perspektiven, die in verschiedenen Sprachen enthalten seien, könnten wir uns der Wahrheit nähern: „Die einzigen Korrektive [zu einer vorläufigen Analyse der Realität] aber liegen in all jenen anderen Sprachen, die durch Äonen einer unabhängigen Entwicklung zu ganz anderen, ebenso logischen und ebenso vorläufigen Analysen gelangt sind“ (ebd.).

Zu beachten sei hier, dass Whorfs entschlossenes Engagement für Relativität nicht ausschließlich intellektueller Natur war, sondern mit seinen religiösen Überzeugungen verwoben war. Schon in jungen Jahren hatte Whorf sich intensiv mit der Theosophie beschäftigt, einer esoterischen religiösen Bewegung mit universalistischem Anspruch, die sich stark auf die Aneignung von Elementen des Hinduismus und des Buddhismus stützt, ihrerseits gebrochen durch die Linse der westlichen Mystik. Mehrere von Whorfs Artikeln über sprachliche Relativität wurden speziell für ein theosophisches Publikum geschrieben, und Whorf deutete häufig an, dass seine Ideen zum Einfluss der Sprache auf das Denken und die Wahrnehmung wesentlicher Bestandteil der theosophischen Lehre waren. In seinem 1942 posthum in der Zeitschrift *Theosophist* veröffentlichten Artikel „Language, mind, and reality“ schrieb Whorf (1956 [1942]: 252; dt. 1963 [1956]: 53): „Diese Lehre [von der sprachlichen Relativität] ist der westlichen Wissenschaft neu“, aber „sie oder eine ähnliche Lehre [ist] den indischen Philosophen und der modernen Theosophie bekannt.“

Aus den in diesem Kapitel dargelegten Belegen geht hervor, dass Sapirs und Whorfs jeweilige relativistischen Ansichten eine Verschmelzung aus philologischer Tradition, moderner Philosophie und Mystik waren, die als Rechtfertigung für die Erforschung linguistischer Vielfalt nach dem boasschen Modell diente. Ihr Diskurs von ‚Sprache und Denken', ‚sozialer Realität' und dem „kaleidoskopartigen Strom von Eindrücken, der durch unseren Geist organisiert werden muß" ist fesselnd und hat für ein anhaltendes Interesse an ihren Arbeiten zur sprachlichen Relativität gesorgt. Doch dieses rhapsodische Lob sprachlicher und geistiger Vielfalt war nicht unbedingt nach dem Geschmack aller Linguisten jener Zeit. Im nächsten Kapitel lernen wir mit Leonard Bloomfield eine etwas nüchternere Vision der Linguistik als Wissenschaft kennen.

15.4 Weiterführende Literatur

Eine leicht zugängliche und mehr oder weniger wissenschaftlich fundierte Einführung in die linguistische Relativität, die sowohl die gegenwärtige Forschung als auch den historischen Hintergrund behandelt, ist Guy Deutschers 2010 erschienenes Werk *Through the Language Glass* (deutsche Übersetzung Deutscher 2010b). Iwar Werlens (2002) *Sprachliche Relativität* bietet auch eine gute Einführung ins Thema und geht näher auf den ideengeschichtlichen Hintergrund ein.

Sapirs und Whorfs eigene Veröffentlichungen zur linguistischen Relativität sind nach wie vor sehr lesenswert. Die wichtigsten Arbeiten, von denen die meisten im Text dieses Kapitels zitiert werden, sind für Whorf in dem Band *Language, Thought, and Reality* (Whorf 1956; deutsche Übersetzung Whorf 1963 [1956]) und für Sapir in *Selected Writings of Edward Sapir* (Mandelbaum 1949) gesammelt. Sapirs 1921 erschienenes Haupterk *Language* (deutsche Übersetzung Sapir 1961 [1921]) ist eine weitere wichtige Quelle für seine sprachrelativistischen Ansichten.

Für eine spezifische Erörterung des historischen Kontextes der ‚Sapir-Whorf-Hypothese' siehe John Josephs Aufsatz „The sources of the Sapir-Whorf hypothesis" in seinem 2002 erschienenen Buch *From Whitney to Chomsky* und Konrad Koerners 2002 erschienener Aufsatz „On the sources of the Sapir-Whorf hypothesis" in dem Band *Toward a History of American Linguistics*. Eine detaillierte Rekonstruktion und Darstellung von Whorfs Ideen findet sich in Penny Lees Buch *The Whorf Theory Complex* von 1996, das sich sowohl auf veröffentlichte Quellen als auch auf Archivalien stützt. Regna Darnell untersucht in Kapitel 19 ihrer Biografie *Edward Sapir* von 1990 die Beziehung zwischen Sapir und Whorf. John B. Carrolls Einleitung zu dem Band *Language, Thought, and Reality* von 1956 enthält eine knappe Biografie Whorfs (Carrolls Einleitung fehlt in der deutschen Übersetzung).

Zum Schicksal der humboldtschen Sprachtypologie vom Ende des 19. bis zum Beginn des 20. Jahrhunderts siehe meinen Aufsatz „Gabelentz' typology: Humboldtian linguistics on the threshold of structuralism" in dem Band *The Limits of Structuralism* (McElvenny 2023c). Für eine Diskussion der philosophischen Sprachkritik und der internationalen Sprachbewegung im frühen 20. Jahrhundert, mit einem Schwerpunkt auf Ogdens Basic English, siehe Kapitel 3 meines Buches *Language and Meaning in the Age of Modernism* (McElvenny 2018a). Ken Hirschkops (2019) *Linguistic Turns* – insbesondere Kapitel 6 – behandelt viele der gleichen Themen.

16 Die Kulmination des amerikanischen Strukturalismus

Wir beschließen unsere Geschichte in diesem Kapitel, indem wir die wichtigsten Entwicklungen in der amerikanischen Linguistik zwischen den beiden Weltkriegen untersuchen. Die Geschichte der amerikanischen Linguistik in diesem Zeitraum ist von weltweiter Bedeutung, da sie den Rahmen für die Weiterentwicklung des Faches auf internationaler Ebene nach dem Zweiten Weltkrieg bildete. Die Nachkriegszeit war eine Ära amerikanischer politischer und wirtschaftlicher Vorherrschaft, die mit einer zunehmenden Dominanz im akademischen und intellektuellen Bereich einherging.

Die führenden Theoretiker, die die Richtung der amerikanischen Linguistik in der Zwischenkriegszeit bestimmten, waren Edward Sapir (1884–1939) und Leonard Bloomfield (1887–1949). Wie in Kapitel 14 dargelegt wurde, sind sie zwei der von Hymes und Fought (1981 [1975]) genannten ‚Hauptfiguren' des amerikanischen Strukturalismus. Franz Boas (1858–1942) hatte bereits die synchrone Beschreibung ‚exotischer' Sprachen – d. h. von Sprachen, die nicht auf dem Modell ‚Standard Average European' aufbauen (siehe Abschnitt 15.1.) – zu einem zentralen Thema der amerikanischen Linguistik gemacht. Sapirs und Bloomfields Hauptbeitrag bestand darin, die für diese Aufgabe notwendigen Techniken zu entwickeln und – jeder auf seine Weise – dieses Unterfangen auf eine solide wissenschaftliche Grundlage zu stellen.

In ihren Methoden tendierten sowohl Sapir als auch Bloomfield zu formalistischen Ansätzen in der Sprachwissenschaft. Das heißt, sie versuchten, sprachliche Formen – die Laute, Strukturen und Prozesse in Sprachen – als in sich geschlossene Systeme zu beschreiben, und stellten Überlegungen darüber, was diese Formen bedeuten oder wie sie verwendet werden könnten, in den Hintergrund. Bloomfield war mit seinem Engagement für den Formalismus der konsequentere der beiden. Er verwendete auch mehr Energie darauf, die Linguistik in die breitere amerikanische Wissenschaftsszene einzubringen.

Vielleicht wegen der deutlichen, klar definierten Lösungen, die Bloomfield anzubieten schien, wurden seine Schriften von vielen jüngeren Linguistinnen und Linguisten als eine Art Verfassung des amerikanischen Strukturalismus betrachtet, welche die Grundprinzipien der Bewegung kodifizierte. Den von ihm entwickelten Methoden und den Begründungen, die er für diese Methoden lieferte, eiferten Wissenschaftlerinnen und Wissenschaftler der nächsten Generation nach und erweiterten sie. In den folgenden Abschnitten gilt es zunächst auf die formalistische Wende von Sapir und Bloomfield einzugehen und zu untersuchen, wie Bloomfield versuchte, seine Arbeit mit den neuesten Trends in der Psychologie und Wissen-

https://doi.org/10.1515/9783111618548-016

schaftstheorie zu verbinden. Anschließend wird die Ausweitung und Radikalisierung des Formalismus in der nächsten Generation beleuchtet sowie der Niedergang des amerikanischen Strukturalismus nach dem Zweiten Weltkrieg.

16.1 Edward Sapir, Leonard Bloomfield und der Formalismus

In ihren Schriften betonten sowohl Edward Sapir als auch Leonard Bloomfield, dass Linguistinnen und Linguisten die formalen Muster jeder Sprache ohne Bezug auf ihre Bedeutung, ihren Gebrauch oder andere externe Faktoren untersuchen könnten – und sollten. Diese von Sapir und Bloomfield vertretene formalistische Haltung war in vielerlei Hinsicht eine Fortführung bestehender Tendenzen in der Sprachwissenschaft, die durch jüngste Fortschritte auf diesem Gebiet noch geschärft wurden.

In seinem 1921 erschienenen Buch *Language*, einer Einführung in die Linguistik, wie er sie auffasste, bemerkte Sapir (1921: 9–10; 1961 [1921]: 19), dass er Sprache nicht als ‚konkreten Mechanismus' zu behandeln beabsichtige, wie sie von der Physiologie oder Psychologie untersucht würde. Vielmehr wolle er „eine Untersuchung der Funktion und der Form derjenigen arbiträren symbolischen Systeme, die wir gemeinhin als Sprachen bezeichnen", unternehmen. Das heißt, Sapir stellte sich Sprachen als abstrakte Gebilde vor, die untersucht werden können, ohne zu berücksichtigen, wie sie sich tatsächlich in den Gehirnen und Körpern der Sprechenden manifestieren.

Darüber hinaus vertrat Sapir die Auffassung, dass sich die formale Seite des arbiträren Systems, das jede Sprache bildet, weitgehend unabhängig von den Funktionen vollziehe, die sie zu erfüllen habe. In der Anordnung ihrer Laute, so Sapir (1921: 63; 1961 [1921]: 62), „[besitzt] jede Sprache ein inneres phonetisches System [...], dem ein ganz bestimmtes Muster zugrunde liegt". Obwohl er den Begriff ‚Phonem' in *Language* nicht verwendete, war dieses ‚innere phonetische System', auf das er sich bezog, nichts anderes als die Phonologie einer Sprache, wie sie in der Phonemtheorie verstanden wird (der Ursprung und die Entwicklung der Phonemtheorie wurde in den Kapiteln 9 und 10 nachgezeichnet). Und in den folgenden Jahren verwendete dann Sapir als einer der ersten amerikanischen Linguisten den Begriff ‚Phonem' (allerdings in verschiedenen Sinnen; siehe z.B. Sapir 1925; 1933).

Neben dem ‚inneren phonetischen System' besitzt jede Sprache auch „auf der Ebene der grammatischen Formbildung ein Gefühl für bestimmte Muster oder Vorlagen". Sapir (1921: 63; 1961 [1921]: 62) fuhr fort: „Diese beiden unter der Oberfläche tätigen aber äußerst aktiven Forminstinkte existieren ganz unabhängig von der Notwendigkeit, bestimmte Begriffe auszudrücken oder bestimmten Begriffskategorien sprachliche Form zu geben.“ Sapir betrachtete Sprachen also nicht nur als abstrakte Systeme, sondern erkannte auch, dass ihre formalen Strukturen, sowohl in der Phonologie als auch in der Grammatik, von ihren eigenen inhärenten Prinzipien geprägt sind.

In einer Rezension von Sapirs *Language* lobte Bloomfield (1922) Sapir dafür, dass er Sprache zur autonomen Domäne der Linguistik erklärte, zu einem eigenständigen Forschungsgegenstand, der ohne Rücksicht auf die Anliegen der Physiologie oder Psychologie behandelt werden könne. Gleichzeitig beklagte er aber auch, dass Sapir dieses Versprechen nicht einlöse: Mehrere Kapitel in Sapirs Buch behandeln die ‚begrifflichen‘ Aspekte von Grammatik, und andere befassen sich sogar mit der Frage, wie die sprachliche Form mit der Kultur und der ‚Rasse‘ zusammenhängen könnte. Aus Abschnitt 15.2. sei jedoch daran erinnert, dass Sapir, auch wenn er solche Themen ansprach, in seinen Schlussfolgerungen sehr vorsichtig und eher skeptisch war, Verbindungen zwischen sprachlichen Strukturen und Denk- und Kulturmustern zu postulieren.

In seinen eigenen programmatischen Aussagen zur Linguistik bemühte sich Bloomfield noch nachdrücklicher um die Trennung von Form und Funktion. Eine der deutlichsten Äußerungen dieser Haltung ist Bloomfields Schrift „A set of postulates for a science of language“ aus dem Jahr 1926, ein Versuch, eine prägnante Reihe von Axiomen anzubieten, die grundlegende Prinzipien und Methoden der Linguistik als Wissenschaft definieren. In seinen „Postulates“ definierte Bloomfield (1926: 155) eine Sprache als die „Gesamtheit der Äußerungen, die in einer Sprachgemeinschaft gemacht werden können“. Eine Sprache zu erforschen bedeute also, die Gesamtheit der Äußerungen zu erfassen, die sich in dieser Sprache artikulieren lassen. Jede sprachliche Form hat demnach eine Bedeutung, und jede Bedeutung entspricht einer Form, aber die „Äußerung setzt sich vollständig aus Formen zusammen“. Das heißt, der eigentliche Untersuchungsgegenstand der Linguistik seien die Formen, aus denen die Äußerungen bestünden, aus denen sich wiederum die Sprache zusammensetze.

Die Grundeinheit der Form in Bloomfields Schema war das ‚Morphem‘: Es sei eine „wiederkehrende (bedeutungstragende) Form, die ihrerseits nicht in kleinere wiederkehrende (bedeutungstragende) Formen zerlegt werden kann“ (Bloomfield 1926: 155). ‚Morphem‘ war ein bereits existierender linguistischer Terminus: Wie in Abschnitt 9.1. erwähnt, wurde der Begriff in den 1880er Jahren von Jan Baudouin de Courtenay (1845–1929) im Rahmen der Untersuchung von Alternationen eingeführt, aus der die moderne Phonemtheorie hervorging. Baudouins Morphem war ebenfalls der kleinste bedeutungstragende Teil eines Wortes. Eine Ebene tiefer bestehen Bloomfields Morpheme aus Phonemen, den ‚distinktiven Lauten‘, die dazu dienen, ein Morphem von einem anderen zu unterscheiden, die aber selbst keine Bedeutung tragen. Diese Unterscheidung zwischen bedeutungstragenden

Morphemen und bedeutungslosen Phonemen ist dieselbe, die später unter dem Begriff ‚zweifache Gliederung' (franz. *double articulation*) oder ‚Dualität der Musterbildung' (engl. *duality of patterning*) erfasst wird, der in Abschnitt 13.1. eingeführt wurde.

Nach Bloomfields Analyse können Linguistinnen und Linguisten also sprachliche Formen bis zu einem Punkt zerlegen, an dem die Bedeutung fehlt, aber sie haben keine Methoden, um die Bedeutung auf eine Ebene zu reduzieren, auf der Formen keine Rolle spielen. Aus diesem Grund, so Bloomfield, sei es für Linguistinnen und Linguisten sinnvoll, einen Ansatz zur Untersuchung der Sprache zu verfolgen, der die Form als Ausgangspunkt nimmt (Bloomfield 1926: 157).

Die Umrisse des Formalismus von Sapir und Bloomfield sollten inzwischen ziemlich vertraut sein. Die junggrammatische historisch-vergleichende Sprachwissenschaft des späten 19. Jahrhunderts hatte in ihren Methoden und ihrer Rhetorik bereits eine formalistische Wendung genommen. Wie sich in Abschnitt 7.3. beobachten ließ, war es die Besessenheit der Junggrammatiker, sprachliche Formen – mit ihren verschiedenen Abwandlungen und diachronen Umwandlungen – als autonome Forschungsgegenstände zu behandeln, die den von Karl Vossler (1872–1949) angeprangerten ‚Positivismus' in der Sprachwissenschaft ausmachte. Der junggrammatische ‚Positivismus' war formalistisch in dem Sinne, in dem der Terminus hier verwendet wird: Obwohl die Junggrammatiker physiologische Kräfte als Antreiber des Lautwandels und psychologische Prozesse als Erzeuger gegenläufiger Analogien anführten, wurden diese kausalen Faktoren als außerhalb der eigentlichen Linguistik liegend betrachtet. Die Aufgabe der junggrammatischen Linguistik bestand demnach einfach darin, die Veränderungen der Formen zu beobachten und Regeln zu entwerfen, die sie beschreiben.

Sowohl Sapir als auch Bloomfield studierten Germanistik und wurden dabei in die indogermanische Sprachwissenschaft eingeführt, die zu ihrer Studienzeit von der junggrammatischen Doktrin mit ihrer formalistischen Ausrichtung dominiert wurde. Nach Abschluss seines Magisterstudiums der Germanistik wechselte Sapir als Doktorand in die boassche Sprachanthropologie (siehe Abschnitt 15.2.). Sapir blieb jedoch stets an der historisch-vergleichenden Sprachwissenschaft interessiert und wandte deren Methoden auf den amerikanischen Kontext an. In der Tat wurde Sapirs anhaltendes Bekenntnis zur historisch-vergleichenden Sprachwissenschaft zu einem Reibungspunkt zwischen ihm und Boas. In Ermangelung alter schriftlicher Aufzeichnungen hielt Boas historische Rekonstruktionen in amerikanischen Sprachen für hoffnungslos spekulativ: Boas war der Meinung, dass es beim Vergleichen amerikanischer Sprachen allzu oft keine Möglichkeit gebe, zwischen Kognaten und Entlehnungen zu unterscheiden. Sapir seinerseits war der Ansicht, dass Boas einfach nicht über die entsprechende sprachwissenschaftliche Ausbildung verfüge und die Methoden nicht verstehe (siehe Darnell 2000: Kap. 12).

Bloomfield war tiefer in der indogermanischen Tradition verwurzelt als Sapir und blieb länger in diesem Umfeld. Bloomfield hatte eine familiäre Verbindung zur historischen Sprachwissenschaft: Sein Onkel Maurice Bloomfield (1855–1928), ein bekannter Sanskritist und Indogermanist, war ein Schüler von William Dwight Whitney (der in Kapitel 5 vorgestellt wurde) gewesen. Leonard Bloomfield schrieb seine Doktorarbeit (Bloomfield 1909–1910) über ein Thema der germanischen historischen Sprachwissenschaft, und seine ersten Universitätsstellen waren Positionen als Lektor für deutsche Sprache und als Professor für vergleichende Philologie. Erst nach seiner Berufung auf einen Lehrstuhl wandte sich Bloomfield der synchronen Beschreibung von nicht-indogermanischen Sprachen zu, insbesondere der austronesischen Sprache Tagalog und den indigenen Sprachen Amerikas.

Bloomfield hatte auch eine persönliche Verbindung zu den Junggrammatikern. Um vom Lektor zum Assistenzprofessor an der University of Illinois befördert zu werden, musste er nachweisen, dass er bei den Großen seines Faches in Deutschland studiert hatte. Im akademischen Jahr 1913/1914 – kurz vor Ausbruch des Ersten Weltkriegs – reiste Bloomfield nach Deutschland, um an den Universitäten Leipzig und Göttingen bei den alternden Begründern der junggrammatischen Bewegung an Veranstaltungen teilzunehmen. Bloomfield ist vielleicht der letzte führende amerikanische Linguist, der zu einer solchen Pilgerreise gezwungen war, um seine Karriere voranzutreiben. In den folgenden Generationen war eine in Amerika selbst absolvierte Universitätsausbildung ausreichend, um Karriere in der Linguistik zu machen. Und nach dem Zweiten Weltkrieg wurde ein amerikanischer Doktortitel bald zum Goldstandard der Forschungsqualifikation und zog Studentinnen und Studenten aus der ganzen Welt an, die glänzende Karrieren in Amerika und in der ganzen Welt erwarten durften.

In einem Brief aus dem Jahr 1919 verwies Bloomfield auf Pāṇini und den Indogermanisten Jacob Wackernagel (1853–1938) als seine Lehrmeister in der Linguistik (siehe Hockett 1987: 41). Pāṇini war der große Vertreter der altindischen Tradition der Sanskrit-Grammatik, dessen abstrakte Analysen die europäsiche Linguistik des 19. Jahrhunderts beflügelten (siehe Abschnitt 2.3 und 8.3). Wackernagel verstand sich wohl als ambivalenter Anhänger der junggrammatischen Bewegung: Seine Lehrer waren Junggrammatiker und er blieb ihren Ansichten mehr oder weniger treu, aber er mischte sich nicht in die theoretischen Debatten zur Ausnahmslosigkeit der Lautgesetze ein und beschäftige sich hauptsächlich mit konkreten datenorietierten Untersuchungen. Pāṇini und Wackernagel brächten einem bei, so Bloomfield (1919, in Hockett 1987: 41), bei der Analyse einer Sprache nicht voreingenommen zu sein. Ihr Grundsatz laute: „[S]telle erst mal fest, welche Lautvariationen distinktiv sind (in Hinsicht auf Bedeutung), und dann analysiere die Morphologie und Syntax, indem du alles mit ähnlicher Form zusammenstellst."

Die ersten Anzeichen des Strukturalismus sorgten nur dafür, die formalistische Einstellung zu Sprache zu verstärken, und Sapir und Bloomfield wurden von der strukturalistischen Welle erfasst, als sie von Europa aus über den Atlantik schwappte. Der *Cours de linguistique générale* von Ferdinand de Saussure (1857–1913) aus dem Jahr 1916, der oft als Gründungsdokument des Strukturalismus angeführt wird (wie in Kapitel 8 erörtert), verwob den Formalismus regelrecht in die Fasern der Theorie. Eine der Hauptmotivationen für Saussure, den Begriff *la langue* vorzuschlagen, bestand darin, für die Linguistik einen eigenen Untersuchungsgegenstand zu schaffen, der sie von der Psychologie und anderen Wissenschaften wie der Anthropologie, der traditionellen normativen Grammatik, der Philologie usw. abgrenzte.

Wie sich in Abschnitt 8.2. feststellen ließ, ist *la langue* bei Saussure das abstrakte synchrone System, das jede Sprache konstituiert, unabhängig von ihrer Verwendung in *la parole*. Die Sprache hat zwar unbestreitbar eine psychische und soziale Grundlage, aber die mit dem Begriff *langue* vorgenommene Abstraktion erlaubt es Linguistinnen und Linguisten, die Sprache an sich zu untersuchen, ohne diese heterogenen Faktoren zu berücksichtigen. Saussure (1922 [1916]: 25; 2013 [1916]: 73) bemerkte: „In der Tat scheint einzig das Sprachsystem [*la langue*] unter all den Dualitäten eine unabhängige Definition zuzulassen und dem Geist einen befriedigenden Ausgangspunkt zu liefern". Zu Beginn dieses Abschnitts war zu sehen, dass Sapirs Formalismus in *Language* auf eine ähnliche Abgrenzung der Linguistik von anderen Wissenschaften abzielte. In seiner Rezension von Sapirs *Language* zitierte Bloomfield (1922: 142) Saussures *Cours* in dieser Hinsicht als „eine theoretische Grundlage für die neuere Tendenz linguistischer Forschung".

Doch Sapirs und Bloomfields jeweilige Hinwendung zum Formalismus war mehr als nur eine Fortsetzung bestehender fachlicher Trends. Wie der Linguistikhistoriker Jean-Michel Fortis in seinem 2019 erschienenen Aufsatz „On Sapir's notion of form/pattern and its aesthetic background" darlegte, verdankte Sapirs Verständnis von sprachlicher Form viel der ästhetischen Theorie, wie sie von Benedetto Croce (1866–1952) und zeitgenössischen Kunsttheoretikern entwickelt wurde. Croce – wie in Abschnitt 7.3. erörtert – war ein italienischer Philosoph und Interpret von Wilhelm von Humboldt (1767–1835), den Karl Vossler als Einfluss auf seinen ‚Idealismus' in der Linguistik anführte. Sapir (1921: iii, 237, 239) erwähnte Croce namentlich sowohl im Vorwort als auch im Schlusskapitel (über „Language and Literature") seines Buches Language.

Sapirs Verbindung zur Ästhetik zeigt sich in der Art und Weise, wie er Muster in der Sprache als das Ergebnis eines „angeborenen Strebens nach formaler Ausgestaltung und Äußerung" auffasste, wie Sapir (1949 [1924]: 156) es in seinem Aufsatz „The grammarian and his language" aus dem Jahr 1924 ausdrückte. Sapir zufolge ist die Struktur einer Sprache nicht das zufällige Ergebnis des akkumulierten Sprachgebrauchs, sondern vielmehr das bewusste Produkt eines Strebens nach formaler Gestaltung. In seinem Aufsatz zeigte Fortis, dass dieser Begriff des Formtriebs tief in der deutschen Kunsttheorie verwurzelt ist.

Im Gegensatz zu Sapirs humanistischem Ansatz in Bezug auf die sprachliche Form vertrat Bloomfield einen streng szientistischen Standpunkt. In den folgenden Abschnitten wird der Haupteinfluss auf Bloomfields Haltung in der psychologischen Schule des Behaviorismus verortet. Der Gegensatz zwischen Sapirs beständigem Humanismus und Bloomfields Szientismus lässt sich vielleicht am treffendsten in einer Bemerkung des Anthropologen C. F. ‚Carl' Voegelin (1906–1986) zusammenfassen, der sowohl Sapir als auch Bloomfield persönlich kannte. Sapir, so Voegelin, „sprach missbilligend über Bloomfields *sophomoric* [d. h. intellektuell anmaßende aber naive] Psychologie", während Bloomfield „Sapir als *medicine man* [d. h. ‚Medizinmann' oder ‚Schamane'] bezeichnete" (Voegelin in Hockett 1970: 539–540).

16.2 Bloomfield und der Behaviorismus

Die wissenschaftliche Anschauung, die sich im ausgereiften Werk von Leonard Bloomfield widerspiegelt, wurde vor allem von den psychologischen Lehren des Behaviorismus geprägt. Bloomfield übernahm nicht nur die Begrifflichkeiten des Behaviorismus, sondern orientierte sich bei der Formulierung der Ziele und Aufgaben sprachwissenschaftlicher Forschung an den Arbeiten seiner behavioristischen Kollegen.

Der Behaviorismus entstand in der Zeit des Gründungskonflikts, der mit der Institutionalisierung der Psychologie als akademische Disziplin um die Wende vom 19. zum 20. Jahrhundert einherging. Ein kurzer Überblick über die wichtigsten konkurrierenden Schulen dieser Periode wurde bereits in Abschnitt 13.1. präsentiert. Das Markenzeichen des Behaviorismus, das ihn von anderen Schulen der damaligen Zeit unterscheidet, war ein kompromissloser Empirismus. Obwohl experimentelle Methoden in anderen psychologischen Schulen bis Ende des 19. Jahrhunderts zunehmend zur Anwendung kamen, blieb die Introspektion, wobei man über die eigenen Gedanken nachdenkt, die vorherrschende Methode der psychologischen Forschung. Die Behavioristinnen und Behavioristen lehnten es jedoch ab, darüber zu sprechen, was in den Köpfen der Menschen – unsichtbar – vor sich gehen könnte. Die Psychologin oder der Psychologe, so argumentierten sie, könne sich nur auf die beobachtbaren äußeren Manifestationen geistiger Aktivität, nämlich das Verhalten, berufen.

Der amerikanische Psychologe John B. Watson (1878–1958), der den Begriff ‚Behaviorismus' 1913 in seinem Manifest „Psychology as the behaviorist views it" einführte, fasste diesen Ansatz mit folgenden Worten zusammen:

> Die Psychologie ist nach dem Verständnis des Behavioristen ein rein objektiver Zweig der Naturwissenschaft. Ihr theoretisches Ziel ist die Berechnung und Kontrolle von Verhalten. Die Introspektion ist kein wesentlicher Bestandteil ihrer Methoden, und der wissenschaftliche Wert ihrer Daten hängt auch nicht davon ab, wie bereitwillig sie sich im Sinne des Bewusstseins interpretieren lassen. Der Behaviorist erkennt in seinem Bemühen um ein einheitliches Schema der kreatürlichen Reaktion keine Trennlinie zwischen Mensch und Tier an. Das Verhalten des Menschen mit all seiner Raffinesse und Komplexität bildet nur einen Teil des gesamten Untersuchungsschemas des Behavioristen. (Watson 1913: 158)

Nach Watson darf die Behaviouristin oder der Behaviorist nicht über das menschliche Bewusstsein spekulieren, sondern nur das beobachtete Verhalten der Versuchsperson bzw. des Versuchstieres unter experimentellen Bedingungen untersuchen. Außerdem gibt es keine prinzipielle Unterscheidung zwischen der Tier- und der menschlichen Psychologie: das Verhalten des Menschen unterscheidet sich von dem eines Tieres wie eines Hundes oder einer Ratte nur dadurch, dass das menschliche Verhalten aus komplexeren Ketten von Reizen und Reaktionen besteht.

Um einen kausalen Zusammenhang zwischen einem bestimmten Reiz und einer Reaktion nachzuweisen, entwickelten Behavioristinnen und Behavioristen Experimente, in denen sie ihre Versuchspersonen bzw. -tiere ‚konditionierten' oder dazu abrichteten, auf einen bestimmten Reiz in einer bestimmten Weise zu reagieren. Ein berühmt-berüchtigtes Beispiel ist das von Watson und seiner damaligen Doktorandin Rosalie Rayner (1898–1935) durchgeführte ‚Little Albert'-Experiment. Watson und Rayner konditionierten ein Baby, das unter dem Pseudonym ‚Albert B.' bekannt war, mit einer Angstreaktion auf niedliche Gegenstände mit Fell, Haaren oder dergleichen zu reagieren. In mehreren Versuchssitzungen wurde dem kleinen Albert eine Ratte präsentiert, nach der er griff, um sie anzufassen. Doch sobald Albert die Ratte berührte, wurde eine Metallstange hinter seinem Kopf angeschlagen, um ein lautes, beängstigendes Geräusch zu erzeugen, das ihn aus der Fassung brachte. Nach mehreren Wochen, in denen dieses Konditionierungsverfahren wiederholt wurde, stellte sich heraus, dass Albert auf den Anblick der Ratte nun sofort mit Furcht reagierte, selbst ohne dass ein Geräusch erzeugt worden war. Albert zeigte diese Angstreaktion erweitert auch auf andere Tiere und Gegenstände mit Fell, zum Beispiel auf ein Kaninchen, einen Hund, einen Pelzmantel, Watte und eine Weihnachtsmannmaske mit Bart. Auf andere Reize ohne Fell oder Behaarung, wie zum Beispiel Spielzeugklötze, reagierte er jedoch nicht negativ (siehe Watson und Rayner 1920).

Das Verfahren der Konditionierung diente nicht nur dazu, Verbindungen zwischen Reiz-Reaktions-Paaren nachzuweisen, sondern war auch ein Instrument zur Verhaltensregulierung. Wie in dem obigen Zitat von Watson nachzulesen ist, bestand ein Hauptziel des Behaviorismus darin, Verhalten zu ‚kontrollieren'. Diese Zielsetzung war Teil des Ethos der Sozialwissenschaften zur damaligen Zeit, insbesondere in den Vereinigten Staaten. Die amerikanische Gesellschaft befand sich zu dieser Zeit in einem massiven Umbruch mit zunehmender Industrialisierung, Verstädterung und Einwanderung. Um die mit diesen Veränderungen verbundenen Herausforderungen zu meistern, begannen die professionellen Eliten in Amerika mit Programmen einer rationalen Sozialreform, einer Bewegung, die allgemein als Progressivismus bezeichnet wird. Die Befürworterinnen und Befürworter des Progressivismus glaubten, dass jeder Mann, jede Frau und jedes Kind die notwendigen Fähigkeiten und moralischen Tugenden erwerben könne, um ein produktives, aufrechtes Mitglied der Gesellschaft zu sein, wenn er bzw. sie nur die Chancen dazu hätte und ihm bzw. ihr den rechten Weg gewiesen wird.

Sozialwissenschaftlerinnen und -wissenschaftler – nicht zuletzt Psychologinnen und Psychologen – schlossen sich eifrig den Bestrebungen des Progressivismus an. Konditionierung wurde als eine Technik zur effizienten Kindererziehung, zur Korrektur von Abweichungen oder einfach zur Verbesserung des Verhaltens des Durchschnittsmenschen vermarktet (siehe Mills 1998). In einem Artikel aus dem Jahr 1926 in *Harper's Magazine*, einer Zeitschrift mit einer bürgerlichen Leserschaft, stellte sich Watson (1926: 728) eine Zukunft vor, in der Behaviorismus „dem Elternhaus, der Schule, der Kirche und der Gesellschaft helfen kann, ein sozialisiertes, aber individuelles menschliches Produkt zu erziehen."

Bloomfields Bekehrung zum Behaviorismus war eine Folge seines Kontakts mit Albert Paul Weiss (1879–1931), einem führenden Behavioristen und Kollegen Bloomfields an der Ohio State University. Bloomfields Behaviorismus manifestierte sich bereits in seinen „Postulates for a science of language" aus dem Jahr 1926, einem Text, der im vorherigen Abschnitt vorgestellt wurde. Darin definierte Bloomfield (1926: 155) Bedeutung in der Sprache als „ein wiederkehrendes Reiz-Reaktions-Merkmal, das einer Form entspricht", womit er seine Darstellung in behavioristische Begriffe fasste. Bloomfields „Postulates" wurden in der Tat von Weiss' Vortrag „One set of postulates for a behavioristic psychology" aus dem Jahr 1925 inspiriert (erstmals 1924 mündlich vorgetragen). Weiss beabsichtigte in seinem Vortrag, der behavioristischen Psychologie zugrundeliegende Axiome aufzustellen, so wie es Bloomfield in seinem Vortrag von 1926 für die Linguistik versuchte.

Wie umfassend Bloomfields Bekehrung zum Behaviorismus war, wird besonders deutlich, wenn man die beiden Einführungen in die Linguistik vergleicht, die er im Laufe seiner Karriere schrieb. Das erste dieser Werke, *Introduction to the study of language* von 1914, lehnt sich mehr oder weniger an die junggrammatischen Ansätze der Psychologie an: Bloomfield (1914: vi, 316) empfahl die Lektüre von Wilhelm Wundts Schriften, aber wies gleichzeitig auf die junggrammatische Kritik hin (zur Diskussion der Haltung der Junggrammatiker zu Wundt siehe Abschnitt 6.3.). Bloomfields zweites Buch, das 1933 erschienene *Language*, ist jedoch durch und durch behavioristisch. Zur Veranschaulichung des Wesens von Sprache skizzierte Bloomfield beispielsweise die folgende hypothetische Szene:

> Nehmen wir an, Jack und Jill gehen einen Weg entlang. Jill ist hungrig. Auf einem Baum sieht sie einen Apfel. Mit ihrem Kehlkopf, ihrer Zunge und ihren Lippen produziert sie ein Geräusch. Jack schwingt sich über den Zaun, klettert auf den Baum, pflückt den Apfel, bringt ihn her und überreicht ihn Jill. Jill isst den Apfel. (Bloomfield 1933: 22; deutsche Übersetzung Bloomfield 2001 [1933]: 49)

„Der Zustand des Hungers und das Sehen oder Riechen von Nahrung [von Jill] sind der Stimulus [d. h. Reiz]", so Bloomfield (1933: 23; 2001 [1933]: 50; Hervorhebung im Original) weiter. Wäre Jill allein gewesen, hätte ihre ‚Reaktion' vielleicht darin bestanden, sich auf das Essen zuzubewegen. Aber in Gegenwart von Jack bestand Jills Reaktion darin, Geräusche zu machen – also Sprache zu benutzen –, was wiederum als Stimulus für Jack diente und ihn dazu veranlasste, die Reaktion, das Essen zu sichern, zu realisieren. Bloomfield schloss daraus:

> [Jack] übernahm Handlungen, die über Jills Kräften lagen, und am Ende erhielt Jill den Apfel. Die Sprache macht es möglich, dass eine Person eine Reaktion (R) ausführt, wenn eine andere Person den Stimulus (S) hat. [...] Arbeitsteilung und im Zusammenhang damit die gesamte Arbeitsleistung der menschlichen Gesellschaft hängen von der Sprache ab. (Bloomfield 1933: 24; 2001 [1933]: 51; Hervorhebung im Original)

Bloomfields Szenario offenbart nicht nur eine faszinierende Auffassung von Geschlechterrollen aus den 1930er Jahren, sondern assimiliert auch Sprache an behavioristische Ketten von Reiz und Reaktion. Aus diesem Grund ist Sprache lediglich ein Mittel, um diese Ketten zu erweitern und sie auf Individuen zu verteilen.

Zudem ließe sich feststellen, dass Bloomfields physiologische Beschreibung von Jills Sprache als ein „[m]it ihrem Kehlkopf, ihrer Zunge und ihren Lippen produziert[es...] Geräusch" an die materialistischen bzw. monistischen Begriffe erinnert, mit denen August Schleicher (1821–1868) Sprache betrachtete, wie in Abschnitt 4.2. zu beobachten war. Diese Parallelen sind kein Zufall: Der Behaviorismus war in vielerlei Hinsicht der Erbe des wissenschaftlichen Materialismus und des comteschen Positivismus (der in Abschnitt 7.3. besprochen wurde) in seiner Verbannung von Geist und Seele und seiner Anbetung der Naturwissenschaften (zu Behaviorismus, Materialismus und comteschem Positivismus siehe auch Leahy 2018 [1987]: Kap. 11).

Bloomfields Bekenntnis zum Behaviorismus ging so weit, dass er sich behavioristische Fantasien von der Kontrolle über Menschen zu eigen machte, um rationale Akteure in einer wohlgeordneten Gesellschaft zu schaffen. In einem Vortrag aus dem Jahr 1929 über „Linguistics as a science" – teilweise als Antwort auf Sapirs „The status of linguistics as a science" im Jahr zuvor (siehe Abschnitt 15.1.) gedacht

– pries Bloomfield die Linguistik als bereitwilligen Diener der progressivistischen Agenda an. Während Sapir die Schlüsselrolle der Linguistik darin sah, die unzähligen möglichen Perspektiven auf die Welt aufzuzeigen, betrachtete Bloomfield sie als Instrument zur Manipulation menschlichen Verhaltens:

> Ich glaube, dass die Linguistik in naher Zukunft – sagen wir in den nächsten paar Generationen – einer der wichtigsten Bereiche des wissenschaftlichen Fortschritts sein wird, und dass sich die Wissenschaft in diesem Bereich bis zum Verständnis und zur Kontrolle menschlichen Verhaltens durchsetzen wird.
>
> Auf dem Gebiet der Physik und der Biologie arbeitet die Wissenschaft seit einiger Zeit mit Erfolg und hat uns große Macht verliehen. Auf dem Gebiet der Anthropologie, das heißt bei der Erforschung der suprabiologischen Aktivitäten des Menschen, ist die Wissenschaft erfolglos geblieben. [...]
>
> Die Wahrheit dieses Gegensatzes und seine tragische Bedeutung zeigen sich deutlich in der Tatsache, dass unsere Errungenschaften in der nicht-Humanwissenschaft uns wenig nützen, weil wir ihre menschlichen Folgen nicht verstehen oder kontrollieren können. Wir bauen mächtige Maschinen, aber wir vermögen nicht zu entscheiden, wer sie benutzen soll, und wir haben gesehen, wie sie zu unserer Zerstörung eingesetzt wurden. Wir können Leiden verhindern und den Spielraum des Lebens erweitern, aber die Entfaltung dieser unserer Kräfte wird über solcherlei Möglichkeiten wie die Zufälle im Glücksspiel verteilt. (Bloomfield 1930 [1929]: 553–554)

16.3 Bloomfield und der logische Positivismus

Die positivistische Einstellung, die Bloomfields Behaviorismus beseelte – und die im vorigen Abschnitt untersucht wurde – war im frühen 20. Jahrhundert weit verbreitet und manifestierte sich in den Lehren vieler verschiedener Schulen. Am deutlichsten kam diese Geisteshaltung als explizite Wissenschaftsphilosophie im ‚logischen Positivismus' – auch bekannt als ‚logischer Empirismus' – des Wiener Kreises zum Ausdruck. In den 1930er Jahren kam Bloomfield mit führenden Mitgliedern des Wiener Kreises in Kontakt und fand in deren Ideen eine Bestätigung und Bekräftigung vieler derjenigen Positionen, zu denen ihn der Behaviorismus bereits geführt hatte.

Der Wiener Kreis war eine akademische Diskussionsgruppe, die vor allem in den späten 1920er und frühen 1930er Jahren in Wien aktiv war und sich der Aufgabe widmete, die erkenntnistheoretischen Grundlagen der modernen Wissenschaft zu sichern. Durch diese Arbeit wurde der Kreis zu einem der zentralen Orte, an denen die frühe analytische Philosophie entstand – neben Bertrand Russells (1872–1970) und Ludwig Wittgensteins (1889–1951) Cambridge, wie in Abschnitt 15.3. erörtert wurde.

Die eifrigsten Mitglieder des Wiener Kreises betrachteten ihre Philosophie nicht als rein akademisches Projekt, sondern versuchten, „Denkwerkzeuge für den Alltag zu formen", wie sie es in ihrem Manifest von 1929 ausdrückten (Verein Ernst Mach 2006 [1929]: 10–11). In der Öffentlichkeit präsentierten sie den Kreis als ein sozial engagiertes Kollektiv, das sich der Bekämpfung der ‚Metaphysik' widmete, indem es die ‚wissenschaftliche Weltauffassung' förderte. Im Sprachgebrauch des Kreises bezog sich die ‚wissenschaftliche Weltauffassung' auf das von der modernen Wissenschaft vermittelte Verständnis der Welt, während ‚Metaphysik' eine – praktisch auf ein Schimpfwort reduzierte – Bezeichnung für alle traditionelle Philosophie war. Dem Wiener Kreis ging es also um eine intellektuelle Intervention zur Verbesserung der Gesellschaft auf rationaler Grundlage, ein Bestreben, das in dieser Zeit wiederholt zum Ausdruck kam (siehe insbesondere den vorangegangenen Abschnitt und Abschnitt 15.3.).

Die charakteristische Doktrin des Wiener Kreises in den 1930er Jahren war der ‚Physikalismus', eine Position, die sich in einer Debatte zwischen den Mitgliedern des Kreises Otto Neurath (1882–1945) und Rudolf Carnap (1891–1970) herausbildete. Die klassische Darstellung dieser Theorie ist Carnaps Aufsatz „Die physikalische Sprache als Universalsprache der Wissenschaft" aus dem Jahr 1931. Im Mittelpunkt des Physikalismus steht der Begriff der ‚physikalischen Sprache'. Dies ist die Sprache der wissenschaftlichen Disziplin Physik, deren Hauptmerkmal darin besteht, dass sie über die Dinge in der Welt auf eine Weise spricht, die sowohl mathematisch präzise als auch unabhängig von den Wahrnehmungen einer jeden einzelnen Person ist.

Jede Aussage in der physikalischen Sprache kann demnach verifiziert – d. h. auf ihren Wahrheitsgehalt geprüft – werden, indem sie in ‚Protokollsätze' übersetzt werde, die die Erfahrungen einer einzelnen Beobachterin oder eines einzelnen Beobachters beschreiben. Es gebe so viele verschiedene Protokollsprachen mit ihren Protokollsätzen, wie es Beobachterinnen und Beobachter gebe. Darüber hinaus könne eine Aussage in der ‚Teilsprache' jeder echten Wissenschaft – Chemie, Biologie, Psychologie, Soziologie und so weiter – in die physikalische Sprache übersetzt werden. Es sei diese Möglichkeit der Übersetzung, die sowohl die wissenschaftliche Gültigkeit dieser Teilsprachen als auch die ‚Einheit der Wissenschaft' garantiere, die zugrunde liegende Kohärenz dieser Patchwork-Disziplinen bei der Erfassung einer einzigen gemeinsamen Realität.

‚Metaphysische' Aussagen hingegen könnten nicht in die physikalische Sprache übersetzt werden und seien daher aus wissenschaftlicher Sicht unsinnig. In einem anderen Aufsatz, seiner „Überwindung der Metaphysik durch logische Analyse der Sprache" aus dem Jahr 1931, lieferte Carnap das Beispiel der ‚metaphysischen'

Aussage „Das Nichts selbst nichtet", ein berühmtes Zitat von dem zeitgenössischen deutschen Philosophen Martin Heidegger (1889–1976). Es sei unmöglich, diesen Satz in eine ‚logisch korrekte Sprache' zu übersetzen. Als solcher sei der Satz „sinnlos [...] im strengsten Sinn" (Carnap 1931a: 220); er enthalte lediglich den ‚Ausdruck des Lebensgefühls'.

Bloomfield machte sich den Physikalismus des Wiener Kreises zu eigen, obwohl er behauptete, darin nichts anderes als eine Bestätigung des von ihm bereits vertretenen Behaviorismus zu sehen. In seinem 1935 gehaltenen Vortrag vor der Linguistic Society of America mit dem Titel „Language or ideas?" erklärte Bloomfield, dass Carnap und Neurath zu denselben Erkenntnissen gelangt seien wie Albert Paul Weiss und andere Behavioristen: Die einzige wissenschaftliche Möglichkeit, über die Welt, einschließlich des menschlichen Denkens, zu sprechen, sei eine physikalische. Eine vom Behaviorismus geprägte Linguistik, so Bloomfield, spiele eine Schlüsselrolle bei der Ausarbeitung und Prüfung des Physikalismus, da die Linguistinnen und Linguisten zeigen könnten, wie schwammige, unwissenschaftliche Begriffe wie ‚Ideen' in einen strengen physikalischen Jargon umformuliert werden können:

> Nicht-Linguisten (es sei denn, sie sind Physikalisten) vergessen ständig, dass ein Sprecher Geräusche macht, und schreiben ihm stattdessen den Besitz von greifbaren ‚Ideen' zu. Es bleibt den Linguisten überlassen, im Detail zu zeigen, dass der Sprecher keine ‚Ideen' hat und dass das Geräusch ausreicht – denn die Worte des Sprechers wirken mit einer Auslösewirkung auf die Nervensysteme seiner Gesprächspartner. Die Linguisten müssen also die Beschreibung des Universums so lesen, wie die Menschen sie geschrieben haben, und wo immer sie auf die Erwähnung einer ‚Idee' (oder eines Synonyms wie ‚Konzept', ‚Vorstellung' oder Ähnliches) stoßen, müssen sie diese Erwähnung durch Begriffe ersetzen, die sich auf Sprache beziehen. (Bloomfield 1936 [1935]: 93)

Kurz nach diesem Vortrag wurden Bloomfield und Carnap Kollegen an der University of Chicago. Wie so viele europäische Intellektuelle in dieser Zeit wurden die meisten führenden Mitglieder des Wiener Kreises – darunter Carnap und Neurath – durch den aufkommenden Faschismus aus Mitteleuropa vertrieben. Während einer Vortragsreise durch die Vereinigten Staaten im Jahr 1935 beschloss Carnap, nicht nach Europa zurückzukehren, und nahm 1936 eine Stelle in Chicago an.

In den folgenden Jahren arbeitete Bloomfield direkt mit Carnap und Neurath an der *International Encyclopedia of Unified Science* zusammen. Die von Neurath geleitete *Encyclopedia* war ein Versuch, das Projekt der *Unity of Science* (Einheit der Wissenschaft) zu verwirklichen, indem Wissenschaftler aus unterschiedlichen Fachbereichen zusammengebracht wurden, um den Gegenstand und die Instrumente ihrer jeweiligen Gebiete zu umreißen und zu zeigen, wie diese in das Gesamtensemble der Wissenschaften passten. Bloomfield steuerte zum ersten Band der

Encyclopedia von 1938 einen Artikel über „Linguistic aspects of science" bei, in dem er seine inzwischen bekannte behavioristische Darstellung von Sprache mit ihren beiden Seiten – Form und Funktion – darlegte. Darin wies er auf die zentrale Bedeutung von Sprache für die modernen Wissenschaften hin: Wissenschaftliche Aussagen müssten stets in einer Sprache gemacht werden, selbst wenn es sich dabei um die sehr begrenzten und spezialisierten Sprachen der Mathematik und Logik handelte.

Bloomfield bettete seine Linguistik eifrig in den philosophischen Rahmen des Behaviorismus und des logischen Positivismus ein, wobei er nicht nur deren theoretische Positionen übernahm, sondern auch die Rolle und den Zweck der Linguistik mit deren Rhetorik in Einklang brachte. Diese Rahmenwerke unterstützten das formalistische Modell, das Bloomfield in Übereinstimmung mit den bestehenden Tendenzen in der Linguistik entwickelt hatte (wie in Abschnitt 16.1. zu sehen war) und das zwei Seiten der Sprache anerkannte: sprachliche Formen und ihre Bedeutungen. Bedeutung sei eine Frage von Reiz-Reaktions-Ketten, die sich mit den Methoden der behavioristischen Psychologie untersuchen ließen. Die sprachliche Form, die sich auf eine Ebene reduzieren ließe, auf der Bedeutung keine Rolle mehr spielte, stelle das ausschließliche Untersuchungsgebiet der Linguistik dar. Die Linguistik sei ein gesondertes Fach unter anderen, die im Zusammenspiel die totale Einheit der Wissenschaft ausmachen.

Bloomfields Auffassungen wurden in der Linguistik der damaligen Zeit zu so etwas wie einem Dogma. Wie jedoch im folgenden Abschnitt zu sehen sein wird, waren viele Linguisten der nächsten Generation der Meinung, dass selbst Bloomfield nicht streng genug in seinen Überzeugungen war.

16.4 Distributionalismus

In Abschnitt 16.1. war zu beobachten, wie Edward Sapir und Leonard Bloomfield, die beiden führenden Persönlichkeiten der amerikanischen Linguistik in der Zwischenkriegszeit, sich in dem Standpunkt zusammengefunden hatten, dass jede Sprache formale Strukturen aufweise, die unabhängig von allen äußeren Faktoren funktionierten. Diese formale Sprachebene sei die ausschließliche Domäne der Linguistik, zu deren Hauptaufgaben es gehöre, diese Formen zu isolieren und zu beschreiben. Sapir und Bloomfield legten die theoretischen und technischen Grundlagen für diese Aufgabe, aber ihre Ausarbeitung war das Werk der nächsten Generation. Die von dieser Generation aufgestellten Grundsätze der Sprachanalyse sind allgemein als Distributionalismus bekannt.

In seinen idealen Formulierungen ist der Distributionalismus ein induktiver Ansatz, bei dem ein Korpus sprachlicher Daten untersucht wird, um die wiederkehrenden formalen Muster in einer Sprache zu entdecken. Dieser Ansatz repräsentiert die von Sapir und insbesondere von Bloomfield praktizierten und gelehrten Methoden in ihrer Essenz. In seinem Nachruf auf Bloomfield bemerkte der amerikanische Linguist Bernard Bloch (1907–1965), dass Bloomfields „Ansatz und seine Methode für viele Studenten fast schon Glaubenssätze geworden sind", was Bloch vor allem auf die Wirkung von Bloomfields Buch *Language* von 1933 zurückführte (Bloch 1949: 91).

Die Grundsätze des Distributionalismus wurden nach und nach in den 1930er und 40er Jahren in Aufsätzen und Büchern formuliert. Eine der ersten dieser Publikationen ist der 1934 erschienene Aufsatz „The phonemic principle" von Morris Swadesh (1909–1967), der die bestehenden Diskussionen über die Phonemanalyse zusammenfassen und eine vollständige Darstellung in einem Werk bieten sollte. Swadesh (1934: 117, Anm. 1) erklärte, er sei „für [sein] Verständnis des phonemischen Prinzips in erster Linie Professor Sapir, meinem Lehrer, zu Dank verpflichtet", führte aber auch Bloomfields *Language* als Quelle an, ebenso wie die in den *Travaux du cercle linguistique de Prague*, der Hauszeitschrift des Prager Linguistenkreises (der in Kapitel 10 vorgestellt wurde), veröffentlichten Arbeiten.

Einer der wichtigsten Beiträge von Swadeshs Aufsatz aus dem Jahr 1934 war die Einführung des Terminus ‚komplementäre Distribution' (*complementary distribution*), der eine der wichtigsten Erkenntnisse zum Begriff des Phonems und ein zentrales Prinzip des Distributionalismus bezeichnet. Die komplementäre Distribution ist schon im vorliegenden Buch vorgekommen, ohne dass der Begriff verwendet wurde: Es handelt sich um das Prinzip, dass die verschiedenen Realisierungen eines Phonems – die ‚Allophone' eines Phonems – niemals in derselben phonologischen Umgebung auftreten und daher auch nicht miteinander kontrastieren, um Wörter zu unterscheiden. Um auf das Beispiel zu Beginn von Kapitel 9 zurückzukommen: aspirierte und unaspirierte stimmlose Verschlusslaute treten im Hochdeutschen nie in derselben Umgebung auf. Analysierte man ein Korpus des gesprochenen Hochdeutschen, ließe sich zum Beispiel feststellen, dass das aspirierte [p^h] in ‚pesen' niemals nach /ʃ/ am Wortanfang auftritt; dies ist die Umgebung der unaspirierten Variante [p], wie in ‚Spesen'. Diese beiden Allophone, [p^h] und [p], befinden sich in komplementärer Distribution.

Die weitere Entwicklung des Distributionalismus ist weitgehend eine Geschichte der Ausweitung der Methoden der Phonemanalyse auf andere Teile der grammatischen Beschreibung. Ein Meilenstein auf diesem Weg ist der 1942 erschienene Aufsatz „Morpheme alternants in linguistic analysis" von Zellig Harris (1909–1992). Harris' (1942: 169) ausdrückliches Ziel in diesem Aufsatz war es, „eine Technik zur Bestimmung der Morpheme einer Sprache" vorzuschlagen, „die ebenso rigoros [ist] wie die Methode, die heute zur Ermittlung ihrer Phoneme verwendet wird". Zu diesem Zweck machte er Morpheme zu Einheiten, die strukturell parallel zu

Phonemen sind: So wie ein Phonem aus Allophonen in komplementärer Distribution besteht, „ist [eine] Morphemeinheit [...] eine Gruppe von einem oder mehreren Alternanten, welche die gleiche Bedeutung und komplementäre Distribution aufweisen" (Harris 1942: 171).

Das Streben nach größerer formaler Strenge veranlasste einige Vertreter der jüngeren Generation, verhaltene Kritik an ihren Lehrern zu üben. In dem 1948 erschienenen Aufsatz „A set of postulates for phonemic analysis" – dessen Titel und Struktur sich ausdrücklich an Bloomfields „A set of postulates for a science of language" von 1926 anlehnte – äußerte Bernard Bloch seine Unzufriedenheit mit Bloomfields Berufung auf Bedeutung in seinen Phonemanalysen: „Bloomfield beruft sich auf Bedeutung als grundlegendes Kriterium und gelangt zu seiner Definition des Phonems, ohne die Zwischenannahmen, die zu ihr führen, im Einzelnen darzulegen" (Bloch 1948: 6). Bloch hingegen versuchte, „alle semantischen und psychologischen Kriterien zu vermeiden", auch wenn Bedeutung „eine nützliche Abkürzung bei der Untersuchung der phonemischen Struktur" sein möge (Bloch 1948: 5).

Die amerikanische Linguistik, die zunehmend von der aufkommenden Doktrin des Distributionalismus beherrscht wurde, erhielt im Zweiten Weltkrieg eine nie dagewesene institutionelle Unterstützung. Amerikanische Soldaten wurden in die entlegensten Gebiete der Welt geschickt, wo sie in der Lage sein mussten, sich mit den Einheimischen zu verständigen, sowohl mit Verbündeten als auch mit Feinden. Investitionen in die Fremdsprachenausbildung wurden für die US-Regierung zu einer Priorität. Das Intensive Language Program, das vom American Council of Learned Societies organisiert wurde, war eine Initiative unter vielen, die Sprachforschenden die Möglichkeit bot, ihre Fähigkeiten im Auftrag des Fremdsprachenunterrichts einzusetzen. Unter der Schirmherrschaft des Intensive Language Program verfasste Bloomfield 1942 den *Outline Guide for the Practical Study of Foreign Languages*, im Wesentlichen ein Handbuch zur Feldlinguistik. Das Buch führt die Leserin oder den Leser durch das Erfassen und Analysieren einer Sprache mit muttersprachlichen Informantinnen und Informanten. Das Buch *Outline of Linguistic Analysis* von Bernard Bloch und George Trager (1906–1992) aus dem Jahr 1942 war ein Begleitband, der sich vorwiegend mit den technischen Details der Sprachanalyse befasste. Im Rahmen des Intensive Language Program wurden auch zahlreiche Lehrbücher zu bestimmten Fremdsprachen erstellt. Bloomfield steuerte Bände zum Niederländischen und Russischen bei.

Die Unterstützung für die Sprachforschung während des Krieges war so üppig, dass der amerikanische Linguist Charles Hockett (1916–2000) später bemerkte, er fühlte sich wie ein „war millionaire" (Hockett 1980: 99), wie ein Profiteur des Kriegselends. Während andere junge Leute ihr Leben an der Front riskieren oder in Waffenfabriken schuften mussten, konnten sich Hockett und seine Kollegen in Sicherheit und Komfort ihren wissenschaftlichen Leidenschaften widmen.

Der Distributionalismus, der nun die vorherrschende Doktrin in einer aufstrebenden Fachrichtung war, erhielt seine umfassende Formulierung einige Jahre nach dem Krieg in Zellig Harris' Buch *Methods in Structural Linguistics* von 1951. Die ausschließliche Konzentration auf die formale Distribution als Grundlage der linguistischen Analyse wird auf den ersten Seiten deutlich gemacht:

> Es ist selbstverständlich möglich, verschiedene Beziehungen zwischen Sprachteilen oder -merkmalen zu untersuchen, z. B. Ähnlichkeiten (oder andere Beziehungen) im Laut oder in der Bedeutung oder genetische Beziehungen in der Geschichte der Sprache. Die Hauptuntersuchung der deskriptiven Linguistik und die einzige Beziehung, die für die vorliegende Untersuchung als relevant angesehen wird, ist die Distribution oder Anordnung einiger Teile oder Eigenschaften im Sprachfluss im Verhältnis zu anderen. (Harris 1951: 5)

Das Manuskript von Harris' *Methods* wurde von einem seiner begabten Schüler, dem jungen Noam Chomsky (geb. 1928), Korrektur gelesen. In den 1950er Jahren lehnte sich Chomsky bekanntlich gegen die strengen, kompromisslos empirischen Methoden auf, die zu den Standardlehren der amerikanischen Linguistik geworden waren. Mit seiner eigenen Theorie der ‚Generativen Grammatik' warf Chomsky grundlegende Fragen zum Wesen von Sprache und ihrer Erforschung neu auf und trug so dazu bei, die ‚kognitive Revolution' der späten 1950er Jahre einzuleiten. Die kognitive Revolution, die sich auf die gesamten Humanwissenschaften auswirkte, läutete eine Abkehr vom behavioristischen Dogma ein und lenkte die Aufmerksamkeit der Wissenschaftlerinnen und Wissenschaftler wieder auf die Funktionsweise des menschlichen Geistes. Doch dabei handelt es sich um die Geschichte der Nachkriegszeit.

16.5 Weiterführende Literatur

American Structuralism von Hymes und Fought (1981 [1975]) bleibt die klassische Darstellung der in diesem Kapitel skizzierten Entwicklungen in der amerikanischen Linguistik. Eine technisch sehr detaillierte Behandlung der Geschichte des Distributionalismus findet sich in Foughts (2001) Artikel „The ‚Bloomfieldian School' and descriptive linguistics" in Band II des Handbuchs *History of the Language Sciences*. In deutscher Sprache behandeln Kapitel 6 von Brigitte Bartschats (1996) *Methoden der Sprachwissenschaft* sowie Abschnitt 3.4. von Gerhard Helbigs (1989 [1970]) *Geschichte der neueren Sprachwissenschaft* den ‚amerikanischen Deskriptivismus'.

Die zeitgenössischen Einführungen in die Linguistik von Sapir (1921; deutsche Übersetzung Sapir 1961 [1921]) und Bloomfield (1933; deutsche Übersetzung Bloomfield 2001 [1933]), die beide den Titel *Language* tragen, erschließen sich auch der heutigen Leserin bzw. dem heutigen Leser und bieten einen hervorragenden Überblick über ihre jeweiligen Anschauungen.

Für Forschungen zum Übergang vom Distributionalismus zu Chomskys generativer Grammatik siehe Peter Matthews' (1993) *Grammatical Theory in the United States from Bloomfield to Chomsky* und Frederick Newmeyers (2022) *American Linguistics in Transition*. Matthews' Buch hebt die Kontinuitäten zwischen diesen beiden Ansätzen hervor und steht der revolutionären Rhetorik im Umfeld Chomskys und seiner Schule eher kritisch gegenüber. Newmeyers Buch ist dem Chomsky-Lager weitaus wohlgesonnener. Kapitel 8 von Bartschat (1996) und Kapitel 9 von Helbig (1989 [1970]) führen auf Deutsch in die Thematik ein.

Gute Einführungen in die Geschichte des Behaviorismus finden sich in John Mills' (1998) *Control*, Kapitel 11 von Thomas Leaheys (2018 [1987]) *History of Psychology* und in deutscher Sprache in Abschnitt 3.8. von Helmut Lück und Susanne Guski-Leinwands (2014 [1991]) *Geschichte der Psychologie*. Ein guter Einstieg in den Wiener Kreis und den logischen Positivismus ist Friedrich Stadlers (2011) *Studien zum Wiener Kreis*. Henry Hiż' und Pierre Swiggers (1990) Artikel „Bloomfield, the logical positivist" in *Semiotica* untersucht Bloomfields Verbindungen zum logischen Positivismus des Wiener Kreises.

17 Schlussbemerkung

Die hier erzählte Geschichte begann in den letzten Jahrzehnten des 18. Jahrhunderts und endete um die Mitte des 20. Jahrhunderts. In diesem Zeitraum von etwa 170 Jahren stand die Welt nicht still: Das intellektuelle und institutionelle Umfeld, in dem Persönlichkeiten wie Sir William Jones (1746–1794) und Friedrich Schlegel (1772–1829) die ersten Anfänge der historisch-vergleichenden Sprachwissenschaft machten (siehe Abschnitte 2.1. und 2.2.), war nicht die Gleiche wie diejenige, in der Roman Jakobson (1896–1982) seinen Strukturalismus mit der Kybernetik verband (Abschnitt 13.3.) oder Zellig Harris (1909–1992) seine Synthese des distributionalistischen Paradigmas vorstellte (Abschnitt 16.4.). Dennoch haben wir versucht, im vorliegenden Buch zu zeigen, dass es eine gewisse Kohärenz in der sprachwissenschaftlichen Forschung dieser Periode gibt. Es ist diese Kohärenz, die es uns erlaubt, von einer ‚modernen Linguistik' zu sprechen.

Die wichtigste soziologische Tatsache, welche die moderne Linguistik als Fachgebiet eint, ist ihre Institutionalisierung als akademische Disziplin. Die Protagonisten sprachwissenschaftlicher Forschung waren zumeist besoldete Professoren an den Universitäten. Mehrere Schlüsselfiguren der Geschichte – darunter Wilhelm von Humboldt (1767–1835; Abschnitte 3.2. und 3.3.), Heymann Steinthal (1823–1899; Abschnitte 3.4., 3.5. und 4.4.), Philipp Wegener (1848–1916; Kapitel 11) und Benjamin Lee Whorf (1897–1941; Kapitel 15) – haben nie den Status eines ordentlichen Professors erreicht (oder diesen Status nicht einmal angestrebt), aber sie standen allesamt, jeder auf seine Weise, mit Universitäten in Verbindung. In diesem Zusammenhang ist insbesondere Humboldt als Architekt der modernen Forschungsuniversität zu nennen (Abschnitt 2.3.).

Die Kohärenz des Feldes geht über den soziologischen Kontext hinaus und umfasst auch den Inhalt und die Herangehensweise der Linguistik in dieser Zeit. Aber Kohärenz bedeutet nicht Einheitlichkeit: Die Geschichte ist geprägt von wiederkehrenden Kontroversen, die sich um die Konzeptualisierung von Sprache drehen. Linguisten waren sich immer wieder uneinig darüber, was genau Sprache ist und wo ihre Grenzen liegen. Ein wichtiger Schritt bei der Abgrenzung der Linguistik als eigenes, von der Philologie getrenntes Fach bestand darin, sprachliche Form als ein Objekt zu betrachten, das unabhängig vom Sprachgebrauch isoliert und untersucht werden kann. Nach dieser Auffassung trat die Rolle von Sprachen als Kommunikationsmitteln oder Medien der Literatur in den Hintergrund, während die Strukturen und Muster ihrer Grammatiken und Lautsysteme – ihre Formen – in den Mittelpunkt gerückt wurden.

Franz Bopp (1791–1867) schlug diesen formorientierten Weg ein, indem er die Methoden der vergleichenden Sprachwissenschaft entwickelte (Abschnitt 2.3.). August Schleicher (1821–1868) trieb diese Prinzipien auf die Spitze, indem er Spra-

https://doi.org/10.1515/9783111618548-017

chen zu autonomen Organismen erklärte, die buchstäblich ein Eigenleben führten (Abschnitte 4.1. und 4.2.). Die Junggrammatiker zogen sich zwar von den metaphysischen Implikationen von Schleichers Position zurück, beharrten aber auf dem zugrundeliegenden Bekenntnis zur formalen Autonomie, indem sie die Ausnahmslosigkeit der Lautgesetze postulierten (Abschnitte 6.1. und 6.2.). Ferdinand de Saussure (1857–1912), der die Ära des Strukturalismus einläutete, verzichtete auf alle metaphysischen Fragen und machte einfach die abstrakte *langue* zu einem grundlegenden Erkenntnisobjekt der Sprachwissenschaft (Abschnitt 8.2.). Die amerikanischen Strukturalisten – Edward Sapir (1884–1939), Leonard Bloomfield (1887–1949) und noch betonter ihre Schüler – folgten diesem Trend und entwickelten immer strengere analytische Methoden, die sich auf die Distribution von Formen konzentrierten (Abschnitte 16.1. und 16.4.).

Diese Fetischisierung der Form war jedoch stets mit einer Ambivalenz behaftet. Jacob Grimm (1785–1863) hat zwar die Gesetzmäßigkeiten des Lautwandels in den germanischen Sprachen herausgearbeitet, sah diese aber nicht als immanente Gesetzmäßigkeiten eigenständiger Entitäten, sondern als Manifestationen des Volksgeistes (Abschnitt 2.4.). Für Humboldt war der ‚Charakter' einer Sprache, der sich in ihrer Literatur offenbart, weitaus wichtiger als ihre ‚Struktur', die durch ihre grammatischen Formen repräsentiert wird (Abschnitt 3.3). Diese Tatsache wurde von seinen formbesessenen Anhängern oft vergessen. Steinthal, einer der prominentesten Humboldt-Interpreten des 19. Jahrhunderts, betonte die formalen Aspekte von Humboldts Schriften und baute ein System der Sprachklassifikation um den humboldtschen Begriff der ‚inneren Sprachform' herum auf. Die Bedeutung der inneren Form ergab sich für Steinthal jedoch letztlich aus seiner Überzeugung, dass sie den Volksgeist der Sprecherinnen und Sprecher einer Sprache verkörpert (Abschnitt 3.5.). Auch Schleicher, der Humboldt als Anregung für seine eigene Arbeit zitierte, leugnete die Verheißung der inneren Form nicht, wenngleich er deren Untersuchung zur Aufgabe künftiger Forschung erklärte (Abschnitt 4.4.).

Inmitten dieser Konflikte um die sprachliche Form beschäftigten sich viele Linguisten weiterhin mit der Frage, wie Sprachen in der Praxis verwendet werden, und warfen ihren Kollegen vor, dieses Thema zu vernachlässigen. Zur Mitte des 19. Jahrhunderts betonte William Dwight Whitney (1827–1894) das Wesen der Sprache als ‚menschliche Institution', im Gegensatz zu Schleichers ‚physischen' und Humboldts und Steinthals ‚psychologischen' Theorien (Abschnitte 5.1. und 5.2.). Die Junggrammatiker legten ein Lippenbekenntnis zu Whitneys Sprachkonzeption ab, auch wenn diese in ihrer täglichen Arbeit wenig Einfluss ausübte (Abschnitt 6.3.).

Die Erforschung der Bedeutung, des Gebrauchs und der psychologischen Implikationen von Sprache blieb bis ins 20. Jahrhundert hinein eine tragende Säule der Sprachwissenschaft – in den Arbeiten von Persönlichkeiten wie Philipp Wegener (1848–1916; Kapitel 11), John Rupert Firth (1890–1960) und Bronislaw

Malinowski (1884–1942; Kapitel 12), Karl Bühler (1879–1963) und Roman Jakobson (1896–1982; Kapitel 13) –, obwohl solche Fragen oft als peripher oder als Hilfsmittel der eigentlichen Linguistik betrachtet wurden. Selbst die amerikanischen Strukturalisten, die den Grundstein für streng formale Analysemethoden legten, schrieben weiterhin über die möglichen Verbindungen zwischen Sprache, Denken und Kultur. Sapir und Whorf sind die markantesten Beispiele (Kapitel 15), aber auch Bloomfield beschäftigte sich mit Fragen der Bedeutung (Kapitel 16) und wurde dafür von seinen radikaleren Schülern kritisiert.

Die Linguistik hat sich nicht in Splendid Isolation entwickelt, sondern in ständiger Wechselwirkung und im Austausch mit benachbarten Disziplinen. Die Art und Weise, wie sich Linguisten im akademischen Raum zu positionieren versuchten – wen sie als ihre Verbündeten und Konkurrenten ansahen –, trug dazu bei, ihre Konzeptualisierungen der Sprache zu formen. Im 19. Jahrhundert wurden die Ambitionen derjenigen, die von einer autonomen sprachlichen Form sprachen, häufig durch Modelle aus der Biologie gestützt: Schlegels Prägung der vergleichenden Grammatik, die von Bopp methodisch weiterentwickelt wurde, war von den zeitgenössischen Fortschritten in der vergleichenden Anatomie inspiriert (Abschnitte 2.2. und 3.1.), während Schleicher auf so unterschiedliche Lehren aus der biologischen Forschung wie den wissenschaftlichen Materialismus und die darwinsche Evolution zurückgriff (Abschnitte 4.2. und 4.3.).

Forscher des 19. Jahrhunderts, die sprachliche Form mit kulturellen und psychologischen Faktoren in Verbindung bringen wollten, bevorzugten im Allgemeinen geisteswissenschaftliche Modelle, obwohl sie oft auch von den neuesten Entdeckungen und Fortschritten in den Naturwissenschaften beeinflusst waren. Grimms Lautgesetze gehörten zum Diskurs des deutschen Historismus (Abschnitt 2.4.). Humboldts und Steinthals Sprachforschung war lediglich ein Aspekt ihrer umfassenderen Projekte, die sich auf Bereiche erstreckten, die man heute als Geschichte, Literaturwissenschaft, Anthropologie und Psychologie bezeichnen würde (Kapitel 3). Whitneys Überzeugungen waren verwurzelt in der Philosophie des ‚Common Sense', die er als Schüler verinnerlicht hatte, in Verbindung mit dem aus der Geologie stammenden Uniformitarismus (Abschnitte 5.3. und 5.4.).

Im 20. Jahrhundert blieb die Sprachwissenschaft in ein Netzwerk des interdisziplinären Austauschs eingebettet. Obwohl Saussure *la langue* als Privatdomäne der Linguistik ausgliederte, verband er diesen Begriff in der Wahl seiner Terminologie mit der Soziologie von Émile Durkheim (Abschnitt 8.3.). Bei der Ausarbeitung des Strukturalismus beschrieben die Linguisten der Prager Schule die sprachliche Struktur im Fachjargon der Gestaltpsychologie (Abschnitte 10.1. und 10.2.), und Jakobson bemühte sich später um eine Angleichung seiner Arbeiten an die Leitwissenschaft der Kybernetik (Abschnitt 13.3.). In Großbritannien waren zu dieser Zeit die linguistischen Forschungen von Firth und Malinowski auch Beiträge zur Anthropologie (Kapitel 12), ebenso wie die von Boas, Sapir und Whorf in Amerika (Kapitel 14 und 15). Malinowski, Sapir und Whorf waren auch von der frühen analytischen Philosophie angetan (Abschnitte 12.3. und 15.3.). Bloomfield teilte ihr anthropologisches Interesse an ‚exotischen' Sprachen und ihre Vorliebe für die frühe analytische Philosophie, aber seine wichtigsten wissenschaftlichen Lektionen lernte er von der behavioristischen Psychologie (Kapitel 16).

Der Charakter der sprachwissenschaftlichen Forschung wurde auch durch das soziale und politische Umfeld außerhalb der akademischen Welt beeinflusst. Grimms Historismus war zu einem nicht geringen Teil ein politisches Projekt: Seine sprachwissenschaftlichen Forschungen sollten zur Kultivierung des deutschen Nationalbewusstseins beitragen (Abschnitt 2.4.). Schleichers wissenschaftlicher Materialismus war in ähnlicher Weise mit seinem liberalen politischen Engagement verquickt (Abschnitt 4.2.), ebenso wie Steinthals Völkerpsychologie eng mit der Frage der jüdischen Minderheitenidentität in der deutschen Nation verknüpft war (Abschnitt 3.4.). Firths Arbeit (Abschnitt 12.1.), Malinowskis (Abschnitt 12.2.) sowie Boas' und Sapirs (Abschnitt 14.2.) Forschungen wurden von Staaten gefördert, die sprachwissenschaftliche und anthropologische Studien als Instrument kolonialer Kontrolle unterstützten. Sapir (Abschnitte 15.1. und 15.3.), Bloomfield (Abschnitte 16.2. und 16.3.) und Jakobson (Abschnitt 13.3.) bemühten sich allesamt, ihre Forschungen in einer Weise zu präsentieren, die der utilitaristischen Einstellung des amerikanischen Philanthropiewesens und der US-Regierung entgegenkam. Auch der Rückzug der Junggrammatiker in esoterische Fachthemen mag als konservativer Quietismus in Bismarcks Deutschland verstanden werden (Abschnitt 7.3.).

Die hier erzählte Geschichte hörte kurz nach dem Zweiten Weltkrieg auf, als sich die politische und wirtschaftliche Macht und damit auch der internationale akademische und kulturelle Einfluss von Europa nach Nordamerika verlagerten. Dies stellte einen Wendepunkt in der Weltgeschichte dar, der für die Linguistik nicht ohne Bedeutung war. Die sprachwissenschaftliche Forschung wurde nach dem Krieg ohne Unterbrechung fortgesetzt, aber – wie wir in den Kapiteln 13 und 16 bereits angedeutet haben – der Ton wurde nun in Amerika angegeben, und zwar von Wissenschaftlerinnen und Wissenschaftlern, die auf dem amerikanischen Kontinent aufgewachsen und ausgebildet worden waren, sowie von denjenigen, die vor Faschismus und Krieg in Europa die Flucht ergriffen hatten.

Bibliographie

Aarsleff, Hans (1982): From Locke to Saussure: Essays on the study of language and intellectual history, Minneapolis: University of Minnesota Press.

Adelung, Johann Christoph, und Johann Severin Vater (1806–1817): Mithridates, oder allgemeine Sprachenkunde, Berlin: Vossische Buchhandlung.

Albrecht, Jörn (2006 [1988]): Europäischer Strukturalismus, Tübingen: Francke.

Alter, Stephen G. (1999): Darwinism and the Linguistic Image: Language, Race, and Natural Theology in the Nineteenth Century, Baltimore: Johns Hopkins University Press.

Alter, Stephen G. (2005): William Dwight Whitney and the Science of Language, Baltimore: Johns Hopkins University Press.

Amsterdamska, Olga (1987): Schools of Thought: The development of linguistics from Bopp to Saussure, Dordrecht: Reidel.

Anderson, Stephen R. (2021 [1985]): Phonology in the Twentieth Century, second edition, revised and expanded, Berlin: Language Science Press.

Angell, James Rowland (1907): The province of functional psychology, in: The Psychological Review 14, 2, S. 61–91.

Archaimbault, Sylvie (2010): Peter Simon Pallas (1741–1811), un naturaliste parmi les mots, in: Histoire Épistémologie Langage 32, 1, S. 69–91.

Arens, Hans (1969 [1955]): Sprachwissenschaft. Der Gang ihrer Entwicklung von der Antike bis zur Gegenwart, Freiburg: Karl Alber.

Aristoteles (1876): Kategorien oder Lehre von den Grundbegriffen. Hermeneutica oder Lehre vom Urtheil, Leipzig: Erich Koschny.

Arnauld, Antoine und Claude Lancelot (1660): Grammaire générale et raisonnée contenant les fondemens de l'art de parler, expliqués d'une manière claire et naturelle, Paris: Pierre le Petit.

Arnauld, Antoine, und Claude Lancelot (1975 [1660]), General and Rational Grammar: The Port-Royal Grammar, übersetzt von Jacques Rieux und Bernard E. Rollin, Den Haag: Mouton. Französisches Original: Arnauld und Lancelot (1660).

Ash, Mitchell G. (1995): Gestalt psychology in German culture, 1890–1967: Holism and the quest for objectivity, Cambridge: Cambridge University Press.

Ashby, Michael, und Marija Tabain (2020): „Fifty years of JIPA", in: Journal of the International Phonetic Association 50, 3, S. 445–448.

Auer, Peter (2013 [1999]): Sprachliche Interaktion: Eine Einführung anhand von 22 Klassikern, Berlin: De Gruyter.

Auroux, Sylvain, E. F. Konrad Koerner, Hans-Josef Niederehe und Kees Versteegh (Hg.) (2000–2006): History of the Language Sciences – Geschichte der Sprachwissenschaften – Histoire des sciences du langage. An International Handbook on the Evolution of the Study of Language from the Beginnings to the Present, 3 Bde, Berlin: De Gruyter.

Bahner, Werner, und Werner Neumann (Hg.) (1985): Sprachwissenschaftliche Germanistik: Ihre Herausbildung und Begründung, Berlin: Akademie-Verlag.

Bartschat, Brigitte (1996): Methoden der Sprachwissenschaft: Von Hermann Paul bis Noam Chomsky, Berlin: Schmidt.

Baudouin de Courtenay, Jan (1895): Versuch einer Theorie phonetischer Alternationen, Straßburg: Trübner.

Baudouin de Courtenay, Jan (1972 [1877]): Detailed program of lectures (1876–77), in: A Baudouin de Courtenay reader: The beginnings of structural linguistics, hg. und übersetzt von Edward

https://doi.org/10.1515/9783111618548-018

Stankiewicz, Bloomington: Indiana University Press, S. 92–113. Russisches Original: Podrobnaja progamma lekcij . . . v 1876–1877 uč. Godu.

Beiser, Frederick C. (2011): The German Historicist Tradition, Oxford: Oxford University Press.

Beiser, Frederick C. (2014): After Hegel: German philosophy 1840–1900, Princeton: Princeton University Press.

Belke, Ingrid (Hg.) (1971): Moritz Lazarus und Heymann Steinthal: die Begründer der Völkerpsychologie in ihren Briefen, Tübingen: Mohr.

Bell, Alexander Melville (1867): Visible Speech: The Science of Universal Alphabetics, London: Simkin, Marshall and Co.

Benedict, Ruth (1946): The Chrysanthemum and the Sword: Patterns of Japanese culture, Boston: Houghton Mifflin.

Benetka, Gerhard (1995): Psychologie in Wien: Sozial- und Theoriegeschichte des Wiener Psychologischen Instituts 1922–1938, Wien: WUV-Universitätsverlag.

Benfey, Theodor (1869): Geschichte der Sprachwissenschaft und orientalischen Philologie in Deutschland, seit dem Anfange des 19. Jahrhunderts mit einem Rückblick auf die früheren Zeiten, Munich: Cotta'sche Buchhandlung.

Bleek, Wilhelm (1862–1869): A Comparative Grammar of South African Languages, 2 Bde, London: Trübner and co.

Block, Bernard (1948): A set of postulates for phonemic analysis, in: Language 24, 1, S. 3–46.

Bloch, Bernard (1949): Obituary for Leonard Bloomfield, in: Language 25, 2, S. 87–98.

Bloch, Bernard, und George Trager (1942): Outline of Linguistic Analysis, Baltimore: Linguistic Society of America.

Bloomfield, Leonard (1909–1910): A semasiological differentiation in Germanic secondary ablaut, in: Modern Philology 7, S. 245–288, 345–382. Einleitung nachgedruckt in Hockett (1970), S. 1–6.

Bloomfield, Leonard (1914): An Introduction to the Study of Language, New York: Henry Holt.

Bloomfield, Leonard (1922): Review of Sapir (1921), in: The Classical Weekly 15, S. 142–143. Nachgedruckt in Hockett (1970), S. 95–100.

Bloomfield, Leonard (1925): Why a linguistic society?, in: Language 1, S. 1–5. Nachgedruckt in Hockett (1970), S. 109–112.

Bloomfield, Leonard (1926): A set of postulates for a science of language, in: Language 2, S. 153–164. Nachgedruckt in Hockett (1970), S. 128–138.

Bloomfield, Leonard (1924): Review of Saussure (1922 [1916]), in: Modern Language Journal 8, S. 317–319. Nachgedruckt in Hockett (1970), S. 106–108.

Bloomfield, Leonard (1930): Linguistics as a science, in: Studies in Philology, S. 553–557. Nachgedruckt in Hockett (1970), S. 227–230.

Bloomfield, Leonard (1933): Language, New York: Henry Holt. Deutsche Übersetzung: Bloomfield (2001 [1933]).

Bloomfield, Leonard (1936 [1935]): Language or ideas?, in: Language 12, S. 89–95. Nachgedruckt in Hockett (1970), S. 322–328.

Bloomfield, Leonard (1938): Linguistic Aspects of Science (= International Encyclopedia of Unified Science, Bd. 1, Nr. 4), Chicago: University of Chicago Press.

Bloomfield, Leonard (1942): Outline Guide for the Practical Study of Foreign Languages, Baltimore: Linguistic Society of America.

Bloomfield, Leonard (2001 [1933]): Die Sprache, hg. und übersetzt von Peter Ernst und Hans Christian Luschützky unter Mitwirkung von Thomas Herok, Wien: Edition Praesens. Englisches Original: Bloomfield (1933).

Boas, Franz (1887a): The occurrence of similar inventions in areas widely apart, in: Science 9, S. 485–486.
Boas, Franz (1887b): Response to Powell (1887), in: Science 9, S. 614.
Boas, Franz (1889): On alternating sounds, in: American Anthropologist 2, 1, S. 47–54.
Boas, Franz (Hg.) (1911): Handbook of American Indian Languages, Part I, Washington DC: Government Printing Office.
Boas, Franz, und Ella Cara Deloria (1941): Dakota Grammar, Washington, D.C.: Government Printing Office.
Bod, Rens (2010): De vergeten wetenschappen. Een geschiedenis van de humaniora, Amsterdam: Bakker. Englische Übersetzung: Bod (2013).
Bod, Rens (2013 [2010]): A New History of the Humanities: The Search for Principles and Patterns from Antiquity to the Present, Oxford: Oxford University Press. Niederländisches Original: Bod (2010).
Bopp, Franz (1816): Über das Conjugationssystem der Sanskritsprache in Vergleichung mit jenem der griechischen, lateinischen, persischen und germanischen Sprache, Frankfurt am Main: Andräische Buchhandlung.
Bopp, Franz (1820): Analytical Comparison of the Sanskrit, Greek, Latin, and Teutonic Languages, shewing the original identity of their grammatical structure, in: Annals of Oriental Literature 1, S. 1–64.
Bopp, Franz (1833–1852): Vergleichende Grammatik des Sanskrit, Zend, Griechischen, Lateinischen, Lithauischen, Gothischen und Deutschen, 6 Bde, Berlin: Dümmler.
Bopp, Franz (1841): Über die Verwandtschaft der malayisch-polynesischen Sprachen mit den indisch-europäischen, Berlin: Dümmler.
Borsche, Tilman (1989): Die innere Form der Sprache. Betrachtungen zu einem Mythos der Humboldt-Herme(neu)tik, in: Wilhelm von Humboldts Sprachdenken. Symposion zum 150. Todestag, Hans-Werner Scharf (Hg.), Essen: Reimer Hobbing, S. 47–65.
Borsche, Tilman (Hg.) (1996): Klassiker der Sprachphilosophie, von Platon bis Noam Chomsky, München: Beck.
Bourdeau, Michel (2018): Auguste Comte, in: The Stanford Encyclopedia of Philosophy (Summer 2018 Edition), Edward N. Zalta (Hg.). https://plato.stanford.edu/archives/sum2018/entries/comte/
Brandt, Reinhard, und Heiner F. Klemme (1996): John Locke (1632–1704), in: Borsche (1996), S. 133–146.
Bréal, Michel (1866): De la forme et de la fonction des mots, in: Revue des Cours littéraires de la France et de l'étranger 5 (29 Dez.), S. 65–71. Englische Übersetzung: Bréal (1991 [1866]).
Bréal, Michel (1868): Les Idées latentes du langage, Paris: Hachette. Englische Übersetzung: Bréal (1991 [1868]).
Bréal, Michel (1897): Essai de sémantique (science des significations), Paris: Hachette. Englische Übersetzung: Bréal (1900 [1897]).
Bréal, Michel (1900 [1897]): Semantics: Studies in the science of meaning, übersetzt von Nina Cust, London: Heinemann. Französisches Original: Bréal (1897).
Bréal, Michel (1991): The Beginnings of Semantics: Essays, lectures and reviews, hg. und übersetzt von George Wolf, London: Duckworth.
Bréal, Michel (1991 [1866]): On the form and function of words, in: Bréal (1991), S. 50–62. Französisches Original: Bréal (1866).
Bréal, Michel (1991 [1868]): The latent concepts of language, in: Bréal (1991), S. 79–92. Französisches Original: Bréal 1868.
Brinton, Daniel Garrison (1890 [1888]): The earliest form of human speech, as revealed by American tongues, in: Essays of an Americanist, Daniel Garrison Brinton (Hg.), Philadelphia: Porter & Coates, S. 390–409.

Brugman, Karl (1876a): Nasalis sonans in der indogermanischen Grundsprache, in: Studien zur griechischen und lateinischen Grammatik 9, S. 285–338.
Brugman, Karl (1876b): Zur Geschichte der Stammabstufenden Declinationen. Erste Abhandlung: die Nomina auf *-ar-* und *-tar-*, in: Studien zur griechischen und lateinischen Grammatik 9, S. 361–406.
Brugmann [Brugman], Karl (1884): Zur Frage nach den Verwandtschaftsverhältnissen der indogermanischen Sprachen, in: Internationale Zeitschrift für Allgemeine Sprachwissenschaft 1, S. 226–256.
Brugmann [Brugman], Karl (1897 [1894]); Zum Gedächtniss W. D. Whitney's, in: The Whitney Memorial Meeting, Charles R. Lanman (Hg.), Boston: Ginn, S. 74–81.
Bühler, Karl (1927): Die Krise der Psychologie, Jena: Fischer.
Bühler, Karl (1931): Phonetik und Phonologie, in: Travaux du Cercle Linguistique de Prague 4, S. 22–53.
Bühler, Karl (1934): Sprachtheorie: Die Darstellungsfunktion der Sprache, Jena: Fischer.
Bühler, Karl (1960): Das Gestaltprinzip im Leben des Menschen und der Tiere, Bern: Huber.
Bunsen, Christian Karl Josias (1854): Christianity and Mankind: Their beginnings and prospects, London: Longman, Band 4.2, London: Brown, Green, and Longmans.
Bunzl, Matti (1996): Franz Boas and the Humboldtian tradition: From *Volksgeist* and *Nationalcharakter* to an anthropological concept of culture, in: *Volksgeist* as method and ethic: Essays on Boasian ethnography and the German anthropological tradition, George W. Stocking, Jr. (Hg.), Madison: University of Wisconsin Press, S. 17–78.
Caldwell, Robert (1856): A Comparative Grammar of the Dravidian or South-Indian Family of Languages, London: Harrison.
Campbell, Lyle (2013 [1998]): Historical Linguistics: An introduction, Edinburgh: Edinburgh University Press.
Carnap, Rudolf (1931a): Überwindung der Metaphysik durch logische Analyse der Sprache, in: Erkenntnis 2, S. 219–241.
Carnap, Rudolf (1931b): Die physikalische Sprache als Universalsprache der Wissenschaft, in: Erkenntnis 2, S. 432–465.
Cassirer, Ernst (1945): Structuralism in modern linguistics, in: Word 1, S. 99–120.
Chase, Stuart (1938): The Tyranny of Words, New York: Harcourt, Brace and co.
Christy, Craig T. (1983): Uniformitarianism in Linguistics, Amsterdam: Benjamins.
Condillac, Etienne Bonnot de (1746): Essai sur l'origine des connoissances humaines, 2 Bd., Amsterdam: Mortier. Deutsche Übersetzung: Condillac (2006 [1746]).
Condillac, Etienne Bonnot de (2006 [1746]): Versuch über den Ursprung der menschlichen Erkenntnisse, hg. und übersetzt von Angelika Oppenheimer, Würzburg: Königshausen und Neumann. Französisches Original: Condillac (1746).
Coseriu, Eugenio (1967): „Georg von der Gabelentz et la linguistique synchronique", in: Word 23, S. 74–110.
Curtius, Georg (1876): „Nachwort", in: Studien zur griechischen und lateinischen Grammatik 9, S. 468.
Darnell, Regna (1990): Edward Sapir: Linguist, anthropologist, humanist, Berkeley: University of California Press.
Darnell, Regna (1998): And along came Boas: Continuity and revolution in Americanist anthropology, Amsterdam: Benjamins.
Darwin, Charles (1859): On the Origin of Species by Means of Natural Selection, or the Preservation of Favoured Races in the Struggle for Life, London: Murray.
Darwin, Charles (1861 [1859]), On the Origin of Species, London: Murray. (3. Auflage von Darwin 1859.)
Darwin, Charles (1871): The Descent of Man, and Selection in Relation to Sex, London: Murray.
Daston, Lorraine, und Peter Galison (2007): Objectivity, New York: Zone Books.

Delbrück, Berthold (1901): Grundfragen der Sprachforschung, mit Rücksicht auf W. Wundts Völkerpsychologie, Straßburg: Trübner.

Delbrück, Berthold (1919 [1880]): Einleitung in das Studium der indogermanischen Sprachen. Ein Beitrag zur Geschichte und Methodik der vergleichenden Sprachforschung, Leipzig: Breitkopf und Härtel.

Deloria, Ella Cara (1932): Dakota Texts, New York: Stechert and co.

Deutscher, Guy (2010a): Through the Language Glass: Why the world looks different in other languages, New York: Random House. Deutsche Übersetzung: Deutscher (2010b).

Deutscher, Guy (2010b): Im Spiegel der Sprache: Warum die Welt in anderen Sprachen anders aussieht, München: Beck. Englisches Original: Deutscher (2010a).

Diez, Friedrich Christian (1836–1844): Grammatik der romanischen Sprachen, 3 Bde., Bonn: Weber.

Dosse, François (1991): Histoire du structuralisme, I. Le champ du signe, 1945–1966, Paris: Editions La Découverte. Deutsche Übersetzung: Dosse (1996 [1991]).

Dosse, François (1992): Histoire du structuralisme, II. Le chant du cygne, de 1967 à nos jour. Paris: Editions La Découverte. Deutsche Übersetzung: Dosse (1997 [1992]).

Dosse, Francois (1996 [1991]): Geschichte des Strukturalismus, I. Das Feld des Zeichens, 1945–1966, Hamburg: Junius. Französisches Original: Dosse (1991).

Dosse, Francois (1997 [1992]): Geschichte des Strukturalismus, II. Die Zeichen der Zeit. 1967–1991, Hamburg: Junius. Französisches Original: Dosse (1992).

Durnovo, Nikolaj, Bohuslav Havránek, Roman Jakobson, Vilém Mathesius, Jan Mukařovský, Nikolai Trubetzkoy und Bohumil Trnka (1929): Thèses présentées au Premier Congrès des philologues slaves, in: Mélanges linguistiques dédiés au Premier Congrès des Philologues Slaves, Praha: Jednota Československých Matematiků a Fysiků, S. 5–29. Englische Übersetzung: Durnovo et al. (1978 [1929]).

Durnovo, Nikolaj, Bohuslav Havránek, Roman Jakobson, Vilém Mathesius, Jan Mukařovský, Nikolai Trubetzkoy und Bohumil Trnka (1978 [1929]): Manifesto, in: Recycling the Prague Linguistic Circle, hg. und übersetzt von Marta K. Johson, Anne Arbor: Karoma, S. 1–31. Französisches Original: Durnovo et al. (1929).

Edwards, Paul N. (1997): The Closed World: Computers and the politics of discourse in Cold War America, Cambridge, Mass.: MIT Press.

Ehrenfels, Christian von (1890): Über Gestaltqualitäten, in: Vierteljahrsschrift für wissenschaftliche Philosophie 14, S. 249–292.

Elffers(-van Ketel), Els (1991): The Historiography of Grammatical Concepts: 19th and 20th-century changes in the subject-predicate conception and the problem of their historical reconstruction, Amsterdam: Rodopi.

Errington, J. Joseph (2008): Linguistics in a Colonial World: A story of language, meaning, and power, Oxford: Blackwell.

Eschbach, Achim (Hg.) (1984): Bühler-Studien, 2 Bde., Frankfurt am Main: Suhrkamp.

Firth, John Rupert (1957): Papers in Linguistics, 1934–1951, Oxford: Oxford University Press.

Firth, John Rupert (1964 [1930 und 1937]): The Tongues of Men (1937) und Speech (1930), Oxford: Oxford University Press.

Firth, John Rupert (1968): Selected Papers of J. R. Firth, 1952–59, Frank R. Palmer (Hg.), Bloomington: Indiana University Press.

Formigari, Lia (2001): Il Linguaggio. Storia della teorie, Roma: Laterza. Englische Übersetzung: Formigari (2004 [2001])

Formigari, Lia (2004 [2001]), A History of Language Philosophies, übers. von Gabriel Poole, Amsterdam: Benjamins. Italienisches Original: Formigari 2001.

Formigari, Lia (2018): Wilhelm Wundt and the Lautgesetze controversy, in: History and Philosophy of the Language Sciences. https://hiphilangsci.net/2018/01/17/wundt-lautgesetze/ [abgerufen am 24.01.2025]
Fortis, Jean-Michel (2019): On Sapir's notion of form/pattern and its aesthetic background, in: McElvenny (2019a), S. 59–88.
Fought, John G. (2001): The „Bloomfieldian School“ and descriptive linguistics, in: Auroux et al. (2000–2006), Bd. II, S. 1950–1966.
Franzen, Winfried (1996): Etienne Bonnot de Condillac (1714–1780), in: Borsche (1996), S. 179–213.
Friedrich, Janette (Hg.) (2018): Karl Bühlers Krise der Psychologie: Positions, Bezüge und Kontroversen im Wien der 1920er/30er Jahre, Cham: Springer.
Gabelentz, Georg von der (1893): Baskisch und Berberisch, in: Sitzungsberichte der königlich-preußischen Akademie der Wissenschaften zu Berlin, Philologische-historische Classe, 22. Juni 1893, S. 593–613.
Gabelentz, Georg von der (1894): Die Verwandtschaft des Baskischen mit den Berbersprachen Nord-Africas, nachgewiesen von Georg von der Gabelentz, Albrecht Graf von der Schulenburg (Hg.), Braunschweig: Sattler.
Gabelentz, Georg von der (2016 [1891]): Die Sprachwissenschaft, ihre Aufgaben, Methoden, und bisherigen Ergebnisse, kritische Ausgabe, Manfred Ringmacher und James McElvenny (Hg.), Berlin: Language Science Press.
Gabelentz, Hans Conon von der (1861–1873): Die melanesischen Sprachen nach ihrem grammatischen Bau und ihrer Verwandtschaft unter sich und mit den malaiisch-polynesischen Sprachen untersucht, in: Abhandlungen der Königlich-Sächsischen Akademie der Wissenschaften zu Leipzig, Philologische-historische Classe 3, S. 1–266; 7, S. 1–186.
Gaier, Ulrich (1996): Johann Gottfried Herder (1744–1803), in: Borsche (1996), S. 215–231.
Gardiner, Alan Henderson (1932): Theory of Speech and Language, Oxford: Oxford University Press.
Geoghegan, Bernard Dionysius (2011): From information theory to French theory: Jakobson, Lévi-Strauss, and the cybernetic apparatus, in: Critical Inquiry 38, 1, S. 96–126.
Geoghegan, Bernard Dionysius (2023): Code: From information theory to French theory, Durham: Duke University Press.
Gessner, Conrad (2009 [1555]): Mithridate/Mithridates, hg. und übersetzt von Bernard Colombat und Manfred Peters, Genf: Librairie Droz.
Ginsborg, Hannah (2019): Kant's Aesthetics and Teleology, in: The Stanford Encyclopedia of Philosophy (Winter 2019), E. N. Zalta (Hg.), Stanford: Metaphysics Research Lab, Stanford University. https://plato.stanford.edu/archives/win2019/entries/kant-aesthetics/
Ginschel, Gunhild (1989 [1967]): Der Junge Jacob Grimm: 1805–1819, Berlin: Stuttgart: Hirzel.
Gleick, James (2011a): The Information. A history, a theory, a flood, London: Fourth Estate. Deutsche Übersetzung: Gleick (2011b).
Gleick, James (2011b): Die Information. Geschichte, Theorie, Flut, übrsetzt von Almuth Braun, München: Redline. Englisches Original: Gleick (2011a).
Goethe, Johann Wolfgang von (1877 [1817–1824]): Zur Morphologie, in: Goethe's Werke, Bd. 33, Salomon Kalischer (Hg.), Berlin: Dümmler.
Goldsmith, John A., und Bernard Laks (2019): Battle in the Mind Fields, Chicago: University of Chicago Press.
Graeser, Andreas (1996): Aristoteles (384–321 v. Chr.), in: Borsche (1996), S. 33–47.
Gregory, Frederick (1977): Scientific Materialism in Nineteenth-Century Germany, Dordrecht: Reidel.
Grimm, Jacob (1822–1837 [1819]): Deutsche Grammatik, 4 Bde., Göttingen: Dieterich'sche Buchhandlung.

Grimm, Jacob (1840 [1819]): Deutsche Grammatik, 3. Auflage, Göttingen: Dietrich'sche Buchhandlung.
Grimm, Jacob, und Wilhelm Grimm (1812–1815): Kinder- und Hausmärchen, 2 Bde., Berlin: Realschulbuchhandlung.
Grimm, Jacob, und Wilhelm Grimm et al. (Hg.) (1854–1960): Deutsches Wörterbuch, 16 Bde., Leipzig: Hirzel.
Haeckel, Ernst (1866): Generelle Morphologie der Organismen, 2 Bde., Berlin: Georg Reimer.
Haeckel, Ernst (1899): Die Welträthsel, gemeinverständliche Studien über monistische Philosophie, Stuttgart: Kröner.
Hall, Robert A. (1990): A Life for Language: A biographical memoir of Leonard Bloomfield, Amsterdam: Benjamins.
Halliday, Michael A. K. (1985): An Introduction to Functional Grammar, London: Arnold.
Harrington, Anne (1996): Reenchanted Science: Holism in German culture from Wilhelm II to Hitler, Princeton: Princeton University Press.
Harris, Roy, und Talbot J. Taylor (1997 [1989]): Landmarks in Linguistic Thought I: The Western tradition from Socrates to Saussure, London: Routledge.
Harris, Zellig S. (1942): Morpheme alternants in linguistic analysis, in: Language 18, 2, S. 169–180.
Harris, Zellig S. (1951): Methods in Structural Linguistics, Chicago: University of Chicago Press.
Heims, Steve J. (1991): The Cybernetics Group, Cambridge, Mass.: MIT Press.
Helbig, Gerhard (1989 [1970]): Geschichte der neueren Sprachwissenschaft, Wiesbaden: Springer.
Herder, Johann Gottfried von (1772): Abhandlung über den Ursprung der Sprache, Berlin: Voß.
Hirschkop, Ken (2019): Linguistic Turns, 1890–1950: Writing on language as social theory, Oxford: Oxford University Press.
Hiż, Henry, und Pierre Swiggers (1990): Leonard Bloomfield, the logical positivist, in: Semiotica 79, 3/4, S. 257–270.
Hockett, Charles F. (1958): A Course in Modern Linguistics, New York: Macmillan.
Hockett, Charles F. (Hg.) (1970): A Leonard Bloomfield Anthology, Bloomington: Indiana University Press.
Hockett, Charles F. (1980): Preserving the heritage, in: First Person Singular, Boyd H. Davis und Raymond K. O'Cain (Hg.), Amsterdam: Benjamins, S. 97–107.
Hockett, Charles F. (1987): Letters from Bloomfield to Michelson and Sapir, in: Leonard Bloomfield: Essays on his life and work, Robert A. Hall, Jr. (Hg.), Amsterdam: Benjamins, S. 39–60.
Hoijer, Harry (Hg.) (1954a): Language in Culture: Proceedings of a conference on the interrelations of language and other aspects of culture, Harry Hoijer (Hg.), Chicago: University of Chicago Press.
Hoijer, Harry (1954b): The Sapir-Whorf hypothesis, in: Hoijer (1954a), S. 92–105.
Holzer, Jacqueline (2005): Linguistische Anthropologie. Eine Rekonstruktion, Bielefeld: transcript.
Humboldt, Wilhelm von (1836): Über die Verschiedenheit des menschlichen Sprachbaues und ihren Einfluß auf die geistige Entwicklung des Menschengeschlechtes, Alexander von Humboldt (Hg.), Berlin: Dümmler.
Humbold, Wilhelm von (1905): Wilhelm von Humboldts gesammelte Schriften, Albert Leitzmann (Hg.), Bd. 4, Berlin: Behr.
Humboldt, Wilhelm von (1905 [1820]): Über das vergleichende Sprachstudium in Beziehung auf die verschiedenen Epochen der Sprachentwicklung, in: Humboldt (1905), S. 1–34.
Humboldt, Wilhelm von (1905 [1822]): Über das Entstehen der grammatischen Formen und ihren Einfluss auf die Ideenentwicklung, in: Humboldt (1905), S. 285–313.
Hurch, Bernhard, und Kathrin Purgay (2019): The Basque-Berber connection of Georg von der Gabelentz, in: McElvenny (2019c), S. 57–97.
Hurston, Zora Neale (1990 [1935]): Mules and Men, New York: HarperCollins.

Hymes, Dell, und John Fought (1981 [1975]): American Structuralism, Den Haag: Mouton.
Innis, Robert (1982): Karl Bühler: Semiotic foundation of language theory, New York: Plenum Press.
Jäger, Ludwig (2010): Ferdinand de Saussure zur Einführung, Hamburg: Junius.
Jakobson, Roman (1971): Selected Writings, Bd. II, Roman Jakobson (Hg.), Den Haag: Mouton.
Jakobson, Roman (1971): The Kazan School of Polish linguistics and its place in the international development of phonology, in: Jakobson (1971), S. 394–428.
Jakobson, Roman (1971 [1929]): Retrospect, in: Jakobson (1971), S. 711–712. Tschechische Originalfassung des Eingangszitats in Jakobson (2012 [1929]).
Jakobson, Roman (1971 [1939]): Les lois phoniques du langage enfantin et leur place dans la phonologie générale, in: Jakobson (1971), S. 317–327.
Jakobson, Roman (1971 [1960]): The Kazan' School of Polish linguistics and its place in the international development of phonology, in: Jakobson (1971), S. 394–428.
Jakobson, Roman (1981 [1960]): Linguistics and poetics, in: Selected Writings, Bd. III, Poetry of Grammar and Grammar of Poetry, Den Haag: Mouton, S. 18–51. Eine Kurzfassung unter dem Titel „The speech event and the functions of language“ ist abgedruckt in Jakobson (1990), S. 69–79.
Jakobson, Roman (2012 [1929]): Romantické všeslovanství – nová slavistika, in: Selected Writings, Bd. IX, 1, Jindřich Toman (Hg.), Berlin: De Gruyter, S. 231–233.
Jakobson, Roman, gegengezeichnet von N. S. Trubetzkoy, und Serge Karcevski (1971 [1928]): Proposition au Premier Congrès International de Linguistes: Quelles sont les méthodes les mieux appropriées à un exposé complet et pratique de la phonologie d'une langue quelconque?, in: Jakobson (1971), S. 3–6.
Jankowsky, Kurt (2001): The crisis of historical-comparative linguistics in the 1860s, in: Auroux et al. (2000–2006), Bd. II, S. 1326–1338.
Jendreieck, Helmut (1975): Hegel und Jacob Grimm: Ein Beitrag zur Geschichte der Wissenschaftstheorie, Berlin: Erich Schmidt.
Jespersen, Otto (1922): Language: Its nature, development and origin, London: Allen and Unwin.
Jones, Daniel (1957): The History and Meaning of the Term „Phoneme“, in: Le Maître Phonétique 35, 72, S. 1–20.
Jones, William (1807): The Works of Sir William Jones, Bd. III, Lord Teignmouth (Hg.), London: Stockdale and Walker.
Jones, William (1807 [1786]): The Third Anniversary Discourse, on the Hindus, in: Jones (1807), S. 24–46.
Jones, William (1807 [1792]): The Ninth Anniversary Discourse, on the Origin and Families of Nations, in: Jones (1807), S. 185–204.
Joseph, John E. (2001): The exportation of structuralist Ideas from linguistics to other fields: an overview, in: Auroux et al. (2000–2006), Bd. II, S. 1880–1908.
Joseph, John E. (2002): From Whitney to Chomsky: Essays on the history of American linguistics, Amsterdam: Benjamins.
Joseph, John E. (2002 [1996]): The immediate sources of the „Sapir-Whorf hypothesis“, in: Historiographia Linguistica 23, 3, S. 365–404. Überarbeitete und erweiterte Fassung in Joseph (2002), S. 71–105.
Joseph, John E. (2012): Saussure, Oxford: Oxford University Press.
Joseph, John E. (2017): Ferdinand de Saussure, in: Oxford Research Encyclopedia of Linguistics. DOI: 10.1093/acrefore/9780199384655.013.385
Joseph, John E., Nigel Love, und Talbot J. Taylor (2001): Landmarks in Linguistic Thought II: The Western tradition in the twentieth century, London: Routledge.
Jung, Matthias (2007): Hermeneutik zur Einführung, Hamburg: Junius.

Kant, Immanuel (1787 [1781]): Critik [Kritik] der reinen Vernunft, Riga: Hartknoch.
Kant, Immanuel (1790): Critik [Kritik] der Urtheilskraft [Urteilskraft], Berlin: Lagarde und Friederich.
Kaplan, Judith (2019): „Visual formalisms in comparative-historical linguistics", in McElvenny (2019a), S. 1–33.
Klautke, Egbert (2013): The Mind of the Nation: *Völkerpsychologie* in Germany, 1851–1955, New York: Berghahn.
Knobloch, Clemens (1991): Einleitung, in: Wegener (1991 [1885]).
Koerner, E.F. Konrad (1978 [1974]): Animadversions on some recent claims regarding the relationship between Georg von der Gabelentz and Ferdinand de Saussure, in: Toward a Historiography of Linguistics: selected essays, E. F. Konrad Koerner (Hg.), Amsterdam: John Benjamins, S. 137–152.
Koerner, E. F. Konrad (1989 [1981]): Observations on the sources, transmission, and meaning of „Indo-European" and related terms in the development of linguistics, in: Practicing Linguistic Historiography, E. F. Konrad Koerner (Hg.), Amsterdam: Benjamins, S. 149–177.
Koerner, E. F. Konrad (2002): On the sources of the Sapir-Whorf hypothesis, in: Toward a History of American Linguistics, E. F. Konard Koerner (Hg.), London: Routledge, S. 39–62.
Koerner, E.F. Konrad (2008): Hermann Paul and general linguistic theory, in: Language Sciences 30, S. 102–132.
Kohrt, Manfred, und Kerstin Kucharczik (2001): Die Wurzeln des Struckturalismus in der Sprachwissenschaft des 19. Jahrhunderts, in: Auroux et al. (2000–2006), Bd. II, S. 1719–1735.
Kortlandt, Frederick (2010): Studies in Germanic, Indo-European and Indo-Uralic, Amsterdam: Rodopi.
Korzybski, Alfred (1933): Science and Sanity: An introduction to non-Aristotelian systems and general semantics, Lancaster: International Non-Aristotelian Library.
Kraus, Manfred (1996): Platon (428/27–348/47 v. Chr.), in: Borsche (1996), S. 15–32.
Kruszewski, Mikołaj (1881): K voprosu o gune: Isledovanie v oblasti staroslavjanskago vokalizma, Russkuj Filologičeskij Vestnik 5, 1, S. 1–109. Veröffentlicht in Kruszewskis eigener deutscher Übersetzung ebenfalls im Jahr 1881: Ueber die Lautabwechslung, Kazan: Universitätsbuchdruckerei.
Kuhn, Thomas (1962): The Structure of Scientific Revolutions, Chicago: University of Chicago Press. Deutsche Übersetzung: Kuhn (1967 [1962]).
Kuhn, Thomas (1967 [1962]): Die Struktur wissenschaftlicher Revolutionen, Frankfurt am Main: Suhrkamp. Englisches Original: Kuhn (1962).
Kuryłowicz, Jerzy (1927): ə indo-européen et h hittite, in: Symbolae grammaticae in honorem Ioannis Rozwadowski, Bd. I, Krakow: Gebethner & Wolff, S. 95–104
Law, Vivien (2003): The History of Linguistics in Europe: From Plato to 1600, Cambridge: Cambridge University Press.
Lazarus, Moritz (1884 [1856–1867]): Geist und Sprache: Eine psychologische Monographie, Berlin: Dümmler.
Leahy, Thomas Hardy (2018 [1987]): A History of Psychology: From antiquity to modernity, New York: Routledge.
Lee, Penny (1996): The Whorf Theory Complex: A critical reconstruction, Amsterdam: Benjamins.
Lefmann, Salomon (1870): August Schleicher: Skizze, Leipzig: Teubner.
Lefmann, Salomon (1891–1897): Franz Bopp, sein Leben und seine Wissenschaft, 2 Bde. und Nachtrag, Berlin: Reimer.
Lehmann, Christian (2015 [1982]): Thoughts on Grammaticalization, Berlin: Language Science Press.
Lehmann, Winfried (1967): A Reader in Nineteenth-Century Historical Indo-European Linguistics, Bloomington: Indiana University Press.
Lepschy, Giulio (Hg.) (1994–1998): History of Linguistics, 4 Bde., Essex: Addison Wesley Longman.

Lepsius, Richard (1861): Über die Umschrift und Lautverhältnisse einiger hinterasiatischer Sprachen, namentlich der Chinesischen und der Tibetischen, in: Abhandlungen der Königlichen Akademie der Wissenschaften zu Berlin, 1860, S. 449–496.
Lepsius, Richard (1863): Standard alphabet for reducing unwritten languages and foreign graphic systems to uniform orthography in European letters, London: Williams & Norgate.
Leskien, August (1876): Die Declination im Slavisch-Lithauischen und Germanischen, Leipzig: Hirzel.
Lévi-Strauss, Claude (1949): Les structures élémentaires de la parenté, Paris: Presses universitaires de France. Deutsche Übersetzung: Lévi-Strauss (1981 [1949]).
Lévi-Strauss, Claude (1958): Anthropologie structurale, Paris: Plon. Deutsche Übersetzung: Lévi-Strauss (1967 [1958]).
Lévi-Strauss (1967 [1958]): Strukturale Anthropologie I, übersetzt von Hans Naumann, Frankfurt am Main: Suhrkamp. Französisches Original: Lévi-Strauss (1958).
Lévi-Strauss, Claude (1981 [1949]): Die elementaren Strukturen der Verwandschaft, übersetzt von Eva Moldenhauer, Frankfurt am Main: Suhrkamp. Französisches Original: Lévi-Strauss (1949).
Locke, John (1975 [1690]): An essay concerning human understanding, Peter H. Nidditch (Hg.), Oxford: Oxford University Press. Deutsche Übersetzung: Locke (1988 und 2006 [1690]).
Locke, John (1988 und 2006 [1690]): Versuch über den menschlichen Verstand, Reinhard Brandt (Hg.), 2 Bde., Hamburg: Meiner. Englisches Original: Locke (1975 [1690]).
Lück, Helmut und Susanne Guski-Leinwand (2014 [1991]): Geschichte der Psychologie: Strömungen, Schulen, Entwicklungen, Stuttgart: Kohlhammer.
Lyell, Charles (1830–1833): Principles of Geology: being an attempt to explain the former changes of the Earth's surface, by reference to causes now in operation, 3 Bde., London: John Murray.
Maaß, Holger (2003): Karl Vosslers Sprachphilosophie und die romanische Philologie des 19. Jahrhunderts. Eine wissenssoziologische Betrachtung, in: Traditionen der Entgrenzung. Beiträge zur romanistischen Wissenschaftsgeschichte, F. Estelmann, P. Krügel und O. Müller (Hg.), Frankfurt: Peter Lang, S. 43–55.
Mackert, Michael (1993): The roots of Franz Boas' view of linguistic categories as a window to the human mind, in: Historiographia Linguistica 20, 2/3, S. 331–351.
Mackert, Michael (1994): Franz Boas' theory of phonetics, in: Historiographia Linguistica 21, 3, S. 351–386.
MacMahon, Michael K. C. (1986): The International Phonetic Association: The first 100 years, in: Journal of the International Phonetic Association, 16, 1, S. 30–38.
Malinowski, Bronislaw (1935): Coral Gardens and their Magic, 2 Bde., London: Allen & Unwin.
Malinowski, Bronislaw (1956 [1923]): The problem of meaning in primitive languages, in: Ogden und Richards (1956 [1923]), S. 296–336. Deutsche Übersetzung: Malinowski (1974 [1923]).
Malinowski, Bronislaw (1974 [1923]): Das Problem der Bedeutung in primitiven Sprachen, in: Ogden und Richards (1974 [1923]), S. 323–384. Englisches Original: Malinowski (1956 [1923]).
Mandelbaum, David G. (Hg.) (1949): Selected Writings of Edward Sapir in Language, Culture and Personality, Berkeley: University of California Press.
Martinet, André (1980 [1960]): Éléments de linguistique générale, Paris: Armin Colin.
Martus, Steffen (2009): Die Brüder Grimm: Eine Biografie, Berlin: Rowohlt.
Mason, Otis T. (1887): The occurrence of similar inventions in areas widely apart, in: Science 9, S. 534–535.
Mathesius, Vilém (1975 [1961]): A Functional Analysis of Present-Day English on a General Linguistic Basis, übersetzt von Libuše Diškova, hg. von Josef Vachek, Den Haag: Mouton.
Matthews, Peter H. (1993): Grammatical Theory in the United States from Bloomfield to Chomsky, Cambridge: Cambridge University Press.

McElvenny, James (2014): Ogden and Richards' The Meaning of Meaning and early analytic philosophy, in: Language Sciences 41, S. 212–221.
McElvenny, James (2015): The application of C.K. Ogden's semiotics in Basic English, in: Language Problems and Language Planning 39, 2, S. 187–204.
McElvenny, James (2016a): The secret history of grammaticalization, in: History and Philosophy of the Language Sciences. https://hiphilangsci.net/2016/04/28/the-secret-history-of-grammatica-lization/ [abgerufen am 24.01.2025] Erweiterte französische Übersetzung: McElvenny (2020).
McElvenny, James (2016b): The fate of form in the Humboldtian tradition: The Formungstrieb of Georg von der Gabelentz, in: Language and Communication 47, S. 30–42.
McElvenny, James (2017): Georg von der Gabelentz, in: Oxford Research Encyclopedia of Linguistics. DOI: 10.1093/acrefore/9780199384655.013.379
McElvenny, James (2018a): Language and Meaning in the Age of Modernism: C. K. Ogden and his contemporaries, Edinburgh: Edinburgh University Press.
McElvenny, James (2018b): August Schleicher and materialism in 19th-century linguistics, in: Historiographia Linguistica 45, 1–2, S. 133–152.
McElvenny, James (Hg.) (2019a): Form and Formalism in Linguistics, Berlin: Language Science Press.
McElvenny, James (2019b): Alternating sounds and the formal franchise in phonology, in: McElvenny (2019a), S. 35–58.
McElvenny, James (Hg.) (2019c): Gabelentz and the Science of Language, Amsterdam: Amsterdam University Press.
McElvenny, James (2020): La grammaticalisation et la circulation internationale des idées linguistiques, in: Les linguistes allemandes du XIXème siècle et leurs interlocuteurs étrangers, hg. und übersetzt von Jacques François, Paris: Éditions de la Société de Linguistique de Paris, S. 201–212. Englisches Original: McElvenny (2016a).
McElvenny, James (2021): Language complexity in historical perspective: the enduring tropes of natural growth and abnormal contact, in: Frontiers in Communication. DOI: 10.3389/fcomm.2021.621712
McElvenny, James (Hg.) (2023a): The Limits of Structuralism: Forgotten texts in the history of modern linguistics, Oxford: Oxford University Press.
McElvenny, James (2023b): Scouting the limits of structuralism, in: McElvenny (2023a), S. 1–10.
McElvenny, James (2023c): Gabelentz' typology: Humboldtian linguistics on the threshold of structuralism, in: McElvenny (2023a), S. 81–101.
McElvenny, James, und Clemens Knobloch (2023): From Sprachtheorie to semantics and cybernetics: Karl Bühler's „Pocketbook on practical semantics", in: Semiotica 251, S. 39–54. DOI: 10.1515/sem-2022-0046
McGetchin, Douglas T. (2009): Indology, Indomania and Orientalism: Ancient India's Rebirth in Modern Germany, Madison, NJ: Fairleigh Dickinson University Press.
Mead, Margaret (1928): Coming of Age in Samoa: A psychological study of primitive youth for Western civilisation, New York: Morrow and Co.
Messling, Markus (2016): Gebeugter Geist. Rassismus und Erkenntnis in der modernen europäischen Philologie, Göttingen: Wallstein.
Miklosich, Franz von (1852–1875): Vergleichende Grammatik der slavischen Sprachen, 4 Bde., Wien: Braumüller.
Mills, John A. (1998): Control: A History of Behaviorial Psychology, New York: New York University Press.
Möller, Hermann (1880): Rezension von F. Kluge, Beiträge zur Geschichte der germanischen Conjugation, Straßburg: K. J. Trübner (1879), in: Englische Studien 3, S. 148–164.

Morgan, Lewis Henry (1877): Ancient Society, or researches in the lines of human progress, from savagery through barbarism to civilization, New York: Holt and Co.
Morpurgo Davies, Anna (1975): Language classification in the nineteenth century, in: Sebeok (1975), S. 607–716.
Morpurgo Davies, Anna (1998): History of Linguistics, Bd. 4: Nineteenth-Century Linguistics, London: Longman. Band 4 der Reihe Lepschy (1994–1998).
Mugdan, Joachim (1985): The origin of the phoneme: farewell to a myth, in: Lingua Posnaniensis 28, S. 137–150.
Mugdan, Joachim (1996): Die Anfänge der Phonologie, in: Geschichte der Sprachtheorie / Sprachtheorien der Neuzeit II. Von der „Grammaire de Port-Royal" (1660) zur Konstitution moderner linguistischer Disziplinen, Peter Schmitter (Hg.), Tübingen: Gunter Narr, S. 247–318. Band 5 der Reihe Schmitter (1987–2007).
Mugdan, Joachim (2011): On the origins of the term phoneme, in: Historiographia Linguistica 38, 1/2, S. 85–110.
Mugdan, Joachim (2014): More on the origins of the phoneme, in: Historiographia Linguistica 41, 1, S. 185–187.
Mugdan, Joachim (2021): Jan Baudouin de Courtenay, in: Oxford Bibliographies in Linguistics. DOI: 10.1093/obo/9780199772810-0276
Müller, Friedrich Max (1861): Lectures on the Science of Language, Erste Reihe, London: Longman. Deutsche Übersetzung: Müller (1866 [1861–1864]).
Müller, Friedrich Max (1864): Lectures on the Science of Language, Zweite Reihe, London: Longman. Deutsche Übersetzung: Müller (1866 [1861–1864]).
Müller, Friedrich Max (1866 [1861]): Vorlesungen über die Wissenschaft der Sprache, übersetzt von Carl Böttger, 2 Bde (2. Auflage der 1. Vorlesungsreihe und 1. Auflage der 2. Reihe), Leipzig: Mayer. Englisches Original: Müller (1861) und (1864).
Müller, Friedrich Max (1870): „The science of language", in: Nature 1, S. 256–259.
Mueller-Vollmer, Kurt, und Markus Messling (2021): Wilhelm von Humboldt, in: The Stanford Encyclopedia of Philosophy (Winter 2021 Edition), Edward N. Zalta (Hg.). https://plato.stanford.edu/archives/win2021/entries/wilhelm-humboldt/
Naumann, Bernd, Frans Plank und Gottfried Hofbauer (Hg.) (1992): Language and Earth: Effective affinities between the emerging sciences of linguistics and geology, Amsterdam: Benjamins.
Nerlich, Brigitte (1990): Change in Language: Whitney, Bréal, and Wegener, London: Routledge.
Nerlich, Brigitte, und David D. Clarke (1996): Language, Action, and Context: The early history of pragmatics in Europe and America, 1780–1930, Amsterdam: Benjamins.
Newmeyer, Fredereick J. (2022): American Linguistics in Transition: From post-Bloomfieldian structuralism to generative grammar, Oxford: Oxford University Press.
Ogden, Charles Kay (1933 [1930]): Basic English: A general introduction with rules and grammar, London: Kegan Paul.
Ogden, Charles Kay und Ivor Armstrong Richards (1956 [1923]): The Meaning of Meaning, London: Kegan Paul. Deutsche Übersetzung: Ogden und Richards (1974 [1923]).
Ogden, Charles Kay und Ivor Armstrong Richards (1974 [1923]): Die Bedeutung der Bedeutung, Frankfurt am Main: Suhrkamp. Englisches Original: Ogden und Richards (1956 [1923]).
Osthoff, Hermann und Karl Brugman (1878): Vorwort, in: Morphologische Untersuchungen 1, S. i-xx.
Passy, Paul (1887): Les sons du français, leur formation, leur combinaison, leur représentation, Paris: Firmin-Didot.
Paul, Hermann (1880): Principien der Sprachgeschichte, Halle an der Saale: Niemeyer.

Paul, Hermann (1885): Rezension von Wegener (1885), Literarisches Centralblatt für Deutschland 36 (29 August), Spalte 1230.
Paul, Hermann (1920 [1880]): Prinzipien der Sprachgeschichte, Halle an der Saale: Niemeyer.
Pitman, Isaac (1840 [1837]): Phonography, or Writing by Sound, being also a new and natural system of shorthand, London: Bagster.
Platon (2021): Kratylos, hg. und übers. von Peter Staudacher, Göttingen: Vandenhoeck & Ruprecht.
Porter, Theodore (1986): The Rise of Statistical Thinking, 1820–1900, Princeton: Princeton University Press.
Poser, Hans (1996): Gottfried Wilhelm Leibniz (1646–1716), in: Borsche (1996), S. 147–160.
Pott, August Friedrich (1833–1836): Etymologische Forschungen auf dem Gebiete der indogermanischen Sprachen, 2 Bände, Lemgo: Meyer.
Powell, John Wesley (Hg.) (1880 [1877]): Introduction to the study of Indian languages, Washington, D. C.: Smithsonian Institution.
Powell, John Wesley (1887): Museums of ethnology and their classification, in: Science 9, S. 612–614.
Putschke, Wolfgang (2001): Die Dialektologie, ihr Beitrag zur historischen Sprachwissenschaft im 19. Jahrhundert und ihre Kritik am junggrammatischen Programm, in: Auroux et al. (2000–2006), Bd. II, S. 1498–1512.
Rebori, Victoria (2002): The legacy of J.R. Firth: A report on recent research, in: Historiographia Linguistica 29, 1/2, S. 165–190. Siehe auch die vertiefende Diskussion zwischen Rebori und Leendert Plug in Historiographia Linguistica 31, 2/3 (2004), S. 469–477.
Richards, Robert J. (2002a): The Romantic Conception of Life: Science and philosophy in the age of Goethe, Chicago: University of Chicago Press.
Richards, Robert J. (2002b): The linguistic creation of man: Charles Darwin, August Schleicher, Ernst Haeckel, and the missing link in nineteenth-century evolutionary theory, in: Experimenting in Tongues: Studies in science and language, Matthies Dörries (Hg.), Stanford: Stanford University Press, S. 21–48.
Richards, Robert J. (2008): The Tragic Sense of Life: Ernst Haeckel and the struggle over evolutionary thought, Chicago: University of Chicago Press.
Ringer, Fritz K. (1969): The Decline of the German Mandarins: The German academic community, 1890–1933, Cambridge, Mass.: Harvard University Press. Deutsche Übersetzung: Ringer (1983 [1969]).
Ringer, Fritz K. (1983 [1969]): Die Gelehrten. Der Niedergang der deutschen Mandarine 1890–1933, übersetzt von Klaus Laermann, Stuttgart: Klett-Cotta. Englisches Original: Ringer (1969).
Ringmacher, Manfred (1996): Organismus der Sprachidee: H. Steinthals Weg von Humboldt zu Humboldt, Paderborn: Schöningh.
Ringmacher, Manfred (2001a): Die Klassifizierung der Sprachen in der Mitte des 19. Jahrhunderts, in: Auroux et al. (2000–2006), Bd. II, S. 1427–1435.
Ringmacher, Manfred (2001b): Sprachtypologie und Ethnologie in Europa am Ende des 19. Jahrhunderts, in: Auroux et al. (2000–2006), Bd. II, S. 1435–1442.
Rischel, Jørgen (2001): The Cercle linguistique de Copenhague and Glossematics, in: Auroux et al. (2000–2006), Bd. II, S. 1790–1806.
Robins, Robert H. (1973): Ideen- und Problemgeschichte der Sprachwissenschaft, mit besonderer Berücksichtigung des 19. und 20. Jahrhunderts, Frankfurt am Main: Athenäum. Englisches Original: Robins (1997 [1967]).
Robins, Robert H. (1997 [1967]): A Short History of Linguistics, London: Routledge. Deutsche Übersetzung der ersten Auflage: Robins (1973).

Rüegg, Walter (2004): Themes, in: A History of the University in Europe, Bd. 3: Universities in the nineteenth and early twentieth century, Walter Rüegg (Hg.), Cambridge: Cambridge University Press, S. 3–31.
Rudwick, Martin J. S. (2005): Bursting the Limits of Time: The reconstruction of geohistory in the age of revolution, Chicago: University of Chicago Press.
Russell, Bertrand (1918–1919): The philosophy of logical atomism, in: The Monist 28, S. 495–527; 29, S. 32–63, 190–222, 345–80.
Said, Edward (2003 [1978]): Orientalism, London: Penguin Books. Deutsche Übersetzung: Said (2009 [1978]).
Said, Edward (2009 [1978]): Orientalismus, übersetzt von Hans Günter Holl, Frankfurt am Main: Fischer. Englisches Original: Said (2003 [1978]).
Sapir, Edward (1907): Herder's Ursprung der Sprache, in: Modern Philology 5, 1, S. 109–142.
Sapir, Edward (1921): Language, New York: Harcourt, Brace and co. Deutsche Übersetzung: Sapir (1961 [1921]).
Sapir, Edward (1925): Sound patterns in language, in: Language 1, S. 37–51. Nachgedruckt in Mandelbaum (1949), S. 33–45.
Sapir, Edward (1929 [1928]): The status of linguistics as a science, in: Language 5, S. 207–214. Nachgedruckt in Mandelbaum (1949), S. 160–166.
Sapir, Edward (1929): Foundations of language, in: International Auxiliary Language Association in the United States, Inc.: Annual Meeting, May 19, 1930, New York: IALA, S. 16–18.
Sapir, Edward (1933): La Réalité psychologique des phonèmes, in: Journal de Psychologie Normale et Pathologique 30, S. 247–265. Englische Originalfassung: Sapir (1949 [1933]).
Sapir, Edward (1949 [1924]): The grammarian and his language, in Mandelbaum (1949), S. 150–159. Original veröffentlicht in American Mercury 1 (1924), S. 149–155.
Sapir, Edward (1949 [1933]): The psychological reality of phonemes, in: Mandelbaum (1949), S. 46–60. Französische Übersetzung: Sapir (1933).
Sapir, Edward (1961 [1921]): Die Sprache: Eine Einführung in das Wesen der Sprache, übersetzt von Conrad P. Homberger, München: Hueber. Englisches Original: Sapir (1921).
Saussure, Ferdinand de (1879): Mémoire sur le système primitif des voyelles dans les langues indo-européennes, Leipzig: B.G. Teubner.
Saussure, Ferdinand de (1922 [1916]): Cours de linguistique générale, Charles Bally und Albert Sechehaye (Hg.), Paris: Payot. Englische Übersetzung: Saussure (1959 [1916]).
Saussure, Ferdinand de (2013 [1916]): Cours de linguistique générale, zweisprachige Ausgabe französisch-deutsch mit Einleitung, Anmerkungen und Kommentar von Peter Wunderli, Tübingen: Gunter Narr.
Ščerba, Lev (1912): Russkie glasnye v kačestvennom i količestvennom otnošenii [Russische Vokale in deren qualitativen und quantitativen Verhältnissen], St. Petersburg: Erlich.
Schlegel, August Wilhelm (1818): Observations sur la langue et la littérature provençales, Paris: Librairie grecque-latine-allemande.
Schlegel, August Wilhelm (1832): Grammatischer Unterschied, Literarische Scherze, in: Musensalmanach für das Jahr 1832, Amadeus Wendt (Hg.), Leipzig: Weidmann, S. 321.
Schlegel, August Wilhelm (1847 [1815]): Rezension von Altdeutsche Wälder, in: August Wilhelm von Schlegel's sämmtliche Werke, Eduard Böcking (Hg.), Leipzig: Weidmann.
Schlegel, Friedrich (1808): Ueber die Sprache und Weisheit der Indier, Heidelberg: Mohr und Zimmer.
Schleicher, August (1850): Die Sprachen Europas in systematischer Uebersicht, Bonn: König.
Schleicher, August (1859): Zur Morphologie der Sprache, in: Mémoires de l'Académie Impériale des Sciences de St.-Petersbourg I, 7, S. 1–38

Schleicher, August (1861–1862): Compendium der vergleichenden Grammatik der indogermanischen Sprachen, 2 Bde., Weimar: Böhlau.
Schleicher, August (1863): Die Darwinsche Theorie und die Sprachwissenschaft, Weimar: Böhlau.
Schleicher, August (1865a): Über die Bedeutung der Sprache für die Naturgeschichte des Menschen, Weimar: Böhlau.
Schleicher, August (1865b): Die Unterscheidung von Nomen und Verbum in der lautlichen Form, Leipzig: Hirzel.
Schleicher, August (1868): Eine fabel in indogermanischer ursprache, in: Beiträge zur vergleichenden Sprachforschung 5, S. 206–208.
Schleicher, August (1871 [1861–1862]): Compendium der vergleichenden Grammatik der indogermanischen Sprachen, 3. Auflage, 2 Bde., August Leskien und Johannes Schmidt (Hg.), Weimar: Böhlau.
Schmidt, Bernd (1984): Malinowskis Pragmasemantik, Heidelberg: Winter.
Schmidt, Johannes (1870): Die Verwandtschaftsverhältnisse der indogermanischen Sprachen, Weimar: Böhlau.
Schmidt, Johannes (1871–1875): Zur Geschichte des indogermanischen Vocalismus, Weimar: Böhlau.
Schmidt, Johannes (1887): Schleichers Auffassung der Lautgesetze, in: Zeitschrift für vergleichende Sprachforschung 28, S. 303–312.
Schmitter, Peter (Hg.) (1987–2007): Geschichte der Sprachtheorie, 7 Bände, Tübingen: Narr.
Schuchardt, Hugo (1893): Rezension von Gabelentz (1893), in: Literaturblatt für germanische und romanische Philologie 14, S. 334–338.
Schuchardt, Hugo (1928): Hugo Schuchardt-Brevier: Ein Vademecum der allgemeinen Sprachwissenschaft, Leo Spitzer (Hg.), Halle (Saale): Niemeyer.
Schuchardt, Hugo (1928 [1870]): Über die Klassifikation der romanischen Mundarten, in: Schuchardt (1928), S. 166–188.
Schuchardt, Hugo (1928 [1885]): Über die Lautgesetze. Gegen die Junggrammatiker, in: Schuchardt (1928), S. 51–87.
Sebeok, Thomas A. (1975): Historiography of Linguistics, Den Haag: Mouton. Bd. 13 der Reihe Current Trends in Linguistics.
Sedley, David (2020): Plato‘s Cratylus, in: The Stanford Encyclopedia of Philosophy (Winter 2020 Edition), Edward N. Zalta (Hg.). https://plato.stanford.edu/archives/win2020/entries/plato-cratylus/
Senft, Gunter (2009): Bronislaw Kasper Malinowski, in: Culture and Language Use, Gunter Senft, Jan-Ola Östman und Jef Verschueren (Hg.), Amsterdam: Benjamins, S. 210–225.
Sériot, Patrick (2012 [1999]): Structure et totalité. Les origines intellectuelles du structuralisme en Europe centrale et orientale, Limoges: Lambert-Lucas. Englische Übersetzung: Sériot (2014).
Sériot, Patrick (2014): Structure and the Whole: East, west and non-Darwinian biology in the origins of structural linguistics, übersetzt von Amy Jacob-Colas, Berlin: De Gruyter Mouton. Französisches Original: Sériot (2012 [1999]).
Sériot, Patrick (2023): Roman Jakobson, language unions and structuralism in Russia: Encounter or misunderstanding?, in: McElvenny (2023a), S. 139–158.
Shannon, Claude (1948): A mathematical theory of communication, in: The Bell System Technical Journal 27, S. 379–423, 623–656.
Shannon, Claude, und Warren Weaver (1949): The Mathematical Theory of Communication, Urbana: University of Illinois Press.
Sick, Bastian (2004–2015): Der Genitiv ist dem Dativ sein Tod, 6 Bde, Köln: Kiepenheuer und Witsch.
Sikka, Sonia (2011): Herder on Humanity and Cultural Difference, Cambridge: Cambridge University Press.

Solleveld, Floris (2023): „Primitive" structures, polysynthesis, and Peter Stephen Du Ponceau, in: McElvenny (2023a), S. 11–28.
Stadler, Friedrich (2011): Studien zum Wiener Kreis. Ursprung, Entwicklung und Wirkung des Logischen Empirismus im Kontext, Frankfurt am Main: Suhrkamp.
Stang, Nicholas F. (2018 [2016]): Kant's Transcendental Idealism, in: The Stanford Encyclopedia of Philosophy (Winter 2018 Edition), Edward N. Zalta (Hg.). https://plato.stanford.edu/archives/win2018/entries/kant-transcendental-idealism/
Steinthal, H. (1855): Grammatik, Logik und Psychologie, ihre Prinzipien und Verhältniß zueinander, Berlin: Dümmler.
Steinthal, H. (1860a): Charakteristik der hauptsächlichsten Typen des Sprachbaues, Berlin: Dümmler.
Steinthal, H. (1860b): Mathematische Sprachwissenschaft, in: Zeitschrift für Völkerpsychologie und Sprachwissenschaft 1, S. 432–435.
Steinthal, H. (1865): Rezension von Schleicher (1865b), in: Zeitschrift für Völkerpsychologie und Sprachwissenschaft 3, S. 497–506.
Steinthal, H. (1871): Abriss der Sprachwissenschaft, 1. Teil, Die Sprache im Allgemeinen. Einleitung in die Psychologie und Sprachwissenschaft, Berlin: Dümmler.
Steinthal, H. (1875): Antikritik. Gegen Whitney, in: Zeitschrift für Völkerpsychologie und Sprachwissenschaft 8, S. 216–250.
Sütterlin, Ludwig (1902): Das Wesen der sprachlichen Gebilde: Kritische Bemerkungen zu Wilhelm Wundts Sprachpsychologie, Heidelberg: Winter.
Swadesh, Morris (1934): The phonemic principle, in: Language 10, 2, S. 117–129.
Sweet, Henry (1877): Handbook of Phonetics, Oxford: Oxford University Press.
Thomas, Margaret (2011): Fifty Key Thinkers on Language and Linguistics, London: Routledge.
Thomas, Margaret (2023): Boas' „purely analytical approach" to language classification in the backdrop to American structuralism, in: McElvenny (2023a), S. 51–69.
Titchener, Edward B. (1898): The postulates of structural psychology, in: Philosophical Review 7, 5, S. 449–465.
Titchener, Edward B. (1909): Lectures on the Experimental Psychology of the Thought-Processes, New York: Macmillan.
Toman, Jindřich (1995): The Magic of a Common Language: Jakobson, Mathesius, Trubetzkoy, and the Prague Linguistic Circle, Cambridge, Mass.: MIT Press.
Trabant, Jürgen (1986): Apeliotes oder der Sinn der Sprache, Wilhelm von Humboldts Sprachbild, München: Wilhelm Fink.
Trabant, Jürgen (2012a): Weltansichten: Wilhelm von Humboldts Sprachprojekt, München: Beck.
Trabant, Jürgen (2012b): Arbeit des Geistes, in: Wilhelm von Humboldt: Universalität und Individualität, Ute Tintemann und Jürgen Trabant (Hg.), München: Fink, S. 13–29.
Trautmann, Thomas (1997): Aryans and British India, Berkeley: University of California Press.
Trautmann-Waller, Céline (2006): Aux origines d'une science allemande de la culture. Linguistique et psychologie des peuples chez Heymann Steinthal, Paris: CNRS.
Trubetzkoy, Nikolai (1939): Grundzüge der Phonologie, Prag.
Trubetzkoy, Nikolai (1991 [1925]): The Legacy of Genghiz Khan, in: The Legacy of Genghiz Khan and Other Essays on Russia's Identity, hg. und übersetzt von Anatoly Liberman, Ann Arbor: Michigan Slavic Publications, S. 161–232.
Turner, James (2014): Philology: The forgotten origins of the modern humanities, Princeton: Princeton University Press.
Tynjanow, Juri, und Roman Jakobson (1928): Problemy izucheniya yazyka i literatury, in: Novyi LEF, New Left Front of the Arts 12, S. 36–37. Englische Übersetzung: Tynjanow und Jakobson (1972 [1928]).

Tynjanow, Juri, und Roman Jakobson (1972 [1928]): Problems in the Study of Language and Literature, in: The Structuralists: From Marx to Lévi-Strauss, Richard De George und Fernande De George (Hg.), übersetzt von Richard De George, New York: Anchor Books, S. 80–83. Russisches Original: Tynjanow und Jakobson (1928).
Ungeheuer, Gerold (2004 [1967]): Die kybernetische Grundlage der Sprachtheorie von Karl Bühler, in: Sprache und Kommunikation, Karin Kolb und H. Walter Schmitz (Hg.), Münster: Nodus, S. 128–146.
Van de Walle, Jürgen (2008): Roman Jakobson, cybernetics and information theory: a critical assessment, in: Folia Linguistica Historica 29, S. 87–128.
Verein Ernst Mach (2006 [1929]): Wissenschaftliche Weltauffassung: der Wiener Kreis, in: Wiener Kreis, Michael Stöltzner und Thomas E. Uebel (Hg.), Hamburg: Felix Meiner, S. 1–29.
Vermeulen, Han F. (2018): Before Boas: The genesis of ethnography and ethnology in the German Enlightenment, Lincoln: University of Nebraska Press.
Verner, Karl (1877): Eine Ausnahme der ersten Lautverschiebung, in: Zeitschrift für vergleichende Sprachforschung 23, S. 97–130.
Viëtor, Wilhelm (1882): Der Sprachunterricht muss umkehren!, Heilbronn: Henninger.
Voegelin, Carl F., und Florence M. Voegelin (1963): On the history of structuralizing in 20th century America, in: Anthropological Linguistics 5, S. 12–37.
Vogel, Annemete von, und James McElvenny (2019): The Gabelentz family in their own words, in: McElvenny (2019c), S. 13–26.
Vogt, Carl (1854 [1847]): Physiologische Briefe für Gebildete aller Stände, 2 Bände, Gießen: Ricker'sche Buchhandlung.
Vossler, Karl (1904): Positivismus und Idealismus in der Sprachwissenschaft, Heidelberg: Winter.
Vossler, Karl (1905): Sprache als Schöpfung und Entwicklung, Heidelberg: Winter.
Watson, John B. (1913): Psychology as the behaviorist views it, in: Psychological Review 20, S. 158–177.
Watson, John B. (1926): What is behaviorism?, in: Harper's Magazine 152, S. 723–729.
Watson, John B., und Rosalie Rayner (1920): Conditioned emotional reactions, in: Journal of Experimental Psychology 10, S. 421–428.
Waugh, Linda, und Monique Monville-Burston (2002): Introduction, in: Selected Writings: Phonological studies, Berlin: De Gruyter, S. v–xcviii.
Wegener, Philipp (1885): Untersuchungen über die Grundfragen des Sprachlebens, Halle: Niemeyer.
Wegener, Philipp (1991 [1885]): Untersuchungen über die Grundfragen des Sprachlebens, Neudruck von Wegener (1885) mit einer Einleitung von Clemens Knobloch, Amsterdam: Benjamins.
Weil, Henri (1844): De l'ordre des mots dans les langues anciennes comparées aux langues modernes, Paris: Joubert. Englische Übersetzung: Weil (1978 [1844]).
Weil, Henri (1978 [1844]): The Order of Words in the Ancient Languages Compared with that of the Modern Languages, übersetzt von Charles W. Super, Amsterdam: Benjamins. Französisches Original: Weil (1844).
Weiss, Albert Paul (1925): One set of postulates for a behavioristic psychology, in: Psychological Review 32, 1, S. 83–87.
Wenker, Georg (1877): Das rheinische Platt, Düsseldorf: Selbstverlag.
Werlan, Iwar (2002): Sprachliche Relativität: Eine problemorientierte Einführung, Tübingen: Francke.
Whitney, William Dwight (1867): Language and the Study of Language: Twelve lectures on the principles of linguistic science, London: Trübner.
Whitney, William Dwight (1873): Oriental and Linguistic Studies, Bd. I, New York: Scribner, Armstrong and Co.

Whitney, William Dwight (1873 [1871]): Schleicher and the physical theory of language, in: Whitney (1873), S. 298–331.
Whitney, William Dwight (1873 [1872]): Steinthal and the psychological theory of language, in: Whitney (1873), S. 332–375.
Whitney, William Dwight (1874): The elements of English pronunciation, in: Oriental and Linguistic Studies, William Dwight Whitney (Hg.), Bd. II, New York: Scribner, Armstrong and Co, S. 202–276.
Whitney, William Dwight (1875): The Life and Growth of Language, London: King and Co. Deutsche Übersetzung: Whitney (1876).
Whitney, William Dwight (1876): Leben und Wachstum der Sprache, übersetzt von August Leskien, Leipzig: Brockhaus. Englisches Original: Whitney (1875).
Whorf, Benjamin Lee (1956 [1936]): The punctual and segmentive aspects of verbs in Hopi, in: Whorf (1956), S. 51–56.
Whorf, Benjamin Lee (1956 [1940]): Science and linguistics, in: Whorf (1956), S. 207–219.
Whorf, Benjamin Lee (1956 [1941]a): The relation of habitual thought and behavior to language, in: Whorf (1956), S. 134–159.
Whorf, Benjamin Lee (1956 [1941]b): Languages and logic, in: Whorf (1956), S. 233–245.
Whorf, Benjamin Lee (1956 [1942]): Language, mind, and reality, in: Whorf (1956), S. 246–270.
Whorf, Benjamin Lee (1956 [1950]): An American Indian model of the universe, in: Whorf (1956), S. 57–64.
Whorf, Benjamin Leee (1956): Language, Thought, and Reality: Selected writings of Benjamin Lee Whorf, John B. Carroll (Hg.), Cambridge, Mass.: MIT Press. Deutsche Teilüberstzung in Whorf (1963 [1956]).
Whorf, Benjamin Lee (1963 [1956]): Sprache, Denken, Wirklichkeit: Beiträge zur Metalinguistik und Sprachphilosophie, hg. und übersetzt von Peter Krausser, Reinbek bei Hamburg: Rowohlt. Deutsche Teilübersetzung von Whorf (1956).
Wiener, Norbert (1948): Cybernetics: Or Control and Communication in the Animal and the Machine, Cambridge, Mass.: MIT Press.
Wundt, Wilhelm (1886): Ueber den Begriff des Gesetzes, mit Rücksicht auf die Frage der Ausnahmslosigkeit der Lautgesetze, in: Philosophische Studien 3, S. 195–215.
Wundt, Wilhelm (1900): Völkerpsychologie, eine Untersuchung der Entwicklungsgesetze von Sprache, Mythus und Sitte, Bd. I, Die Sprache, Teil I, Leipzig: Engelmann.
Wundt, Wilhelm (1908 [1883]): Logik. Eine Untersuchung der Principien der Erkenntniss und der Methoden wissenschaftlicher Forschung, Bd. III: Logik der Geisteswissenschafte,. Stuttgart: Enke.
Young, Michael W. (2004): Malinowski: Odyssey of an anthropologist, 1884–1920, New Haven: Yale University Press.
Zeuß, Johann Caspar (1853): Grammatica Celtica, 2 Bde., Leipzig: Weidmann.
Ziemer, Frank (1886): Rezension von Wegener (1885), in: Berliner philologische Wochenschrift 6, S. 181–185.

Index

https://doi.org/10.1515/9783111618548-019